高等学校师范类"十二五"规划教材

多媒体技术与网页设计

主　编　刘侍刚

副主编　郭　敏　郝选文　王伟宇

U0264742

西安电子科技大学出版社

内 容 简 介

本书根据教育部对高等院校非计算机专业计算机基础系列课程教学的基本要求编写，并结合师范类大学教育的特点，添加了旨在提升师范生技能的内容。

本书分为四篇，共 24 章，详细介绍了多媒体技术的基本概念、Photoshop 图像处理、Flash 动画制作和 Dreamweaver 网页设计。

本书由具有丰富教学经验的一线教师编写。本书在编写过程中吸纳了同类教材的优点，并结合了多年的教学经验，在理论与实际应用方面对内容进行了精心的选取与编排，内容新颖、概念清晰、重点突出、图文并茂，注重基础知识和实际应用相结合，书中配有大量的应用实例供读者参考练习。

本书适合作为普通高等院校非计算机专业学生尤其是师范生的教材，也可作为教师教学的参考书。

图书在版编目（CIP）数据

多媒体技术与网页设计/刘侍刚主编. —西安：西安电子科技大学出版社，2013.2(2015.2 重印)
高等学校师范类"十二五"规划教材
ISBN 978–7–5606–2994–0

Ⅰ. ① 多… Ⅱ. ① 刘… Ⅲ. ① 多媒体技术—高等学校—教材 ② 网页—制作—高等学校—教材
Ⅳ. ① TP37 ② TP393.092

中国版本图书馆 **CIP** 数据核字(2013)第 023783 号

策　　划　戚文艳
责任编辑　雷鸿俊　戚文艳
出版发行　西安电子科技大学出版社(西安市太白南路 2 号)
电　　话　(029)88242885　88201467　　邮　　编　710071
网　　址　www.xduph.com　　　　　　电子邮箱　xdupfxb001@163.com
经　　销　新华书店
印刷单位　陕西天意印务有限责任公司
版　　次　2013 年 2 月第 1 版　　2015 年 2 月第 2 次印刷
开　　本　787 毫米×1092 毫米　1/16　印　张　20
字　　数　475 千字
印　　数　3001～6000 册
定　　价　34.00 元

ISBN 978-7-5606-2994-0/TP
XDUP 3286001–2

前　言

随着国家信息化建设步伐的加快和高等教育规模的扩大，社会对普通大学生计算机操作能力的要求日益提高，信息技术已经成为所有在校大学生的必修课程。目前，基础教育改革已经在全国中小学中广泛深入开展，采用现代教育技术，用信息技术整合中小学学科教学是基础教学改革的重点。师范类大学生除了开设大学计算机基础课程外，针对师范类大学生需注重教师教育的特色，适当开设多媒体技术及网页设计课程，对于提高师范类大学生的信息技术基础具有深远而重要的意义。

Photoshop 作为图形图像处理领域的顶级专业软件，在图形图像处理领域一直保持着领先地位，其应用领域非常广泛，在图像、图形、文字、视频、出版等各方面均有涉及，经常用于广告、艺术、平面设计等创作，也广泛用于网页设计和效果图的后期处理。Flash 是一种集动画创作与应用程序开发于一身的创作软件，是一款优秀的矢量图形编辑和交互式动画制作工具，它以流式控制技术和矢量技术为核心，制作的动画具有短小精悍的特点，被广泛应用在教学课件、广告宣传、网站片头、动画短片和交互游戏等领域。Dreamweaver 是一款功能强大的所见即所得的网页编辑器。对于广大网页制作爱好者来说，熟练运用该软件，不但能够制作出高水平的网页，而且能更快地转向专业制作领域。

➢ 本书结构

本书分为四篇，共 24 章，详细介绍了多媒体技术的基本概念、Photoshop 图像处理、Flash 动画制作和 Dreamweaver 网页设计。

第一篇"多媒体技术概论"(第 1 章)主要介绍多媒体技术的基本概念、发展历史，并简单介绍了数字图形技术和数字音频等的相关内容；

第二篇"Photoshop 图像处理"(第 2 章～第 10 章)主要介绍 Photoshop 的基础操作、工具、图层、蒙版、通道、动作、路径和滤镜等内容；

第三篇"Flash 动画制作"(第 11 章～第 17 章)主要介绍 Flash 的操作界面、基础绘图知识、五大基本动画、Flash 元件、声音的引用和动作交互等内容；

第四篇"Dreamweaver 网页设计"(第 18 章～第 24 章)主要介绍 Dreamweaver 的配置、表格、文本与图像、表单、数据库基础和 HTML 语言等内容。

➢ 使用方法

在学习新知识时，理解各种新概念是掌握其功能的关键，在多媒体技术和网页设计中，有许多概念对于初学者而言比较难以理解。本书的每一章节除了包含基本概念的介绍外，针对每个基本概念又设计了对应实例，这些实例按照由浅入深的顺序安排，为读者提供循序渐进的学习过程，读者可以通过仔细学习、反复练习及亲身实践来掌握操作、理解概念。

本书用在课程教学中，教师不仅要讲解基本概念和原理，还要高度重视实践。对于每个知识点对应的应用实例，教师可以在课堂上演示操作，同时让学生在上机课动手尝试，教师提供答疑辅导。本书用在学生自学时，可先阅读并掌握必要的基础知识，再主动动手完成对应应用实例的上机操作，从而达到熟练掌握、灵活应用的目的。

> ➢ 建议课时安排

本书针对师范类学生，授课时可以采用课堂教授辅以上机练习的教学形式，建议课时安排如下：

章　节	课堂教学/学时	上机练习/学时	章　节	课堂教学/学时	上机练习/学时
第 1 章	1	0	第 13 章	2	2
第 2 章	2	2	第 14 章	2	2
第 3 章	1	1	第 15 章	1	1
第 4 章	2	2	第 16 章	2	2
第 5 章	2	2	第 17 章	2	2
第 6 章	1	1	第 18 章	1	1
第 7 章	1	1	第 19 章	1	1
第 8 章	1	2	第 20 章	1	1
第 9 章	1	1	第 21 章	1	1
第 10 章	2	2	第 22 章	2	2
第 11 章	1	1	第 23 章	1	1
第 12 章	1	1	第 24 章	1	1

> ➢ 特别说明

由于本书为黑白印刷，有些涉及颜色的插图无法体现应有效果，故选取了一些典型的插图放在出版社网站(http://www.xduph.com)随书资料中，读者可在学习过程中予以参照。

> ➢ 编写分工

本书编写分工如下：第一篇(第 1 章)由郭敏编写，第二篇(第 2 章～第 10 章)由王伟宇编写，第三篇(第 11 章～第 17 章)由郝选文编写，第四篇(第 18 章～第 24 章)由刘侍刚编写。全书的筹划、组织编写和统稿由刘侍刚、郭敏、郝选文和王伟宇共同完成。尽管编者为本书的成稿付出了很多努力，但由于时间仓促，书中难免有不足之处，欢迎读者批评指正。

> ➢ 致谢

在本书的编写过程中，参考了许多优秀教材，在此表示感谢！本书少量应用实例的演示素材图片下载自 Internet，在此对演示图片的原创者亦表示感谢！本书能够顺利与读者见面还要感谢西安电子科技大学出版社的积极配合！

编　者

2012 年 11 月

目　　录

第一篇　多媒体技术概论

第1章　多媒体技术基础 2
1.1　多媒体技术概述 2
 1.1.1　多媒体的基本概念 2
 1.1.2　多媒体技术 3
 1.1.3　多媒体技术的发展历史 4
 1.1.4　多媒体技术的应用领域 4
 1.1.5　多媒体计算机系统 6
1.2　数字图像技术 7
 1.2.1　认识颜色 7
 1.2.2　图像的基本属性 9
 1.2.3　图像的种类 11
 1.2.4　图像的文件格式 11
1.3　数字音频 13
 1.3.1　声音基础 13
 1.3.2　声音信号数字化过程 13
 1.3.3　声音数字化的主要参数 14
 1.3.4　音频文件格式 14
 1.3.5　音频工具软件 15

第二篇　Photoshop 图像处理

第2章　Photoshop 图像基础 20
2.1　Adobe Photoshop 软件 20
 2.1.1　Adobe Photoshop 软件介绍 20
 2.1.2　Photoshop 文件类型 20
 2.1.3　Photoshop 的颜色模式 20
2.2　Photoshop CS3 的工作窗口 22
2.3　Photoshop 工具箱 25
2.4　Photoshop 文档操作 31
2.5　Photoshop 常用工具的应用 32
2.6　操作练习 37

第3章　Photoshop 基本图像处理 38
3.1　调整色阶 38
3.2　调整色相 40
3.3　Photoshop 中图像大小的调整 44
3.4　操作练习 45

第4章　选区的基本操作 47
4.1　用选框工具创建规则的选区 47
4.2　用套索工具绘制不规则选区 49
4.3　使用魔棒工具创建选区 51
4.4　利用"选择"菜单创建选区 52
4.5　选区的编辑 53
4.6　操作练习 55

第5章　Photoshop 图层 57
5.1　Photoshop 图层简介 57
 5.1.1　图层的概念 57
 5.1.2　图层面板 58
5.2　图层的基本操作 59
5.3　图层的特效 61
 5.3.1　图层的混合模式 61
 5.3.2　填充与不透明度 62
 5.3.3　图层样式 63
 5.3.4　蒙版 63
5.4　图层综合应用 67
5.5　操作练习 71

第6章　Photoshop 通道 73
6.1　通道概述 73
6.2　通道管理 74
6.3　通道应用实例 77
6.4　操作练习 80

第7章　Photoshop 路径 82
7.1　路径的概念 82
7.2　创建路径 82
7.3　路径操作 83
7.4　路径应用 86

7.5 操作练习 90

第8章 Photoshop 滤镜 91
8.1 滤镜的概念及分类 91
8.2 常用滤镜 92
   8.2.1 "抽出"滤镜 92
   8.2.2 "液化"滤镜 93
   8.2.3 "模糊"滤镜 94
   8.2.4 "像素化"滤镜 98
   8.2.5 "扭曲类"滤镜 100
   8.2.6 "风格化"滤镜 104
   8.2.7 "画笔描边"滤镜 105
   8.2.8 "锐化"滤镜 106
   8.2.9 "素描"滤镜 106
   8.2.10 "纹理"滤镜 106
   8.2.11 "渲染"滤镜 107

8.2.12 "杂色"滤镜 107
8.2.13 "艺术效果"滤镜 107
8.3 滤镜应用 107
8.4 操作练习 111

第9章 Photoshop 动作 113
9.1 动作面板 113
9.2 动作基本操作 114
   9.2.1 动作的创建与存储 114
   9.2.2 动作的编辑 115
9.3 播放动作 117
9.4 操作练习 117

第10章 Photoshop 综合实例 119
10.1 制作圆形图章 119
10.2 制作宝贝生日纪念邮票 121
10.3 制作 GIF 动画"移动脚印" 123

第三篇　Flash 动画制作

第11章 Flash 基础知识 128
11.1 动画基础 128
11.2 Flash 概述 129
   11.2.1 Flash 工作界面 129
   11.2.2 Flash 图层 135
   11.2.3 Flash 场景 135
   11.2.4 Flash 时间轴 136
   11.2.5 帧 137
11.3 Flash 动画的输出和发布 138
   11.3.1 Flash 影片的测试 138
   11.3.2 Flash 影片的发布 138

第12章 Flash 绘画 139
12.1 电脑绘画常用设备 139
12.2 动画背景设计 140
   12.2.1 动画背景构图 140
   12.2.2 动画背景绘画 141
12.3 动画角色设计 147
   12.3.1 动画角色构图 147
   12.3.2 动画角色绘画 147

第13章 Flash 基本动画 150
13.1 Flash 动画类型 150
13.2 逐帧动画 150

13.2.1 基本概念 150
13.2.2 应用实例 150
13.3 形状补间动画 152
   13.3.1 基本概念 152
   13.3.2 应用实例 152
13.4 动作补间动画 154
   13.4.1 基本概念 154
   13.4.2 应用实例 154
13.5 引导层动画 160
   13.5.1 基本概念 160
   13.5.2 操作实例 161
13.6 遮罩层动画 164
   13.6.1 基本概念 164
   13.6.2 应用实例 164

第14章 Flash 元件 167
14.1 元件概述 167
14.2 创建图形元件 167
14.3 创建按钮元件 169
14.4 创建影片剪辑元件 169
14.5 库 169
14.6 应用实例 170

第15章 Flash 声音 176

15.1 使用声音 176
15.1.1 导入声音 176
15.1.2 引用声音 176
15.2 声音的编辑 177
15.2.1 效果 177
15.2.2 编辑 177
15.2.3 同步 178
15.3 给按钮添加声音 179
15.4 应用实例 179

第16章 Flash 交互 183
16.1 编辑环境 183
16.2 常量和变量 183
16.3 函数 184
16.4 属性 187
16.5 运算符和表达式 187
16.6 播放控制语句 188
16.7 赋值语句 189

16.8 属性设置语句 189
16.9 跳转调用语句 189
16.10 条件语句 190
16.11 循环语句 190
16.12 URL 地址链接语句 191
16.13 应用实例 191

第17章 Flash 综合实例 195
17.1 制作文字的淡入淡出动画 195
17.2 制作文字逐个缩放动画 196
17.3 制作"珍惜时间"动画 198
17.4 制作"爱护树木"动画 202
17.5 制作鼠标跟随特效动画 204
17.6 制作透镜成像动画 206
17.7 制作"计算一元二次方程"动画 210
17.8 制作"放大镜"动画 212
17.9 制作电影胶片动画 213
17.10 制作模拟钟表动画 214

第四篇 Dreamweaver 网页设计

第18章 初识 Dreamweaver 8 218
18.1 Dreamweaver 8 的安装和启动 218
18.1.1 Dreamweaver 8 的安装 218
18.1.2 Dreamweaver 8 的打开 219
18.1.3 Dreamweaver 8 的退出 221
18.2 Dreamweaver 8 的界面 221
18.3 网页的基本操作 227
18.3.1 新建网页 227
18.3.2 设置网页属性 228
18.3.3 保存网页 230
18.3.4 打开网页 231
18.3.5 预览网页 231
18.4 站点的规划和创建 231
18.4.1 规划站点 231
18.4.2 创建和管理站点 232

第19章 表格 237
19.1 创建表格 237
19.2 编辑表格 238
19.2.1 选择表格 238
19.2.2 拆分与合并单元格 240

19.2.3 插入与删除行(列) 241
19.3 设置表格 242
19.3.1 设置表格属性 242
19.3.2 设置单元格属性 242
19.4 高级操作 243
19.4.1 创建嵌套表格 243
19.4.2 排序 243
19.4.3 格式化 244
19.5 使用布局视图进行网页布局 245
19.5.1 创建布局表格和布局单元格 245
19.5.2 设置布局表格和
布局单元格属性 247

第20章 文本和图像 248
20.1 文本添加 248
20.1.1 添加文本的方法 248
20.1.2 添加日期 249
20.1.3 添加水平线 250
20.1.4 添加特殊字符 251
20.2 文本格式 252
20.2.1 设置字体格式 252

20.2.2　设置段落格式 253
20.2.3　创建列表 254
20.3　图像 255
20.3.1　直接插入图像 255
20.3.2　插入图像占位符 256
20.3.3　插入鼠标经过图像 257
20.3.4　插入导航条 257
20.3.5　设置图像属性 258
20.3.6　创建网页相册 262

第21章　表单 263
21.1　表单创建及设置 263
21.1.1　创建表单 263
21.1.2　设置表单属性 264
21.2　添加表单对象 264
21.2.1　添加文本字段 264
21.2.2　添加字段集 266
21.2.3　添加按钮 267
21.2.4　添加单选按钮 267
21.2.5　添加复选框 268
21.2.6　添加列表/菜单 269
21.2.7　添加跳转菜单 270
21.2.8　添加隐藏域 270
21.2.9　添加文件域 271
21.2.10　添加图像域 271

第22章　数据库 273
22.1　数据库基础 273
22.1.1　FoxBase 273
22.1.2　FoxPro 274
22.1.3　Access 274
22.1.4　SQL Server 275
22.1.5　MySQL 275
22.1.6　Oracle 275
22.2　动态网页开发语言 276

22.2.1　Java 276
22.2.2　PHP 276
22.2.3　ASP 277
22.2.4　JSP 279
22.3　IIS 安装及配置 280
22.3.1　IIS 的安装 280
22.3.2　IIS 的配置 281
22.4　制作数据库动态网页 284
22.4.1　创建动态数据库站点 284
22.4.2　创建数据库 286
22.4.3　记录集 287
22.4.4　创建数据库连接 289

第23章　页面及框架 291
23.1　静态和动态页面 291
23.2　框架 293
23.2.1　创建预定义框架集 293
23.2.2　手动创建框架集 296
23.2.3　选择框架(集) 296
23.2.4　保存框架 297
23.2.5　删除框架 298
23.2.6　设置框架(集)属性 298

第24章　HTML 语言 300
24.1　HTML 概述 300
24.1.1　HTML 的概念 300
24.1.2　HTML 规范与版本 301
24.1.3　IETF 与 W3C 组织 302
24.2　HTML 的语法 303
24.2.1　架构标签 303
24.2.2　HTML 注释 308
24.2.3　HTML 符号 308
24.2.4　格式标签 309

参考文献 312

第一篇　多媒体技术概论

多媒体技术(Multimedia Technology)是利用计算机对文本、图形、图像、声音、动画、视频等多种信息进行综合处理，建立逻辑关系和人机交互的技术。多媒体技术应用面广，涉及领域宽泛，被人们寄予了很高的期望。多媒体技术发展已经有多年的历史，目前声音、视频、图像压缩方面的基础技术已经成熟，并形成了产品进入市场。现今多媒体技术广泛应用在教育、商业、影视、娱乐、医疗、旅游和人工智能等诸多领域。

第1章 多媒体技术基础

20 世纪 80 年代以来，随着电子技术和大规模集成电路技术的发展，计算机、广播电视与通信技术相互渗透和融合，形成了多媒体技术。多媒体技术的开发与应用，使信息交流变得生动活泼、丰富多彩，为信息时代带来了前所未有的巨大变化。掌握和运用多媒体应用技术，已经成为在校大学生、研究生和相关研究人员的一项重要任务。

本章对媒体、多媒体技术等基本概念进行简要介绍，对多媒体技术的发展进行回顾和展望。

1.1 多媒体技术概述

1.1.1 多媒体的基本概念

1. 媒体的定义

媒体(Media)是指传送信息的载体和表现形式。在人类社会生活中，信息的载体和表现形式是多种多样的。例如，报纸、杂志、电影、电视等称为文化传播媒体，分别用纸、影像和电子技术作为载体；电子邮件、电话、电报等称为信息交流媒体，用电子线路和计算机网络作为载体。

2. 媒体的分类

根据信息被人们感觉、表示、显现、存储、传输载体的不同，可将媒体分为以下五类：

(1) 感觉媒体：指人们的感觉器官所能感觉到的信息的自然种类。人类的感觉器官有视觉、听觉、嗅觉、味觉和触觉五种。声音、图形、图像和文本等都属于感觉媒体。

(2) 表示媒体：指传输感觉媒体的中介媒体，是为了加工、处理和传输感觉媒体而人为构造出来的一种媒体。如语言编码、文本编码、图像编码等都属于表示媒体。这类媒体是多媒体应用技术重点研究和应用的对象。

(3) 显示媒体：指人们再现信息的物理手段的类型(输出设备)，或者指获取信息的物理手段的类型(输入设备)。如显示器、扬声器、打印机等属于输出类显示媒体，键盘、鼠标、扫描仪等属于输入类显示媒体。

(4) 存储媒体：指存储数据的物理媒介的类型。如磁盘、光盘、磁带等都属于存储媒体。

(5) 传输媒体：指传输数据的物理媒介的类型。如同轴电缆、光纤、双绞线等都属于传输媒体。

3. 常用媒体的作用及特点

(1) 文本。文本是指在计算机屏幕上呈现的文字内容，通常用来传递信息。文本一直是一种最基本的表示媒体，也是多媒体信息系统中出现最为频繁的媒体。由文字组成的文本常常是许多媒体演示的重要内容。

(2) 图形。图形是一种抽象化的媒体，由于其数据量小、不易失真等特点，应用比较多。

(3) 图像。图像有色彩丰富、情景真实、画质清晰等特点，给人以自然、真实的感觉，而且承载信息量大。

(4) 动画。动画是对事物变化过程的生动模拟，由专门的动画制作软件制作实现。动画表现的内容生动、真实，恰当地使用动画可以增强多媒体信息的视觉效果，起到强调主题、增加趣味的作用。

(5) 音频。声音是多媒体中最容易被人感知的部分。常见的声音表现形式有解说、音效和背景音乐等。

(6) 视频。与动画不同，视频是对现实世界真实的记录和反映。视频图像信息量比较大，具有很强的吸引力。加入视频成分，可以更有效地表达出所要表现的主题，通过视频的引导可以加深对内容的印象。

1.1.2　多媒体技术

1. 多媒体技术的定义

多媒体技术是一种能同时综合处理多种信息，在这些信息之间建立逻辑联系，使其集成为一个交互式系统的技术。多媒体技术主要用于实时地综合处理声音、文字、图形、图像和视频等信息，是将这些媒体信息用计算机集成在一起同时进行综合处理，并把它们融合在一起的技术。

2. 多媒体技术的特征

多媒体技术的关键特征在于信息载体的多样性、交互性和集成性。

信息载体的多样性体现在信息采集、传输、处理和显现的过程中。人类大脑对信息的接收 95% 以上来源于视觉、听觉和触觉。单一媒体对人体的刺激一般不太明显，而多种媒体对人体的刺激在大脑中的印象则是十分深刻的。从视觉角度来看，多媒体技术给人们提供了彩色图像、动画、文字、视频等信息；从听觉角度来看，多媒体技术给人们提供了音乐、语言等信息；从触觉角度来看，多媒体技术目前给人们提供了触摸屏、游戏杆、数据手套、鼠标、键盘、手写板等人机交互工具。这些媒体的各种组合，体现了信息媒体的多样性。

交互性和集成性体现在所处理的文字、数据、声音、图像、图形等媒体数据是一个有机的整体，而不是一个个"分立"信息的简单堆积，多种媒体之间无论在时间上还是在空间上都存在着紧密的联系，是具有同步性和协调性的群体。同时，使用者对信息处理的全过程能进行完全有效的控制，并把结果综合地表现出来，而不是单一数据、文字、图形、图像或声音的处理。

1.1.3　多媒体技术的发展历史

多媒体技术是 20 世纪 80 年代发展起来的一门综合技术。在多媒体技术的整个发展过程中，有以下几个具有代表性的事件。

1984 年，美国 Apple 公司首先在 Macintosh 机上引入位图(Bitmap)等技术，使用窗口和图标作为用户界面，并将鼠标作为交互设备，从而使人们告别了计算机枯燥无味的黑白显示风格，开始走向多彩的界面，这被认为是多媒体技术兴起的代表。

1985 年，美国 Commodore 公司推出了世界上第一台真正的多媒体系统 Amiga，它配有图形处理芯片、音频处理芯片和视频处理芯片，具有动画、音响和视频等功能。这套系统以其功能完备的视听处理能力、大量丰富的实用工具以及性能优良的硬件，使全世界看到了多媒体技术的美好未来。

1986 年，RCA 公司推出了交互式数字视频系统(Digital Video Interactive，DVI)。它以计算机技术为基础，用光盘来存储和检索静止图像、动态图像、音频和其它数据。1988 年 Intel 公司购买了其技术，并于 1989 年与 IBM 公司合作，在国际市场上推出了第一代 DVI 技术产品，该产品的硬件系统由音频板、视频板和多功能板组成，软件是基于 DOS 的音频视频支撑系统(Audio Video Support System，AVSS)。

随着多媒体技术的迅速发展，特别是多媒体技术向产业化发展，为了规范市场，使多媒体计算机进入标准化的发展时代，1990 年，Microsoft 公司会同多家厂商召开多媒体开发者会议，成立了"多媒体计算机市场协会"，并制定了多媒体个人计算机(MPC-1)标准。该标准制定了多媒体计算机系统应具备的最低标准，如内存、CPU、硬盘、CD-ROM、音频卡、视频卡、用户接口、输入/输出、系统软件等，这为计算机整机、外设制造商和软件商提供了共同遵循的标准，促进了多媒体计算机及其软件的发展。

1992 年，Microsoft 公司推出了 Windows 3.1 操作系统，它是基于图形用户界面的操作系统。它不仅综合了原先的多媒体扩展技术，还增加了多媒体应用软件和一系列支持多媒体技术的驱动程序、动态链接库，使得 Windows 3.1 成为真正的多媒体操作系统。1995 推出的 Windows 95 和 1998 年推出的 Windows 98 以其生动、形象的用户界面以及十分简便的操作方法全面支持多媒体功能，被越来越多的用户采用。

1996 年，Intel 公司为了适应多媒体技术发展，将多媒体扩展技术加入到微处理器芯片 Pentium Pro 中，其它公司也纷纷响应，多媒体个人计算机逐步成为个人计算机的主流，个人计算机从此步入多媒体时代。

随着技术的不断发展和创新，多媒体技术将更多地融入我们的日常学习、工作和生活当中。多媒体技术是多学科融合的技术，它顺应了信息时代的需要，促进和带动了新产业的形成和发展，在各行各业得到了广泛的应用。今后多媒体技术的发展方向是：提高显示质量，实现高分辨率化；缩短处理时间，实现高速度化；简单且便于操作；三维或更高维；信息识别智能化。

1.1.4　多媒体技术的应用领域

随着多媒体技术的不断发展，多媒体应用系统可以处理的信息种类和数量越来越多，已成为许多人的良师益友。作为人类进行信息交流的一种新的载体，多媒体技术正在给人类日常的工作、学习和生活带来日益显著的变化。

目前，多媒体应用领域正在不断拓宽。在文化教育、技术培训、电子图书、观光旅游、商业及家庭应用等方面，已经出现了大量以多媒体技术为核心的多媒体电子出版物，它们通过图片、动画、视频片段、音乐及解说等易接受的媒体素材将所反映的内容生动地展现给广大读者。

多媒体技术主要的应用领域有以下几方面。

1. 教育培训领域

教育培训是目前多媒体技术应用最为广泛的领域之一。多媒体技术通过视觉、听觉或视听并用等多种方式同时刺激学生的感觉器官，能够激发学生的学习兴趣，提高学习效率，帮助教师将抽象的不易用语言和文字表达的教学内容表达得更清晰、直观。一些国家相继推出了适合各个年龄段的课件系统，主要产品有美国 Broderbond 公司推出的儿童读物及我国科利华软件公司推出的面向中小学教育的学习软件等。电子图书则涉及了电子字典类、百科全书类及参考杂志类等多种类别，其中美国 Microsoft 公司推出的 Encarta 百科全书已经成为世界上最受欢迎的多媒体百科全书，它包含数千万字的专业文字资料、数十万张图片和海量的视频、音频、交互动画等多媒体资源，其界面华丽，安装、使用非常方便。Microsoft 公司几乎每周都会对 Encarta 进行在线更新，为使用者提供最新的信息。

多媒体教学网络系统在教育培训领域中也得到了广泛应用。教学网络系统可以提供丰富的教学资源，优化教师的教学，更有利于个别化学习，学生在学习时间、学习地点上有了更多自由选择的空间，因此该系统越来越多地应用于各种培训教学、学习教学、个别化学习等教学和学习过程中。

2. 电子出版领域

电子出版物可以将文字、声音、图像、动画、影像等各种信息集成为一体，其类型有电子杂志、百科全书、地图集、信息咨询、剪报等。

电子出版物中信息的录入、编辑、制作和复制都借助计算机完成，人们在获取信息的过程中需要对信息进行检索、选择，因此电子出版物的使用方式灵活、方便、交互性强。

3. 娱乐领域

多媒体计算机游戏和网络游戏不仅具有很强的交互性，而且人物造型逼真、情节引人入胜，游戏者如同身临其境。另外，数字照相机、数字摄像机、DVD 等越来越多地进入到人们的生活和娱乐活动中，进一步促进了多媒体技术的应用。

4. 咨询服务领域

多媒体技术在咨询服务领域的应用主要是使用触摸屏查询相应的信息。在旅游、邮电、交通、商场、宾馆等公共场所，通过触摸屏可以提供高效的咨询服务，如宾馆饭店查询、展览信息查询、图书情报查询、导购信息查询等，查询信息的内容可以是文字、图形、图像、声音和视频等。查询系统信息存储量较大，使用非常方便。

5. 商业领域

商场的电子触摸屏可以为顾客提供各商业营销网点的销售情况。在销售、宣传等活动中，使用多媒体技术能够图文并茂地展示产品，使客户对商品能够有一个感性、直观的认识。

1.1.5　多媒体计算机系统

随着电子技术和计算机的发展，多媒体技术的应用得到迅猛发展。在多媒体技术的推动下，计算机的应用进入了一个崭新的领域，计算机从传统的单一处理字符信息的形式，发展为能综合处理文字、声音、图像和影视等多种媒体信息。多媒体技术创造出集文字、图像、声音和影视于一体的新型信息处理模型，它将电话、电视、摄/录像机、音响系统和计算机集成于一体，为人类提供了全新的信息服务。多媒体技术能使个人计算机成为录音电话机、可视电话机、电子邮箱、立体声音响电视机和录像机等。将多媒体技术和计算机组合在一起，就是常说的多媒体计算机。

多媒体计算机系统是指能对文本、图形、图像、动画、视频、音频等多媒体信息进行逻辑互连、获取、编辑、存储和播放的一个计算机系统。这个系统通常需要由多媒体硬件系统和多媒体软件系统组成。

1. 多媒体计算机硬件系统

多媒体硬件系统是由计算机传统硬件设备和各类适配卡及专用输入/输出设备组成的。计算机传统硬件设备包括主机、显示器、键盘、鼠标等。各类适配卡及专用输入/输出设备包括音频卡、视频卡、光盘存储器等。

音频卡(即声卡)是处理和播放多媒体声音的关键部件，实现对音频信号的采样、处理和重放，是多媒体计算机的一个重要部件。它一般是通过插入主板扩展槽与主机相连的。目前，许多计算机主板都已经集成了音频卡的功能。

视频卡主要用于视频节目的处理，也是通过插入主板扩展槽与主机相连的。它通过其上的输入/输出接口与录像机、摄像机、影碟机和电视机等连接，使之能采集来自这些设备的信息，并以数字化的形式存入计算机中进行编辑或处理，也可以在计算机中重新进行播放。

光盘存储器(CD-ROM 和 DVD-ROM)由光盘驱动器和光盘片组成。目前，微机播放的多媒体信息内容大多来自于 CD-ROM 和 DVD-ROM。

除了这些必需的部件外，还有一些与多媒体有关的输入/输出设备，这些设备并非必需，但各有其独特的功能。常见的输入/输出设备有以下几种：

(1) 图像输入设备：扫描仪、数码相机、摄像头等。

(2) 图像输出设备：绘图仪、打印机等。

(3) 音、视频输入设备：话筒、摄/录像机、广播等。

(4) 音、视频输出设备：音响、录像机、电视机、投影仪等。

2. 多媒体计算机软件系统

多媒体计算机软件系统包括多媒体操作系统、多媒体创作工具、多媒体应用系统等。

支持多媒体播放环境的操作系统称为多媒体操作系统。多媒体操作系统是多任务操作系统。Windows 系列操作系统是典型的多媒体操作系统，在 Windows 系列操作系统的支持下，一方面可以表现出图、文、声、像媒体协同表演的宏观效果；另一方面，在微观上，计算机通过分时系统轮流处理各个图、文、声、像的任务流。

多媒体软件创作工具是帮助开发者制作多媒体应用系统软件的统称，用来完成声音的录制与编辑、图像的扫描输入与处理、视频采集与压缩编码、动画制作与生成等，并可以将这些素材集成起来编制与生成各种多媒体应用软件。例如，Authorware、Powerpoint、Flash、Dreamweaver 等功能已相当强大，这不但使多媒体软件的开发过程大大简化，而且开发环境优美，极大地扩大了计算机的应用领域。

多媒体应用系统是由各领域的专家或开发人员利用多媒体创作工具制作的直接面向用户的最终多媒体产品。目前，多媒体应用系统所涉及的应用领域主要有网站建设、文化教育、电子出版、音像制作、影视制作、咨询服务、信息系统、通信和娱乐等。

1.2　数字图像技术

人类感知客观世界有 80%的信息是由视觉获取的，有时用语言和文字难以表述的事物，用一张简单的图就能够精辟而准确地表达。图形和图像是人们非常容易接受的信息媒体，具有文本和声音所不能比拟的优点。本章首先介绍颜色的形成原理，然后介绍数字图像的基本属性、分类和存储。

1.2.1　认识颜色

1. 颜色的形成

人们通常所说的光是指可见光，可见光的波长范围为 380 nm～780 nm。在自然界中，大多数自然光都是由不同波长的光组合而成的。光谱中不能再分解的光称为单色光，由单色光组合而成的光称为复合光。常见光的波长与颜色的对应关系如表 1.1 所示。

表 1.1　常见光的波长与颜色的关系

颜色	红	橙	黄	绿	青	蓝	紫
波长/nm	700	620	580	546	480	436	380

研究表明：人的视网膜有对红、绿、蓝颜色敏感程度不同的三种锥体细胞，另外还有一种在光功率极端低的条件下才起作用的杆状体细胞。颜色只存在于人的眼睛和大脑中，颜色是视觉系统对可见光的感知结果。红、绿、蓝三种锥体细胞对不同频率的光的感知程度不同，对不同亮度的感知程度也不同，因此不同组成成分的可见光就呈现出不同的颜色。

自然界常见的各种彩色光，都可由红(R)、绿(G)、蓝(B)三种颜色光按不同比例相配而成，同样绝大多数颜色也可以分解成红、绿、蓝三种色光，这称为三基色(RGB)原理。当然三基色的选择不是唯一的，也可以选择其它三种颜色为三基色，但是，三种颜色必须是相互独立的，即任何一种颜色都不能由其它两种颜色合成。由于人眼对红、绿、蓝三种色光最敏感，因此由这三种颜色相配所得的彩色范围也最广，所以一般都选这三种颜色作为基色。

2. 颜色的三要素

颜色可用亮度、色调和饱和度来描述，人眼看到的任意一种颜色都是这三个特性的综合效果。

　　亮度是光作用于人眼时所引起的明亮程度的感觉，它与被观察物体的发光强度有关。一般来说，发光强度大则显得亮，反之则暗。在纯正光谱的七色光中，黄色的亮度最高，显得最亮，往下依次是橙色、绿色、红色、蓝色、紫色。

　　色调是当人眼看一种或多种波长的光时所产生的彩色感觉，它反映颜色的种类，如红色、绿色、蓝色等，是决定颜色的基本特性。

　　饱和度是指彩色光所呈现颜色的纯洁程度，即掺入白光的程度，或者说是指颜色的深浅程度。对于同一色调的彩色光，饱和度越高，颜色就越鲜明或者说越纯。100%饱和度的色光就代表完全没有混入白光的纯色光，高饱和度的彩色光可因掺入白光而降低纯度或变浅，变成低饱和度的色光。在某色调的彩色光中加入别的彩色光，会引起色调的变化；而掺入白光仅仅会引起饱和度的变化。通常把色调和饱和度通称为色度。

　　总之，亮度表示某彩色光的明亮程度，而色度则表示颜色的类别与深浅程度。

3. 颜色模型

　　颜色模型(Color Model)是用来精确标定和生成各种颜色的一套规则和定义。某种颜色模型所标定的所有颜色就构成了一个颜色空间。

　　颜色空间通常用三维模型表示，空间中的颜色通常使用代表三个参数的三维坐标来指定。

　　从人的视觉感知角度，可以通过色调、饱和度和亮度来定义颜色(HSI 颜色模型)；对于显示设备来说，可以用红色、绿色、蓝色荧光粉的发光量来描述颜色(RGB 颜色模型)；对于打印设备来说，可以使用青色、品红、黄色和黑色颜料的用量来指定颜色(CMYK 颜色模型)。

1) RGB 颜色模型

　　RGB 颜色模型是最为常用的颜色模型，如图 1.1 所示。理论上，自然界中绝大部分可见光都可用红色、绿色、蓝色(RGB)三种基色按不同比例和强度的混合来表示。随着这三种颜色的光线在复合光中所占的比例不同，所合成的复合光的颜色也就不同。

$$颜色 = R(红色的百分比) + G(绿色的百分比) + B(蓝色的百分比)$$

　　RGB 模型称为相加混色模型，用于光照、视频和显示器。例如，显示器通过红色、绿色、蓝色荧光粉发射光线产生彩色。

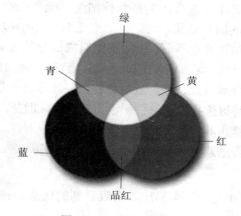

图 1.1　RGB 颜色模型

2) CMYK 颜色模型

由青色(Cyan)、品红(Magenta)、黄色(Yellow)三种基色组成的颜色模型称为 CMYK 颜色模型，如图 1.2 所示。在印刷业中，标准的彩色图像模型就是 CMYK 模型，它一般应用在印刷输出的分色处理上。青色(C)、品红(M)和黄色(Y)在合成后可以吸收所有光线并产生黑色。但实际上，由于所有打印油墨都会包含一些杂质，青色、品红、黄色这三种油墨混合实际上产生一种土棕色，因此，在四色打印中除了使用纯青色、品红和黄色油墨外，还会使用黑色油墨(K)(为避免与蓝色混淆，黑色用 K 而非 B 表示)，所以形成 CMYK 颜色模型。随着这四种基色在合成时所占的比重和强度不同，所获得的合成结果也不同。与 RGB 模型不同的是，CMYK 模型的颜色合成方式不是颜色相加，而是颜色相减。

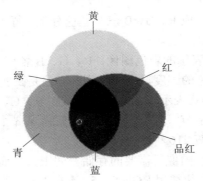

图 1.2　CMYK 颜色模型

1.2.2　图像的基本属性

描述一幅图像的属性主要有分辨率、像素深度、真/伪彩色与直接色等。

1. 图像的分辨率

分辨率是位图图像的重要参数。常用的分辨率有图像分辨率和显示分辨率。

1) 图像分辨率

图像分辨率是指组成一幅图像的像素的密度。对同样大小的一幅图，如果组成该图的图像像素数目越多，则图像的分辨率越高，看起来就越逼真；相反，图像显得越粗糙。

图像的分辨率一般用单位长度上包含像素的个数来衡量，常用单位是 DPI(Dots Per Inch)，即每英寸显示的像点数。例如，某图像的分辨率为 300 DPI，则该图像的像点密度为每英寸 300 个点，即一幅 1 英寸×1 英寸的位图图像上共有 300×300 个像素。DPI 的数据越大，像点密度越高，对图像的表现力越强，图像越清晰。

2) 显示分辨率

显示分辨率与图像分辨率是两个不同的概念。图像分辨率是指确定组成一幅图像的像素数目，而显示分辨率是指显示屏上能够显示出的像素数目。同样大小的显示屏能够显示的像素数越多，说明显示设备的分辨率越高，显示的图像质量也就越高。

如果显示屏的分辨率为 640×480，那么一幅 320×240 的图像只占显示屏的 1/4，而 2400×3000 的图像在这个显示屏上又不能完整地显示。

2. 图像的像素深度

像素深度是指存储每个像素所用的位数，它也用来度量图像的分辨率。像素深度决定彩色图像的每个像素可能有的颜色数，或者确定灰度图像的每个像素可能有的灰度级数。

例如，一幅彩色图像的每个像素用 R、G、B 三个分量表示，若每个分量用 8 位，那么一个像素需用 24 位表示，就说像素的深度为 24，每个像素可以是 $2^{24} = 16\ 777\ 216$ 种颜色中的一种。因此，表示一个像素的位数越多，它能表达的颜色数目就越多，而它的深度就越深。

3. 图像的真彩色、伪彩色与直接色

1) 真彩色

图像中的每个像素值都分成 R、G、B 三个基色分量，每个基色分量直接决定其基色的强度，这样产生的色彩称为真彩色。

例如，用 RGB 5∶5∶5 表示的彩色图像，R、G、B 各用 5 位来表示，用 R、G、B 分量大小的值直接确定三个基色的强度，这样得到的彩色是真实的原图彩色。

如果用 RGB 8∶8∶8 方式表示一幅彩色图像，即 R、G、B 都用 8 位来表示，每个基色分量占一个字节，共 3 个字节，每个像素的颜色就由这 3 个字节中的数值直接决定，可生成的颜色数就是 $2^{24} = 16\ 777\ 216$ 种。

用 3 个字节表示的真彩色图像所需要的存储空间很大，而人的眼睛是很难分辨出这么多种颜色的，因此在许多场合往往用 RGB 5∶5∶5 来表示，每个彩色分量占 5 个位，再加 1 位显示属性控制位，共 2 个字节，生成的真颜色数目为 $2^{15} = 32\ 768 = 32\ \text{K}$ 种。

2) 伪彩色

每个像素的颜色不是由每个基色分量的数值直接决定，而是把像素值当做彩色查找表 (Color Look Up Table，CLUT) 的表项入口地址，去查找一个显示图像时使用的 R、G、B 强度值，用查找出的 R、G、B 强度值产生的彩色称为伪彩色。

彩色查找表是一个事先做好的表，表项入口地址也称为索引号。例如 16 种颜色的查找表，0 号索引对应黑色，1 号索引对应褐色，……，15 号索引对应白色。彩色图像本身的像素数值和彩色查找表的索引号有一个变换关系，这个关系可以使用 Windows 95/98 定义的变换关系，也可以使用用户自己定义的变换关系。使用查找得到的数值显示的彩色是真的，但不是图像本身真正的颜色，它没有完全反映原图的彩色。

3) 直接色

每个像素值分成 R、G、B 分量，每个分量作为单独的索引值对它做变换，也就是通过相应的彩色变换表找出基色强度，用变换后得到的 R、G、B 强度值产生的彩色称为直接色。它的特点是对每个基色进行变换。

直接色系统产生的颜色与真彩色系统相比，相同之处是都采用 R、G、B 分量决定基色强度，不同之处是后者的基色强度直接用 R、G、B 决定，而前者的基色强度由 R、G、B 经变换后决定，因而这两种系统产生的颜色就有差别。试验结果表明，使用直接色在显示器上显示的彩色图像看起来更真实、自然。

直接色系统与伪彩色系统相比，相同之处是都采用查找表，不同之处是前者对 R、G、

B 分量分别进行变换，后者是把整个像素当做查找表的索引值进行彩色变换。

1.2.3　图像的种类

在计算机中，常见的图形图像有两种：矢量图(Vector-Based Image)和点阵图(Bit-Mapped Image)。

1. 矢量图

矢量图是利用数学公式将图中的内容以点、直线、曲线等方式加以存储。矢量图以几何图形居多，图形可以无限放大，不变色、不模糊，常用于图案、标志、文字等设计。

矢量图的优点是：① 缩放、旋转、移动时图像不会失真；② 存储和传输时数据量较小。其缺点是：① 显示时花费时间比较长；② 真实世界的彩色图像难以转化为矢量图。

2. 位图

位图亦称为点阵图像，是将一幅图像在空间上离散化，即将图像分成许许多多的像素，每个像素用若干个二进制位来指定颜色或灰度值。

位图的优点是：① 显示速度快；② 真实世界的图像可以通过扫描仪、数码相机、摄像机等设备方便地转化为位图。其缺点是：① 存储和传输时数据量比较大；② 缩放、旋转时算法复杂且容易失真。

1.2.4　图像的文件格式

图像文件格式很多，下面是几种常见的格式。

1. BMP 格式

BMP 是英文 Bitmap(位图)的简写，它是 Windows 操作系统中的标准图像文件格式，能够被多种 Windows 应用程序所支持。随着 Windows 操作系统的流行与丰富的 Windows 应用程序的开发，BMP 位图格式被广泛应用。

BMP 格式的特点是包含的图像信息较丰富，几乎不进行压缩，但由此导致了它最大的缺点——占用磁盘空间过大。

2. GIF 格式

GIF(Graphics Interchange Format)的原意是"图像互换格式"，是 CompuServe 公司在 1987 年开发的图像文件格式。

GIF 文件的数据是一种无损压缩格式，其压缩率一般在 50%左右，它不属于任何应用程序。目前几乎所有相关软件都支持它，公共领域有大量的软件在使用 GIF 图像文件。

GIF 格式的另一个特点是其在一个 GIF 文件中可以存储多幅彩色图像，如果把存于一个文件中的多幅图像数据逐幅读出并显示到屏幕上，就可构成一种最简单的动画。

3. JPEG 格式

JPEG 是常见的一种图像格式，它由联合图像专家组(Joint Photographic Experts Group)开发。JPEG 文件的扩展名为.jpg 或.jpeg，其压缩技术十分先进，它用有损压缩方式去除冗余的图像和彩色数据，在获得极高的压缩率的同时能展现十分丰富生动的图像，即可以用最少的磁盘空间得到较好的图像质量。

目前，各类浏览器均支持 JPEG 图像格式，因为 JPEG 格式的文件尺寸较小，下载速度快，使 Web 页有可能以较短的下载时间提供大量美观的图像，所以 JPEG 已成为网络上最受欢迎的图像格式。

4. TIFF 格式

TIFF(Tagged Image File Format)是 Aldus 公司与微软公司一起为 PostScript 打印开发的一种较为通用的图像文件格式，主要用来存储包括照片和艺术图在内的图像。TIFF 文件格式适用于在应用程序之间和计算机平台之间交换文件，它的出现使得图像数据交换变得简单。

5. PSD 格式

PSD 是著名的 Adobe 公司的图像处理软件 Photoshop 的专用格式。这种格式可以存储 Photoshop 中所有的图层、通道、蒙版和颜色模式等信息，在保存图像时，若图像中包含有图层，则一般都用 PSD 格式保存。PSD 格式在保存时包含的图像数据信息较多(如图层、通道、路径等)，因此比其它格式的图像文件要大得多。由于 PSD 文件保留了所有原图像数据信息，因而修改起来较为方便。

6. PCX 格式

PCX 是最早支持彩色图像的一种文件格式，一般的桌面排版、图形艺术和视频捕获软件都支持这种格式。PCX 支持 256 色调色板或全 24 位的 RGB，图像大小最多达 64K × 64K(像素)。Photoshop 等多种图像处理软件均支持 PCX 格式，但不支持 CMYK 或 HSI 颜色模式。PCX 压缩属于无损压缩。

7. TGA 格式

TGA 是由美国 True vision 公司开发的一种图像文件格式，已被国际上的图形、图像工业所接受，现已成为数字化图像以及运用光线跟踪算法所产生的高质量图像的常用格式。该格式支持压缩，使用不失真的压缩算法，另外还支持行程编码压缩。

TGA 图像格式最大的特点是可以做出不规则形状的图形、图像，一般图形、图像都为四方形，若需要有圆形、菱形甚至是镂空的图像，则 TGA 比较方便。

8. SVG 格式

SVG(Scalable Vector Graphics)意思为可缩放的矢量图形。它是基于 XML(Extensible Markup Language)开发的，是一种开放标准的矢量图形语言，可设计高分辨率的 Web 图形页面。

用户可以直接用代码来描绘图像，可以用任何文字处理工具打开 SVG 图像，通过改变部分代码来使图像具有互交功能，并可以随时插入到 HTML 中通过浏览器来观看。

SVG 格式最大的优势是可以任意放大图形显示，但不以牺牲图像质量为代价。SVG 文件比 JPEG 和 GIF 格式的文件要小很多，因而下载也很快。

9. PNG 格式

PNG(Portable Network Graphics)是一种无损压缩的位图图像格式，其特点有：PNG 是目前保证最不失真的格式，它吸取了 GIF 和 JPEG 的优点，存储形式丰富，兼有 GIF 和

JPEG 的色彩模式；由于 PNG 是采用无损压缩方式来减少文件的大小，因而能把图像文件压缩到极限以利于网络传输，但又能保留所有与图像品质有关的信息；显示速度很快，只需下载 1/64 的图像信息就可以显示出低分辨率的预览图像；PNG 同样支持透明图像的制作。

PNG 格式图像因其高保真性、透明性及文件体积较小等特性，被广泛应用于网页设计和平面设计中。

1.3 数字音频

声音是多媒体技术中的一个重要组成部分，在多媒体应用系统中，声音可以直接表达或者传递信息，制造某种特殊效果和气氛。因此，在多媒体软件作品中应用数字化音频技术会起到画龙点睛的作用。本节介绍数字音频的基础知识。

1.3.1 声音基础

声音由物体在空气或者其它媒介中振动而产生，声音是通过空气传播的一种连续的波。最简单的声音表现为正弦波。声音的基本物理属性有频率、振幅和相位。

声波在单位时间内振动的次数称为频率，用赫兹(Hz)表示，它决定了声音的高低。人耳能听到的声音范围大约为 20 Hz～20 kHz。

声波振动的大小称为振幅，它决定了声音的强弱，振幅越大，声音越强，传播越远。

声波振动开始的时间是相位，对于一个正弦波而言，相位不能对人类的听觉产生影响。

我们通常听到的声音不是由单个频率组成的纯音，而是由不同频率、不同振幅的声波合成而产生的复合音。我们听到的声音中，音调的高低取决于发声体振动的频率，响度的大小取决于发声体振动的振幅，但不同的发声体由于材料和结构的不同，发出声音的音色不同，音色是声音的特色，我们可以通过音色的不同去分辨不同的发声体。比如说在钢琴上弹奏某一首歌曲，在吉他或长笛上演奏同一首歌曲，它们的音调或声调都是相同的，但每一种乐器的音色各不相同，因此我们很容易把它们分辨出来。

1.3.2 声音信号数字化过程

声音信号是模拟量，它在时间和幅度上都是连续的，而计算机所处理的信息必须是二进制编码的数字信号，想通过计算机对声音进行处理就需要把模拟的声音信号转化成计算机能够识别处理的数字信号，这个过程就是声音的数字化过程(如图 1.3 所示)。声音的数字化实际上就是对模拟的声音进行采样和量化，把模拟量表示的音频信号转换成离散的、由数字 0 和 1 所组成的音频信号。这种数字音频信号可以用计算机文件的形式进行保存。

图 1.3 声音数字化过程示意图

1.3.3　声音数字化的主要参数

1. 采样频率

采样频率指 1 s 内采样的次数。采样频率的选择遵循奈奎斯特采样理论：如果对某一模拟信号进行采样，则采样后可还原的最高信号频率只有采样频率的一半。根据该采样理论，CD 激光唱盘采样频率为 44 kHz，可记录的最高音频为 22 kHz，这样的音质与原始声音相差无几，也就是我们常说的超级高保真音质。采样的三个标准频率分别为：44.1 kHz 可达到 CD 品质，22.05 kHz 可达到 FM 广播品质，11.025 kHz 可达到电话通话品质。

采样频率越高，计算机要记录的音频信息就越多，生成的数字音频文件会越大。

2. 量化位数

量化位数是指在采集和播放音频文件时所使用的二进制位数的范围大小。一般的量化位数为 8 位和 16 位。量化位数越高，信号的动态范围越大，采集数字化后的音频信号就越可能接近原始信号，但是随着量化位数的增加，记录声音所需的存储空间也会增大。

3. 声道数

声道数有单声道和双声道之分，双声道又称为立体声。单声道是指计算机使用一个波形来记录音频信息，而双声道则需要两倍的存储空间。

1.3.4　音频文件格式

常见的音频文件格式有以下几种：

1. WAV 格式

WAV 文件即波形文件，是 Microsoft 公司开发的一种音频文件格式，被 Windows 平台及其应用程序广泛支持，几乎所有音频播放器都可播放该格式，如没有安装播放器，用 Windows 自带的"录音机"也能播放。该格式支持多种压缩算法，支持多种音频位数、采样频率和声道。但它占用空间过大，不便交流和传播。

2. MP3 格式

MP3 是一种音频压缩技术，由于这种压缩方式的全称叫 MPEG Audio Layer3，所以人们把它简称为 MP3。MP3 将音乐以 1∶10 甚至 1∶12 的压缩率压缩成容量较小的文件，能够在音质丢失很小的情况下把文件压缩到更小，而且还非常好地保持了原来的音质。正是因为 MP3 体积小、音质高的特点使得它成为目前最流行的音频文件格式。

3. MIDI 格式

MIDI 是 Musical Instrument Digital Interface(乐器数字接口)的缩写，MIDI 文件中包含音符定时和多达 16 个通道的乐器定义，每个音符包括键通道号、持续时间、音量和力度等信息。MIDI 文件记录的不是乐曲本身，而是一些描述乐曲演奏过程中的指令。它能够模仿原始乐器的各种演奏技巧，而且文件非常小。

4. WMA 格式

WMA 的全称是 Windows Media Audio，它用减少数据流量但保持音质的方法来实现更高压缩率，其压缩率一般可以达到 1∶18，音质要强于 MP3 格式。WMA 支持音频流 (Stream)技术，适合在网络上在线播放。另外，通过 DRM(Digital Rights Management)方案防拷贝、加入限制播放时间和次数，对防止盗版有好处。由于是微软自创，所以常用 Windows 自带的播放器来播放。

5. RealAudio 格式

RealAudio 是由 Real Networks 公司推出的一种音频格式，最大的特点是可实时传输音频信息，在网速较慢的情况下仍可较流畅地传送，主要用于网上实时播放。Real 音频格式包括 RA(RealAudio)、RM(Real Media，RealAudio G2)、RMX(RealAudio Secured)等。

6. VOC 格式

VOC 格式是 Creative 公司的波形音频文件格式，也是声霸卡使用的音频文件格式。每个 VOC 文件由文件头块和音频数据块组成。文件头包含一个标识版本号和一个指向数据块起始的指针，数据块分成各种类型的子块。

VOC 格式带有浓厚的硬件相关色彩，这一点随着 Windows 平台本身提供了标准的文件格式 WAV 之后就变成了明显的缺点，加上 Windows 平台不提供对 VOC 格式的直接支持，所以 VOC 格式很快便消失在人们的视线中，不过现在很多播放器和音频编辑器仍然支持该格式。

7. CD Audio 格式

CD Audio 格式的扩展名为.cda，是唱片采用的格式，又叫"红皮书"格式，记录的是波形流，音质非常好。

8. AIF 格式

AIF 是 Apple 计算机的音频文件格式，其扩展名为 .aif 或 .aiff。该文件和 WAV 文件非常相像，大多数的音频编辑软件都支持这种文件格式。

9. Ogg 格式

Ogg 是一种新的音频压缩格式，类似于 MP3 等音乐格式。Ogg 是有损压缩，但通过使用更加先进的声学模型可减少损失，因此，同样位速率编码的 Ogg 与 MP3 相比听起来更好一些。Ogg 是完全免费、开放和没有专利限制的。

1.3.5　音频工具软件

Windows 提供了许多用于音频媒体处理的软件，可以对音频信息进行采集、编辑、变换、效果处理和播放等。常用的音频工具软件有 CD 播放器、Windows Media Player、录音机等。

1. CD 播放器

CD 播放器是 Windows 系统中专门用于播放光盘的，它提供了与其它唱机几乎完全相同的控制功能，可以为 CD 唱盘编辑曲目表，选择播放音乐，具有多种播放形式。CD 播放器还可以在后台播放，播放 CD 的同时计算机还能够同时运行其它应用程序。利用 CD 播放器播放光盘中的曲目的具体操作步骤如下：

(1) 选择"开始"→"程序"→"附件"→"娱乐"→"CD 唱机"菜单命令,屏幕显示如图 1.4 所示的 CD 播放器窗口。

(2) 将光盘放入光驱后,按"播放"按钮,即可欣赏光盘中的音乐节目。

在 CD 播放过程中还可以方便地实现曲目的暂停、停止、快速反转、快速向前转以及弹出 CD 光盘的操作。

图 1.4   CD 播放器窗口

2. Windows Media Player

Windows Media Player(媒体播放机)是 Windows 系统中用于播放多媒体文件的设备。利用 Windows Media Player 并配以相应的驱动程序,可直接播放有关的媒体文件。使用 Windows Media Player 的具体操作步骤如下:

选择"开始"→"程序"→"附件"→"娱乐"→"Windows Media Player"菜单命令,屏幕显示如图 1.5 所示的"Windows Media Player"窗口。

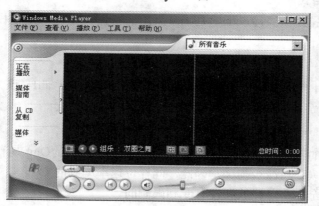

图 1.5   "Windows Media Player"窗口

Windows Media Player 的播放功能比 CD 播放器简单,在 Windows Media Player 中增添了"自动重绕"和"自动重复"功能,利用"自动重复"功能,用户可反复收听同一首音乐。对功能的设置可通过"查看"菜单中的"选项"功能完成。

3. 录音机

录音机与日常生活中所用的录音机的功能基本相同,具有播放、录音和编辑功能,在声卡的硬件支持下完成对声音信息的采集,将采集后的声音文件保存为标准的音波(WAV)文件。计算机具备了声卡、喇叭及麦克风等硬件后,就可以利用"录音机"功能来录制声音。

选择"开始"→"程序"→"附件"→"娱乐"→"录音机"菜单命令,屏幕显示如

图 1.6 所示的"声音-录音机"窗口。

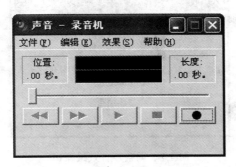

图 1.6　"声音-录音机"窗口

1)　"声音-录音机"窗口的组成

(1)　菜单栏：包括文件、编辑、效果、帮助等；

(2)　目前所在位置：指示目前执行的位置；

(3)　声音的波形：显示声波形状；

(4)　声音的总长度：声音文件的长度；

(5)　滑标：改变执行的开始位置；

(6)　控制栏：包括播放、停止、倒带及前转等。控制栏的按钮从左到右依次为开始、结尾、播放、停止、录音。

2)　录制声音

(1)　新建声音文件。每次通过麦克风录音之前，应当先新建文件，清除内存里可能存在的声音信息，以便录制新的声音。可选择"文件"→"新建"菜单命令完成新建声音文件。

(2)　录制声音。先将麦克风对准要录制声音的来源，再按"录音"按钮开始录音，结束时按"停止"按钮停止录音。录制的过程中会产生声音的波形，滑标会随录制的时间而改变。

(3)　保存声音文件。对于录好的声音，可以选择"播放"按钮试听录制的效果，满意之后，可以将声音以文件形式保存起来。选择"文件"→"保存"菜单命令，在屏幕上显示的"另存为"对话框中选择声音文件类型"WAV"及其位置和文件名，按"保存"按钮后即完成保存声音文件。

3)　播放声音文件

(1)　读入声音文件。选择"文件"→"打开"菜单命令，在对话框中选择声音文件的文件名，单击"打开"按钮或双击所选文件图标，打开声音文件。

(2)　声音文件的播放。对于读入的声音文件，可按"播放"按钮进行播放。

4)　编辑声音文件

编辑功能用来剪辑声音或插入其它声音。

(1)　调整声音效果。选择"效果"菜单，如图 1.7 所示，从中选择要调整的项目，按"播放"按钮播放。

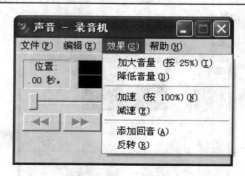

图 1.7　调整声音效果窗口

(2) 剪辑声音文件。将滑标移到要剪辑的开始位置，选择"编辑"菜单，如图 1.8 所示，选择"删除当前位置以前的内容"菜单命令，单击"确定"按钮，将当前位置以前的声音删除。同样，也可将当前位置以后的声音删除。

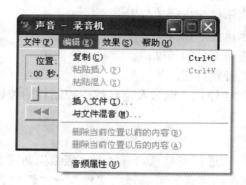

图 1.8　剪辑声音文件窗口

第二篇 Photoshop 图像处理

Photoshop 是由 Adobe Systems 公司开发和发行的，主要用于位图处理，是一款集图像扫描、编辑修改、图像制作、广告创意、图像输入与输出于一体的图形图像处理软件。

本篇以 Photoshop CS3 为背景，从初学者的角度出发，全面介绍 Photoshop 图形图像处理软件的基本概念及各项功能，通过大量的实例详细介绍在 Photoshop 中如何使用工具、选区、图层、路径、通道、蒙版和滤镜等来处理图像，具有较强的实践性。通过本篇内容的学习，学习者会对 Photoshop 软件及图像处理有一个比较全面的认识，能够利用 Photoshop 进行各种常见的图像处理和设计。

第 2 章　Photoshop 图像基础

2.1　Adobe Photoshop 软件

2.1.1　Adobe Photoshop 软件介绍

Adobe Photoshop 简称"PS"，是由 Adobe Systems 公司开发和发行的图像处理软件。Photoshop 不只是"一个很好的图像编辑软件"，实际上，它在平面设计、广告、出版、动画、网页设计、多媒体制作和建筑等诸多领域都有广泛的应用。

2003 年，Adobe 将 Adobe Photoshop 8 更名为 Adobe Photoshop CS。本篇内容主要采用的版本是 Adobe Photoshop CS3，它是 Adobe Photoshop 中的第 10 个主要版本，也就是说相当于 Adobe Photoshop 10。

2.1.2　Photoshop 文件类型

Photoshop 支持数十种文件格式，因此能很好地支持多种应用程序。其常见的格式有 PSD、JPEG、GIF、PNG 等。

其中，PSD 是 Photoshop 默认的文件保存格式，可以保存图像中的所有细节信息，不会导致数据丢失，占用存储空间较大，而且其它应用程序不支持这种格式。

JPEG 是最常用的图像格式。它是一个最有效、最基本的有损压缩格式，被极大多数的图形处理软件所支持，可根据需要设定图像的压缩比，支持 CMYK、RGB 和灰度的色彩模式，不支持 Alpha 通道。

GIF 是输出图像到网页最常采用的格式。GIF 采用 LZW 压缩，限定在 256 色以内的色彩，占用空间小，存储格式为 1～8 位，支持位图模式、灰度模式和索引色彩模式的图像。

PNG 是可以保存 24 bit 真彩图像并且可用于网络的图像格式，它支持透明背景，具有消除锯齿边缘功能，可以在不失真的情况下压缩保存图像。

2.1.3　Photoshop 的颜色模式

颜色模式决定了如何描述和重现图像的色彩。在 Photoshop 中，常用的颜色模式有 RGB、CMYK、Lab、索引、灰度、双色调、位图、多通道等。各种色彩模式之间可以相互转换，可通过"图像"菜单下的"模式"菜单进行切换。

1. RGB 模式

RGB 模式是目前运用最广的颜色模式之一，它是利用红色(Red)、绿色(Green)和蓝色(Blue)三种基本颜色进行颜色加法，可以配制出绝大部分肉眼能看到的色彩。彩色电视机的显像管和计算机的显示器都是以这种方式来混出各种不同的颜色效果的。

Photoshop 将 24 位 RGB 图像看做由 3 个颜色通道组成，这 3 个颜色通道分别为红色通道、绿色通道和蓝色通道。其中每个通道使用 8 位颜色信息，该信息用 0～255 的亮度值来表示。这 3 个通道通过组合，可以产生 1600 多万种不同的颜色。由于用户可以从不同通道对 RGB 图像进行处理，因此增强了图像的可编辑性。

RGB 以黑色为底色进行加色，当所有成分的值均为 255 时，结果是纯白色；当该值为 0 时，结果是纯黑色。图 2.1 所示是 RGB 模式显示的图像。

图 2.1　RGB 显示模式

2. CMYK 模式

CMYK 模式是一种印刷模式，其中的 4 个字母分别是指青色(Cyan)、洋红(Magenta)、黄色(Yellow)和黑色(Black)。在处理图像时，一般不采用 CMYK 模式，因为这种模式的图像文件占用的存储空间较大。此外，在这种模式下，PS 提供的很多滤镜都不能使用，因此，人们只是在印刷时才将图像颜色模式转换为 CMYK 模式。

CMYK 基于油墨的光吸收/反射特性，眼睛看到颜色实际上是物体吸收白光中特定频率的光而反射其余光的颜色，它是一种减色模式。CMYK 四色油墨可使用 0%～100%的值。亮颜色指定的印刷色油墨颜色百分比较低，而为较暗颜色指定的百分比较高。CMYK 以白色为底色进行减色，即 CMYK 均为 0%是白色，均为 100%是黑色。图 2.2 所示是 CMYK 模式显示的图像。

图 2.2　CMYK 显示模式

3. Lab 模式

Lab 模式是一个以亮度分量 L 及两个颜色分量 a 与 b 来表示颜色的。L 的取值范围为 0～100，a 代表由绿色到红色的光谱变化，b 代表由蓝色到黄色的光谱变化，a 和 b 的取值范围均为 −120～+120。

Lab 颜色与设备(显示器、打印机)无关，无论使用何种设备创建或输出的图像，这种设备都能生成一致的颜色。

由于该模式是目前包含色彩范围最广的颜色模式，能够准确地在不同系统和平台之间进行交换，因此，该模式是 PS 在不同颜色模式之间转换时使用的中间颜色模式。

4. 索引模式

为了减小图像文件所占的存储空间，人们设计了"索引颜色"模式。它最多使用 256 种颜色，当其它模式的图像转换为索引图像时，Photoshop 将构建一个颜色查找表，存放并索引图像中的颜色。由于这种模式可极大地减小图像文件的存储空间，所以多用于网页图像与多媒体图像。

5. 灰度模式

灰度模式使用 0～255 一共 256 级的灰度来表示图像，使图像的过渡更平滑细腻。灰度图像中只有灰度信息而没有彩色。Photoshop 将灰度图像当成只有一种颜色通道的数字图像，要将图像转换为双色调或位图模式，首先要将图像转换为灰度模式。

6. 双色调模式

双色调模式使用 2～4 种彩色油墨创建双色调、3 色调或 4 色调灰度图像。

彩色印刷品通常情况下都是以 CMYK 四种油墨来印刷的。但也有些印刷物，例如名片，往往只需要用两种油墨颜色就可以表现出图像的层次感和质感。因此，如果并不需要全彩色的印刷质量，可以考虑利用双色印刷来降低成本。

7. 位图模式

位图模式含两种颜色，所以其图像也叫做黑白图像。像激光打印机这样的输出设备都是靠细小的点来渲染灰度图像的，因此使用位图模式可以更好地设定网点的大小、形状和相互的角度。

8. 多通道模式

将图像转换为多通道模式后，系统将根据源图像产生相同数目的新通道，但该模式下的每个通道都为 256 级灰度通道(其组合仍为彩色)。这种显示模式通常被用于处理特殊打印，例如将某一灰度图像以特别颜色打印。

2.2　Photoshop CS3 的工作窗口

Photoshop CS3 的启动界面如图 2.3 所示。

图 2.3　Photoshop CS3 启动界面

正常启动后的 **Photoshop CS3** 的工作窗口如图 2.4 所示，它主要由标题栏、菜单栏、属性栏、工具箱、浮动面板、图像编辑窗口等组成。

图 2.4 Photoshop CS3 工作窗口

1. 标题栏

标题栏显示当前应用程序名及程序控制按钮，当图像编辑窗口最大化时，它独占 PS 桌面，这时标题栏还会显示当前编辑的图像的文件名、图像的色彩模式及显示比例。

2. 菜单栏

Photoshop 菜单栏为整个环境下所有窗口提供菜单控制，包括文件、编辑、图像、图层、选择、滤镜、分析、视图、窗口和帮助 10 个菜单。CS3 相比 CS2 新增加了一个"分析"菜单。

3. 属性栏

属性栏又称工具选项栏，选中某个工具后，属性栏就会改变成相应工具的属性设置选项，可用于更改相应的选项。

4. 图像编辑窗口

图像编辑窗口是 Photoshop 的主要工作区，用于显示图像文件。图像窗口带有自己的标题栏，显示打开文件的基本信息，如文件名、缩放比例、颜色模式等。

如果同时打开了多个图像文件，可通过单击图像窗口在不同图像间进行切换，也可通过按键盘上的 **Ctrl+Tab** 键进行切换。

5. 工具箱

Photoshop 工具箱显示在窗口左侧，其中包含了 Photoshop 的各种常用工具，可用来选择、绘画、编辑以及查看图像。

拖动工具箱的标题栏可移动工具箱位置，单击其中的选项，即可选中某个工具，此时属性栏会显示该工具的属性。有些工具的右下角有一个小三角形符号，这表示在工具位置上存在一个工具组，其中包括若干个相关工具。

6. 浮动面板

Photoshop 浮动面板是 Photoshop 中非常重要的辅助工具，它为图形图像处理提供了各种各样的辅助功能。

按 Tab 键，将自动隐藏所有浮动面板、属性栏和工具箱；再次按 Tab 键，将再次显示出以上组件。按 Shift+Tab 键只隐藏浮动面板，保留工具箱和属性栏。通过"窗口"菜单也可选择显示或隐藏某个浮动面板。每个浮动面板都有自己的专属菜单，可通过单击面板右上角的菜单按钮 将其打开。当多次拖动或关闭导致某些浮动面板显示混乱时，选择"窗口"菜单"工作区"下的"复位调板位置"选项，可以将所有面板恢复到初始位置。

CS3 常用的浮动面板有：

(1) 导航器面板。导航器面板用来观察图像，调整其在窗口中的显示比例，如图 2.5 所示。通过该面板可以方便地进行图像的缩放，用鼠标拖动下方的滑块来改变缩放的比例。

图 2.5　导航器面板

(2) 直方图面板。图 2.6 所示为直方图面板，它可用来查看颜色信息及记录信息的变化。

(3) 信息面板。信息面板提供鼠标所在位置的色彩信息及 X 和 Y 的坐标值，如图 2.7 所示。如果选择标尺工具，还可通过信息浮动面板得到大小、距离和旋转角度等信息。

图 2.6　直方图面板

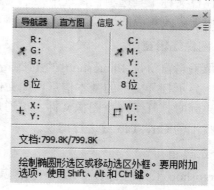

图 2.7　信息面板

(4) 颜色面板。颜色面板用来改变图像的前景色和背景色。如图 2.8 所示的颜色面板的左上角有两个色块，分别表示前景色和背景色，它们与工具箱中"设置前景色/背景色"工具的作用相同。

(5) 色板面板。此面板和颜色面板有相同的地方，即都可用来改变工具箱中的前景色或背景色，不论使用何种工具，只要将鼠标移到色板面板上，都会变成吸管的形状，单击即可改变工具箱中的前景色，按着 Ctrl 键单击即可改变工具箱中的背景色，如图 2.9 所示。

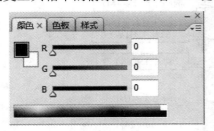
图 2.8 颜色面板

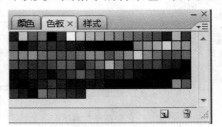
图 2.9 色板面板

(6) 样式面板。样式面板(如图 2.10 所示)用来指定绘制图像的模式，实际上是图层风格效果的快速应用，可以使用它来迅速实现图层特效。

(7) 历史记录面板。历史记录面板(如图 2.11 所示)是 Photoshop 用来记录操作步骤的工具面板，可用于恢复到操作过程中任何一步前的状态。该面板通常情况下不显示，可通过单击导航器面板左上角的 ⬛ 按钮或选择"窗口"菜单中的"历史记录"命令将其展开。

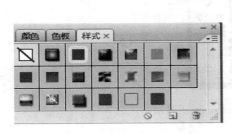
图 2.10 样式面板

图 2.11 历史记录面板

(8) 图层、通道和路径等其它面板会在后面章节中详细介绍。

2.3 Photoshop 工具箱

对比 Photoshop 之前的版本，Photoshop CS3 工具箱最大的改变是变成了可伸缩的，通过单击工具箱标题栏上方的 ▰▰ 可变为长单条或像 Photoshop CS2 的短双条。图 2.12 所示为长单条显示的工具箱。

工具箱中有些工具的右下角显示有一个黑色的小箭头，表示同时有多个工具共享该位置，将鼠标指向该图标并按住左键不放，或直接在该位置单击鼠标右键，就会出现该位置的所有工具列表。选择不同的工具，属性栏就会出现该工具的具体属性设置。

　　下边介绍 Photoshop 的常用工具，其中括号内的字母表示该工具的快捷键，即按下该字母键就可以选择该工具。

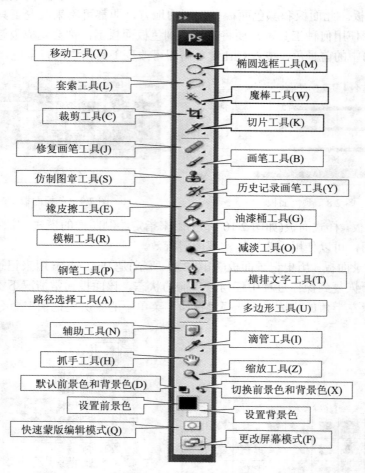

图 2.12　Photoshop 工具箱

1. 移动工具(V)

选中移动工具，然后按鼠标左键拖动可移动整个图层或选中的图像的位置。

2. 选框工具(M)

选框工具用于创建几何图形选区，其中包括椭圆选框、矩形选框、单行选框和单列选框四种工具。

按鼠标左键拖动可创建相应的选区。按住 Shift 键拖动鼠标可以创建正圆和正方形选区。按住 Alt 键拖动鼠标可以创建一个从中心向四周绘制的椭圆或矩形选区。

单行、单列选框是指创建只有一个像素高或只有一个像素宽的选区。

3. 套索工具(L)

套索工具用于创建任意形状选区，包括以下三种：

(1) 套索：用鼠标拖动创建任意不规则选区。

(2) 多边形套索：用鼠标拖动创建有一定规则的多边形选区。

(3) 磁性套索：用于边缘比较清晰，且与背景颜色相差比较大的图片的选区的创建。

4. 魔棒工具(W)

魔棒工具可以自动将颜色近似度相近的区域创建为一个选区。其中包括：

(1) 快速选择：拖动鼠标用圆形笔尖快速绘制选区。

(2) 魔棒：鼠标单击自动选择颜色相近的区域作为选区。

5. 裁剪工具(C)

用鼠标拖动裁剪工具，可对画面进行裁剪，暗色区域都将被剪掉或隐藏。可用鼠标在画面四周边缘拖动，以调整裁剪的范围，或整体拖动选择保留的区域。

6. 切片工具(K)

切片工具中包括切片和切片选择两种工具，用于网页制作时将图片进行切割、分片处理。

7. 修复画笔工具(J)

修复画笔工具是用画笔修复图片中的瑕疵，包括以下四种：

(1) 污点修复画笔：画笔自动从要修复区域的四周取样，覆盖图片中的污点等，比如去掉人物照片中脸上的黑痣。

(2) 修复画笔：按住 Alt 键取样，然后在需要修复的位置用画笔涂抹，会用取样位置(即图中"+"所在位置)的样式修复当前位置图案。

(3) 修补：与修复画笔相似，对选定区域进行修补。用鼠标拖动选定区域，然后拖动到目标位置，则用选定区域会修补为目标位置图案样式。

(4) 红眼：用于修复因使用闪光灯拍照而产生的人物红眼现象。

8. 画笔工具(B)

画笔工具用于自由绘制各种线条图形，包括以下三种：

(1) 画笔：利用该工具并配合属性栏设置可以画出各种图案效果。

(2) 铅笔：可模拟铅笔效果画出硬性边缘的线条，通常用来画路径。

(3) 颜色替换：可用前景色置换任何选定部分的颜色，同时保留原有的材质和对比度。

9. 仿制图章工具(S)

仿制图章工具用于复制图像和用图案绘图，包括以下两种：

(1) 仿制图章：将图样图像复制到另一位置或另一幅图中，可用来局部修复或修饰图片。按住 Alt 键取样，然后在目标位置用鼠标绘制即可。

(2) 图案图章：通过属性栏上的图案拾色器选择图案，在目标位置用鼠标绘制。

10. 历史记录画笔工具(Y)

历史记录画笔工具用于恢复图像的原始图案，历史记录源默认为打开图片状态，可以通过历史记录面板自行定义，包括以下两种：

(1) 历史记录画笔：用该画笔在修改得面目全非的图片上涂抹，所到之处图片会恢复到历史记录源状态。

(2) 历史记录艺术画笔：可模拟不同的绘画风格将图片恢复到历史记录源不同的风格状态。

11. 橡皮擦工具(E)

橡皮擦工具用于擦除图案，包括以下三种：

(1) 橡皮擦：可擦掉图片上的所有像素，使图片变为透明。如果是在背景层上擦除，则擦除后只剩下背景色。

(2) 背景橡皮擦：根据属性栏选择不同的取样方式和容差等，可擦除相应的区域。

(3) 魔术橡皮擦：根据设置不同的容差可自动擦除颜色相近区域的像素，容差值越大，一次擦除的范围越大。

12. 油漆桶工具(G)

油漆桶工具为选定的图层或区域填充颜色，包括以下两种：

(1) 油漆桶：用于在指定图层或选取填充前景色或选定的图案。用 Alt+Delete 键填充前景色，用 Ctrl+Delete 键填充背景色。

(2) 渐变：可填充多种颜色的渐变样式。通过其属性栏(见图 2.13)的渐变拾色器和渐变类型可以填充不同的渐变效果。

图 2.13　"渐变"属性栏

通过单击渐变拾色器右侧的向下小箭头可以选择不同的渐变样式，也可以通过单击渐变拾色器打开渐变编辑器(如图 2.14 所示)来创建自己需要的渐变效果。

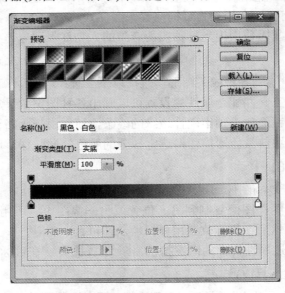

图 2.14　渐变编辑器

选择不同的渐变类型，用鼠标在图像窗口拖动，会使同一颜色样式的渐变填充出不同的效果。鼠标拖动时的起点和范围也会影响渐变的填充效果。

　　(1) 线性渐变：沿鼠标拖动方向填充直线形的渐变效果。

　　(2) 径向渐变：产生以鼠标拖动起点为圆心，鼠标拖曳距离为半径的圆形渐变效果。

　　(3) 角度渐变：产生以鼠标拖动起点为中心，自鼠标拖曳的方向起旋转一周的锥形渐变效果。

　　(4) 对称渐变：可以产生对称的渐变效果。

　　(5) 菱形渐变：产生以鼠标拖动起点为中心，鼠标拖曳距离为半径的菱形渐变效果。

13. 模糊工具(R)

　　模糊工具可用于实现用手指在未干的颜料上涂抹的效果。其中包括以下三种：

　　(1) 模糊工具：可将图像边缘颜色值相接近的融为一起，使图像边缘颜色看起来平滑柔和，过渡自然。

　　(2) 锐化工具：和模糊工具相反，它是在颜色接近的区域内增加 RGB 像素值，使图像边缘看起来更加清晰。

　　(3) 涂抹工具：可在图像上拖动颜色，使颜色在图像上产生位移，产生涂抹的效果，使图像柔和或变得模糊。

14. 减淡工具(O)

　　减淡工具用于改变图像的颜色和灰度。其中包括以下三种：

　　(1) 减淡工具：可在图像原有的颜色基础上减淡颜色，产生变浅的效果。

　　(2) 加深工具：可在图像原有的颜色基础上加深颜色，产生变暗的效果。

　　(3) 海绵工具：可在属性栏选择绘画模式——去色或加色。去色是在图像原有的颜色基础上，使图像原有的颜色逐渐产生灰度化的效果。加色是在其原有的颜色基础上增加颜色，使图像看起来更加鲜艳。

15. 钢笔工具(P)

　　钢笔工具一般用来勾画或编辑路径，产生一个矢量图形，包括以下五种：

　　(1) 钢笔：用于创建直线或曲线路径。根据属性栏上的选项(形状图层、路径、填充图层)，可以创建不同的对象。

　　(2) 自由钢笔：以手绘作为钢笔勾画的路径，具有随意性。

　　(3) 添加锚点：在已经勾画好的路径上每单击一次可以增加一个锚点。

　　(4) 删除锚点：和添加锚点正好相反，在锚点上单击则会删除该锚点。

　　(5) 转换锚点：将路径上的锚点性质相互转换，如将平滑锚点转换成角点或将角点转换成平滑锚点。

16. 路径选择工具(A)

　　路径选择工具用于选择路径并进行编辑调整，包括以下两种：

　　(1) 路径选择：单击之选取矢量路径，可进行复制、移动、变形等操作。

　　(2) 直接选择：可以选取单个锚点或拖动鼠标选取多个锚点，对其进行移动、变形等操作。按住 Alt 键也可以复制整个路径或形状。

17. 文字工具(T)

　　文字工具用于创建各种样式的文字，通过属性栏设置文字的大小、颜色、字体及排列样式等，包括以下四种：

(1) 横排文字工具：输入文字成横向排列。

(2) 直排文字工具：输入文字成竖向排列。

(3) 横排文字蒙版工具：输入文字作为选区成横
向排列。

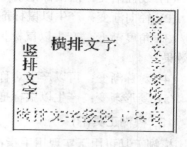

(4) 直排文字蒙版工具：输入文字作为选区成竖
向排列。

图 2.15 所示是四种文字工具输入的效果。

图 2.15　四种文字工具输入效果

18. 多边形工具(U)

多边形工具包括矩形工具、圆角矩形工具、椭圆工具、多边形工具、直线工具及自定
形状工具，根据属性栏选项不同，可以创建不同形状的路径或形状图层。

19. 辅助工具(N)

辅助工具用于对图像添加注释，包括以下两种：

(1) 注释工具：在图像中任何位置插入注释性文字，即图像的说明。

(2) 语音批注工具：配合麦克风，可以在图像中插入音频注释。

20. 滴管工具(I)

滴管工具用于在图像上采样，获取图片样本的颜色、位置等信息，包括以下两种：

(1) 吸管：通过在样本、色板面板或颜色面板中单击，吸取当前位置颜色作为前景色。
如果按住 Alt 键单击，则吸取当前位置颜色作为背景色。

(2) 颜色取样工具：通过单击鼠标在图像上吸取颜色值，取样点信息在浮动信息面板
中显示，最多一次可取 4 个颜色样本。图 2.16 和图 2.17 分别显示的是四个颜色样本位置及
信息面板的四个颜色信息。

图 2.16　四个颜色样本位置

图 2.17　四个样本颜色信息

(3) 标尺：主要用来测量图像的长度、宽度和倾斜度。通过拖动鼠标在图像上划出一
条直线，则通过浮动信息面板可以测量出该线条远点位置坐标、长度、与水平方向的角度
等信息。图 2.18 和图 2.19 分别是标尺的起始位置及测量信息在信息面板中的显示。

图 2.18　标尺的起始位置

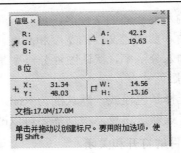

图 2.19　标尺测量信息

21．抓手工具(H)

当图像过大，不能全部显示在画面中时，可通过抓手工具移动图像，查看图像各个部分。它并不改变图像在画布中的位置。双击抓手工具可以将图像全部显示在画面中。

22．缩放工具(Z)

缩放工具结合其属性栏设置可使图像放大或缩小。

23．快速蒙版编辑模式(Q)

通过鼠标单击可在"标准编辑模式"和"快速蒙版编辑模式"间进行切换。

24．更改屏幕模式(F)

通过鼠标单击可选择切换为标准屏幕模式、最大化屏幕模式、带有菜单栏的屏幕模式及全屏模式。

2.4　Photoshop 文档操作

Photoshop 中的文档操作包括文件的建立、打开、保存及关闭等。

1．文件的建立

创建一个空白文档的方法为：单击"文件"菜单下的"新建"命令，打开"新建"对话框(如图 2.20 所示)，然后在该对话框中进行相应设置。

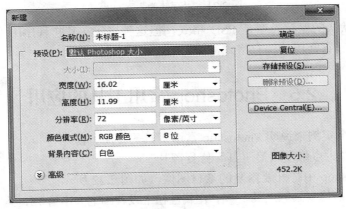

图 2.20　"新建"对话框

(1) 输入要新建的文件名，如"example"。

(2) 输入要创建文档的宽度和高度，单位根据需要选择"像素"或"厘米"。

(3) 输入分辨率，默认图片分辨率是 72 像素/英寸，如果是数码照片，图像分辨率一般是 300 像素/英寸。

(4) 选择颜色模式，默认的为 RGB 颜色模式。

(5) 背景默认白色，根据需要可以改为背景色或透明。

2. 文件的打开和关闭

Photoshop 文件的打开和关闭与其它应用程序相同，此处不再赘述。

3. 文件的保存

单击"文件"菜单下的"存储为"命令，打开"存储为"对话框(如图 2.21 所示)，选择保存的位置，输入文件名，选择合适的文件类型即可保存文件。

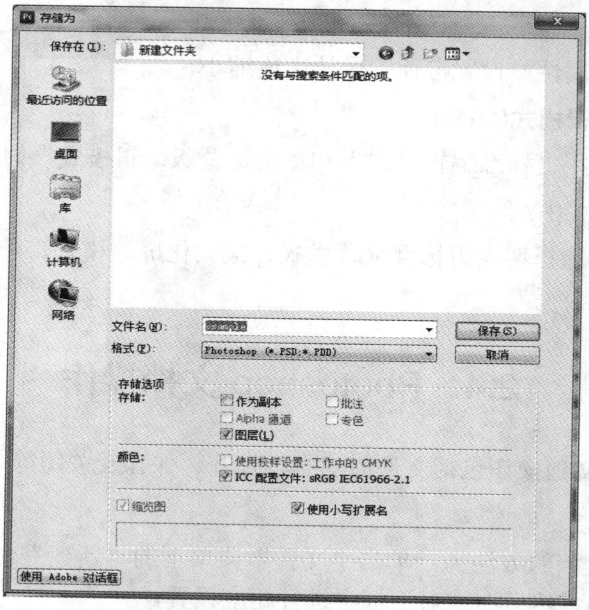

图 2.21　"存储为"对话框

Photoshop 默认的保存类型是 PSD 格式，但这种格式在其它程序中无法识别，所以可以根据需要选择其它常用的保存格式，如 JPG、BMP 等。

2.5　Photoshop 常用工具的应用

下面通过几个实例来说明 Photoshop 常用工具的使用方法。

例 1　使用"污点修复画笔工具"修复照片。

(1) 在 Photoshop 中打开要修复的素材图像，如图 2.22 所示。

(2) 选择"污点修复画笔工具"，在属性栏中设置画笔大小为 15，类型为"创建纹理"。

(3) 在图像鼻子上的伤疤处涂抹，直到完全遮盖，效果如图 2.23 所示。

图 2.22　修复前的素材图像　　　　图 2.23　污点修复后的效果图

例 2　利用"修复画笔工具"修复图片。

(1) 在 Photoshop 中打开素材图像，如图 2.24 所示。

(2) 选择"修复画笔工具"，在属性栏中设置画笔大小为 30，源为"取样"。

(3) 单击在图像上的背景处取样。

(4) 用画笔在要覆盖的花朵处涂抹。最终效果如图 2.25 所示。

图 2.24　修复前的素材图像　　　　　图 2.25　修复后的效果图

例 3　利用"修补工具"修补图片。

(1) 在 Photoshop 中打开素材图像，如图 2.26 所示。

(2) 选择"修复画笔工具"。

(3) 单击在图像上的水面处拖动一个区域，其大小最少能把人和竹筏放进去。

(4) 按左键拖动到人物所在的目标位置松开。

(5) 按 Ctrl+D 键取消选择，效果如图 2.27 所示。

图 2.26　修补前的素材图像　　　　　图 2.27　修补后的效果图

例 4　用"画笔工具"绘制图形。

(1) 通过"文件"菜单新建文件。

(2) 选择"画笔工具" ，在属性栏中选择画笔笔尖形状为 （如图 2.28 所示），将前景色设置为红色。

(3) 在文件窗口绘制自己喜欢的图案"落叶"，效果如图 2.29 所示。

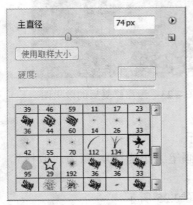

图 2.28　画笔大小及笔尖形状　　　　　　　　　图 2.29　落叶图像

例 5　用"仿制图章工具"修改图片。

(1) 打开样本图像，如图 2.30 所示。

(2) 选择"仿制图章工具" ，调整笔刷大小为 20。

(3) 按 Alt 键在样本处(图 2.30 中圆圈标记处)单击取样。

(4) 拖动鼠标复制采集的样本。最终效果如图 2.31 所示。

图 2.30　样本图像　　　　　　　　　　　图 2.31　修改后的效果图

例 6　使用"图案图章工具"制作背景墙。

(1) 打开样本图像——rose 图案，如图 2.32 所示。

(2) 选择"编辑"菜单下的"定义图案"命令，并将图案命名为"rose"。

(3) 新建空白文件，选择"图案图章工具" ，在属性栏中选择 rose 图案。

(4) 在空白文件中按左键拖动鼠标复制图案，效果如图 2.33 所示。

图 2.32　rose 图案

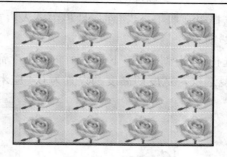

图 2.33　rose 背景墙

例 7　使用"魔术橡皮擦工具" 擦除图片背景。

使用魔术橡皮擦工具擦除图片背景的效果与属性栏的设置有关。图 2.34 和图 2.35 分别是用魔术橡皮擦擦除背景前后的图像。

图 2.34　擦除背景前的图像

图 2.35　擦除背景后的图像

"魔术橡皮擦工具"的属性设置包括以下三项：

● 容差：用以确定擦除颜色的范围，值越小擦除的范围越小。

● 消除锯齿：可消除图像边缘的锯齿使图像平滑。

● 临近：只擦除与鼠标落点处颜色相近且相连的颜色。

例 8　使用"涂抹工具"手指绘画涂抹出马的鬃毛。

(1) 在 Photoshop 中打开马的图像，如图 2.36 所示。

(2) 选择工具箱中的"涂抹工具"，在属性栏中设置画笔大小为 10、强度为 50%，在马的头部涂抹，效果如图 2.37 所示。

图 2.36　涂抹前的马

图 2.37　涂抹后的马

例 9　制作一个 8 联张的 1 寸照片。

(1) 在 Photoshop 中打开一张人物照片素材，如图 2.38 所示。

(2) 选择"裁剪工具"，在属性栏中输入：宽度 2.5 cm，高度 3.5 cm，分辨率 300 dpi，然后进行裁剪。

(3) 选择"图像"菜单下的"画布大小"命令，在打开的"画布大小"对话框中勾选"相对"复选框，宽度和高度都设置为 0.4 厘米，如图 2.39 所示。

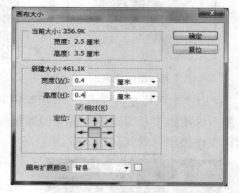

图 2.38　人物照片素材　　　　　　　图 2.39　"画布大小"对话框

(4) 选择"编辑"菜单下的"定义图案"命令，输入名称"ph"，将裁剪后的照片定义为图案，如图 2.40 所示。

图 2.40　自定义图案

(5) 选择"文件"菜单下的"新建"命令，建立一个新的空白文件，大小为 11.6 厘米×7.8 厘米，分辨率为 300 像素/英寸。

(6) 选择"编辑"菜单下的"填充"命令，再选择自定义图案 ph，填充后的效果如图 2.41 所示。

图 2.41　1 寸 8 联张照片

2.6　操作练习

　　练习 1　在 Photoshop 中打开如图 2.42 所示的素材图像，使用"修复画笔工具"涂抹修复人物面部的油彩，最终文件存储为"修复画笔.JPG"。

　　练习 2　在 Photoshop 中打开如图 2.43 所示的气球图像，使用"修补工具"修改图像，完成后图像如图 2.44 所示，最终文件存储为"修补.JPG"。

图 2.42　练习 1 素材图像

图 2.43　"修补"前的气球图像

图 2.44　"修补"后的气球图像

　　练习 3　在 Photoshop 中打开"贝壳"素材图像，如图 2.45 所示。用"磁性套索工具"选取"贝壳"图案，复制为新图层，选择"编辑"菜单下的"定义画笔预设"命令，画笔名称输入"贝壳"，新建文件，大小为 800 像素×600 像素；选择"画笔工具"，在属性栏中设置合适的大小，选择贝壳笔尖形状，绘制各种颜色的"心形"项链，如图 2.46 所示，最终文件存储为"画笔预设.JPG"。

图 2.45　贝壳素材图像

图 2.46　"心形"项链

第 3 章　Photoshop 基本图像处理

现实生活中经常需要对一些图片整体调整其颜色、亮度、对比度等，这些都可以通过 Photoshop "图像" 菜单调整其色阶、色相等来完成。

3.1　调　整　色　阶

色阶是表示图像的亮度强弱的指数标准，与颜色无关。其调整范围为 0～255，通常图像中最暗的部分对应黑色(0)，最亮的部分对应白色(255)。

1. 通过 "色阶" 调整图像

对于对比度较差的图像，通过调整色阶可以使其明暗分明。具体操作如下：

(1) 打开图像文件，如图 3.1 所示。

(2) 选择 "图像" 菜单下 "调整" 下的 "色阶" 命令，在弹出的 "色阶" 对话框(如图 3.2 所示)中通过拖动滑块调整 "输入色阶"，其中黑色滑块向右把暗的地方变得更暗，白色滑块向左把亮的地方变得更亮，中间灰色滑块向左使图像变亮，向右使图像变暗。

通过调整 "输入色阶"，使整个图像明暗变得有层次感，调整后的效果如图 3.3 所示。

图 3.1　"色阶" 调整前的图像

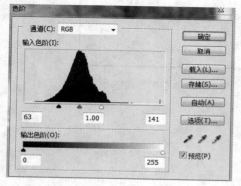

图 3.2　"色阶" 对话框

图 3.3　"色阶" 调整后的图像

2. 通过"曲线"调整图像

"曲线"和"色阶"都可以用来调整图像的色调，但"曲线"可以通过在曲线上添加多个调节点，从而达到更加精细的调整。具体操作如下：

(1) 打开图像文件，如图 3.4 所示。

图 3.4　"曲线"调整前的图像

(2) 选择"图像"菜单下"调整"下的"曲线"命令，打开"曲线"对话框，如图 3.5 所示，将曲线调整为"S"形。经"曲线"调整后的图像效果如图 3.6 所示。

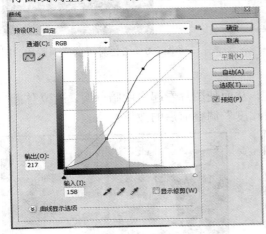

图 3.5　"曲线"对话框

图 3.6　"曲线"调整后的图像

3. 自动调整图像

色调调整除了以上两种手动方法之外，还可以通过"图像"菜单下"调整"下的"自动色阶"、"自动对比度"及"自动颜色"自动调整图像，但自动调整只适用部分图片，多数情况下还是手动调节效果更好。

(1) 自动色阶：对于明暗明显失调的图像，系统会自动调节，使其明暗相对均衡。

(2) 自动对比度：对于对比度相对较低的图像，系统自动使亮的地方更亮，暗的地方更暗，以增加图像的立体感。

(3) 自动颜色：系统能自动校正偏色图片。

4. 通过"色彩平衡"调整图像

对于整体颜色失衡的照片，通过"色彩平衡"可以很好地使整个图片的颜色均衡，达到较好的色彩效果。

比如，用"色彩平衡"调整图 3.4 所示图像的颜色，使其看起来颜色翠绿，具体操作如下：

(1) 打开图 3.4 所示的素材图像。

(2) 选择"图像"菜单下"调整"下的"色彩平衡"命令，打开"色彩平衡"对话框(如图 3.7 所示)，拖动滑块增加青色、绿色及黄色，调整后的效果如图 3.8 所示。

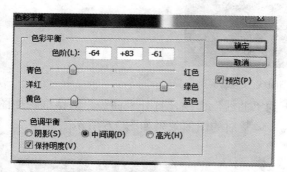

图 3.7　"色彩平衡"对话框　　　　　　图 3.8　"色彩平衡"调整后的图像

5. 通过"亮度/对比度"调整图像

通过"亮度/对比度"调整图像对比度，从而使图片看起来明暗分明，有立体感。
图 3.9 和图 3.10 所示分别是"亮度/对比度"调整前后的效果对比。

图 3.9　"亮度/对比度"调整前的图像　　　　图 3.10　"亮度/对比度"调整后的图像

3.2　调 整 色 相

人眼看到的任意彩色光都可用色相、饱和度及亮度来描述，所有颜色都是这三个特性的综合效果。

　　色相是由于某种波长的颜色光使观察者产生的颜色感觉，每个波长代表不同的色调。它反映颜色的种类，决定颜色的基本特性，例如红色、棕色等，调整色相就是改变图像颜色。

　　亮度是表示发射光或物体反射光明亮程度的参数。

　　饱和度是颜色强度的度量，即颜色的深浅程度。对于同一色调的彩色光，饱和度越深颜色越鲜明或者越纯。

　　Photoshop 提供了多种调整色相的方法，下边介绍几种常用的方法。

1. 使用"色相/饱和度"调整图像颜色

　　例 1　使用"色相/饱和度"使绿叶变红，具体操作如下：

　　(1) 打开绿叶素材图像，如图 3.11 所示。

　　(2) 选择"图像"菜单下"调整"下的"色相/饱和度"命令，打开"色相/饱和度"对话框(如图 3.12 所示)，通过拖动滑块改变色相及饱和度，使绿叶变红，效果如图 3.13 所示。

图 3.11　"色相"调整前的图像

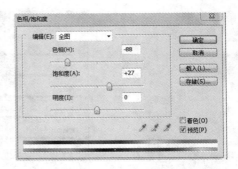

图 3.12　"色相/饱和度"对话框

图 3.13　"色相"调整后的效果

　　例 2　使用"色相/饱和度"制作老照片效果，具体操作如下：

　　(1) 打开"绿叶"素材图像，如图 3.11 所示。

　　(2) 选择"图像"菜单下"调整"下的"色相/饱和度"命令，打开"色相/饱和度"对话框(如图 3.12 所示)，勾选右下角的"着色"复选框，调整色相，就可以给灰度图像上色，制作出发黄或发红的老照片，如图 3.14 所示。

图 3.14　选"着色"后的老照片效果

2. 使用"去色"或"黑白"制作灰度图像

选择"图像"菜单下"调整"下的"去色"命令可以直接将彩色图像变成灰度图像。

选择"图像"菜单下"调整"下的"黑白"命令，在将彩色图像变为灰度图像的同时会弹出如图 3.15 所示的"黑白"对话框，通过手动调整其中的六种颜色值或直接选择一种预设制作出不同效果的黑白图像。

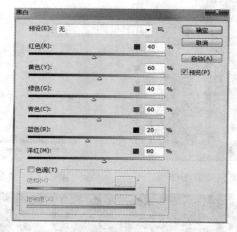

图 3.15　"黑白"对话框

3. 可选颜色

"可选颜色"在调整图像时采用 CMYK 模式，通过拖动滑块分别调节四种颜色的百分比，达到改变整个图片颜色的效果。通过"图像"菜单下"调整"下的"可选颜色"命令打开"可选颜色"对话框，如图 3.16 所示。

图 3.16　"可选颜色"对话框

　　下面对比"可选颜色"调整前后的两幅图像。调整前的图像(图 3.17)明显偏红色，要减少红色，可在"可选颜色"对话框进行以下设置：颜色选"红色"，下边四种颜色百分比分别设置为青色 82%、洋红−45%、黄色 62%、黑色 0%，调整后的效果如图 3.18 所示。

图 3.17　"可选颜色"调整前的图像　　　　　　　　图 3.18　"可选颜色"调整后的效果

4. 使用"替换颜色"及"匹配颜色"改变图像局部色彩

　　下边以"替换颜色"为例，让花儿变色。具体操作如下：

　　(1) 打开要替换颜色的图像，如图 3.19 所示。

　　(2) 选择"图像"菜单下"调整"下的"替换颜色"命令，打开"替换颜色"对话框(如图 3.20 所示)，调整"颜色容差"大小为 51(容差值越大，选择区域越大)，使用"滴管工具"单击选择花朵，可通过"添加到取样"和"从取样中减去"滴管进行微调，直到将整个花朵区选出(白色区域)。

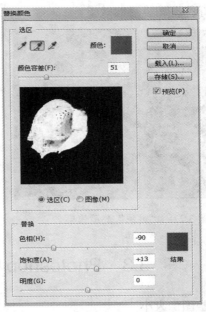

图 3.19　"花"素材图像　　　　　　　　图 3.20　"替换颜色"调整对话框

　　(3) 在对话框下方的替换区调整"色相及饱和度"，将花朵区颜色变为紫色，而其它部分颜色不变，效果如图 3.21 所示。

图 3.21　"替换颜色"调整后的花

5. 其它图像处理工具

(1) 曝光度：对数码照片曝光中存在的曝光不足或曝光过度的问题进行调节。

(2) 阴影/高光：阴影使过暗的地方变亮，高光使过亮的地方变暗。

(3) 反相：将图像转换为其互补色，比如照片反相后的效果就是底片。

(4) 照片滤镜：通过增加不同颜色的滤镜使照片整体色调发生变化。例如，黄色滤镜可使色调变暖，青色滤镜可使整体画面变得清爽。图 3.22 和图 3.23 是分别添加 35%的"黄色"和"青色"滤镜后的效果。

图 3.22　"黄色"滤镜效果

图 3.23　"青色"滤镜效果

3.3　Photoshop 中图像大小的调整

1. 调整图像大小

选择"图像"菜单下的"图像大小"命令，打开如图 3.24 所示的"图像大小"对话框，通过输入高度和宽度像素数或文档的高度和宽度来改变图像的大小。如果勾选对话框下方的"约束比例"复选框，则高度和宽度会按比例缩放。

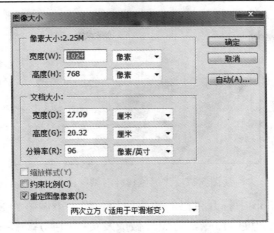

图 3.24　"图像大小"对话框

2. 调整画布大小

通常情况下画布大小和图像相同，当画布小于图像大小时，图像就会被裁掉一部分。选择"图像"菜单下的"画布大小"命令，打开如图 3.25 所示的"画布大小"对话框，输入高度和宽度值可以改变画布的绝对大小，通过调整对话框下方的"定位"确定当画布大小改变后，图像在画布中的位置。

图 3.26 所示的白色区域为画布，图像比画布小，且图像显示在画布中心位置。

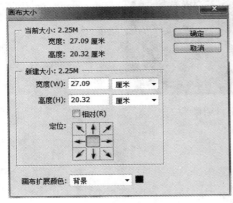

图 3.25　"画布大小"对话框

图 3.26　画布与图像

3. 调整图像方向

通过"图像"菜单下的"旋转画布"命令可调整画布方向，从而改变图像的方向。

3.4　操　作　练　习

练习 1　在 Photoshop 中打开"绿色树叶"素材图像，如图 3.27 所示。利用"色相/饱和度"命令，将绿色树叶分别调整为红色和黄色树叶，调整完成的图片存储为"红色色相.JPG"和"黄色色相.JPG"。

图 3.27　"绿色树叶"素材图像

　　练习 2　在 Photoshop 中打开自己的数码照片,将大小调整为 800 像素×600 像素,利用"去色"和"色相/饱和度"命令,将照片做成发黄的旧照片。完成后的照片存储为"去色.JPG"。

　　练习 3　分别利用"曲线"和"色阶"命令增加图 3.28 所示的素材图像的立体感。调整完成的图像存储为"曲线.JPG"和"色阶.JPG"。

图 3.28　"傍晚"素材图像

第4章　选区的基本操作

选区是 Photoshop 中一个非常重要的概念，要对图像进行局部处理加工就必须先创建选区。Photoshop 中很多命令默认的操作对象都是选区。

所谓选区，就是通过各种工具和方法所创建的一个闭合的区域。Photoshop 提供创建选区的工具有选框工具、套索工具、魔棒工具等，下面逐一介绍建立选区的方法。

4.1　用选框工具创建规则的选区

使用工具箱中的"选框工具"，可以创建矩形、椭圆形、单行或单列选区。按住鼠标左键拖动就可以创建相应形状的选区。在创建选区前，需要通过其属性栏(如图 4.1 所示)设置选区的详细信息。

图 4.1　选框工具属性栏

1. 选区运算方式

在属性栏中选择不同的选区运算方式，会产生不同的选区。

(1) 选择"新选区"，在窗口中拖动，将创建一个新选区，创建第二个选区时，第一个会自动消失。

(2) 在已有选区的基础上，选择"添加到选区"，则会将第二个选区和第一个选区相叠加，生成一个新的选区，新选区包含了两次选择的所有区域，即取两个选区的"并集"。

(3) 在已有选区的基础上，选择"从选区减去"，则会从第一个选区中减去和第二个选区相重叠的部分，生成一个新的选区。

(4) 在已有选区的基础上，选择"与选区交叉"，则会将第一个选区和第二个选区的交叉重叠区域作为新的选区，即取两个选区的"交集"。

例如，在如图 4.2 所示的素材图像中创建一个矩形选区，然后选择不同运算方式创建第二个矩形选区，其效果分别如图 4.3(添加到选区)、图 4.4(从选区减去)及图 4.5(与选区交叉)所示。

图 4.2　创建第一个矩形选区

图 4.3　"添加到选区"的效果

图 4.4　"从选区减去"的效果

图 4.5　"与选区交叉"的效果

2. 羽化

羽化值就是选区边缘模糊的像素数。羽化值越大，选区边缘越模糊，过渡柔和；羽化值越小，选区边缘越清晰，过渡生硬。

创建选区前应在属性栏中先输入羽化值，然后再创建选区；对于已经创建好的选区，需要通过"选择"菜单下"修改"中的"羽化"设置才会使羽化有效。

3. 消除锯齿

当选区边缘为非直线形状时，由于像素点本身的形状，会使选区边缘产生锯齿，通过"消除锯齿"选项可以使选区边缘平滑。

4. 样式

创建选区时有三种样式可以选择：

(1) 正常：默认样式，用鼠标可拖动建立任意大小的选区。

(2) 固定比例：在属性栏中输入宽度和高度值，使该选区始终保持固定的宽度和高度比。

(3) 固定大小：在属性栏中输入宽度和高度的像素数，拖动鼠标只能建立一个固定大小的选区。

5. 使用矩形、椭圆形选框工具创建选区

例如，用"矩形选框工具"给人物照片添加相框，操作步骤如下：

(1) 新建 Photoshop 文件，大小为 800 像素×600 像素，背景为白色。

(2) 选择"矩形选框工具"，羽化为 0，绘制一个大的矩形选区。

(3) 在属性栏中选择"从选区减去",在大矩形选区中再绘制一个小的矩形选区,最终生成的选区如图 4.6 所示。

(4) 选择"编辑"菜单下的"填充"命令,选一种"自定义图案"填充选区,生成如图 4.7 所示的相框。

图 4.6 相框选区   图 4.7 填充后的相框

(5) 单击"选择"菜单下的"取消选择"命令或按 Ctrl+D 键,取消选区。

(6) 选择"椭圆选框工具",在属性栏中选择"新选区",羽化值为 10,在人物图像上拖动出一个椭圆选区,如图 4.8 所示。

(7) 选择"移动工具",将人物选区拖入相框文件,调整好位置,最终效果如图 4.9 所示。

图 4.8 椭圆形选区   图 4.9 添加相框后的效果

4.2 用套索工具绘制不规则选区

选择工具箱中的"套索工具",拖动鼠标可以创建任意形状的选区。在属性栏中根据需要选择设置羽化值及消除锯齿。

1. 套索工具

"套索工具"的操作方法很简单,但只适用于选择一个大概的区域,不能创建比较精确的选区。选择起点,按鼠标左键拖动绘制任意形状的曲线,直至最后回到起点,可形成一闭合的选区。

2. 多边形套索工具

多边形套索工具大多用于要选择的对象边界接近直线时。通过单击鼠标确定一个锚点，相邻两个锚点自动连成一个边，直到与起点重合。如果终点没能与起点重合，则在终点处双击，系统会自动将终点和起点连接成一条边，使选区闭合。

例如，用"多边形套索工具"选择汽车选区，如图 4.10 所示。在建立选区的过程中，如果遇到边缘弧度比较大的区域可以多增加几个锚点，这样选择会更精确。

图 4.10　用"多边形套索工具"创建汽车选区

3. 磁性套索工具

磁性套索工具一般用来创建边界颜色反差比较大的选区。单击鼠标确定选区起点，然后最大可能沿着要选择的对象边缘移动鼠标，系统会根据色差自动捕捉选区边缘，生成锚点，形成选区，如图 4.11 所示。若局部颜色色差较小，则自动生成的锚点位置会有所偏离，可以按 Delete 键删除偏离的锚点，并单击鼠标左键，手动产生一个锚点固定浮动的套索工具。

图 4.11　用"磁性套索工具"创建选区

在套索工具属性栏中除了可设置"羽化"和"消除锯齿"外，还需要注意以下参数设置：

(1) 宽度：取值在 0～40 之间。对于某一给定的数值，磁性套索工具将以当前用户鼠标所处的点为中心，以此数值为宽度范围，在此范围内寻找对比强烈的边界点作为选区分界点。

(2) 频率：决定了建立选区边界时产生的定位锚点的多少。它在 0～100 之间取值，数值越高则插入的定位锚点越多，反之定位锚点就越少。

(3) 对比度：它控制了磁性套索工具选取图像时边缘的反差。可以输入 0%～100% 之间的数值，数值越高则磁性套索工具对图像边缘的反差越大，选取的范围也就越准确。

4. 使用套索工具组合图像

下面举例说明使用套索工具组合图像的方法，具体操作如下：

(1) 打开图 4.10 所示的汽车图像文件，选择"磁性套索工具"，在属性栏中选择"新选区"，羽化值为 0，创建汽车选区。

(2) 在属性栏中选择"从选区减去"，羽化值为 0，用"磁性套索工具"将车窗玻璃处透出的背景区域删除，最后创建如图 4.12 所示的选区。

(3) 打开一张背景图像文件，选择"移动工具"，将汽车选区所在图层 1 拖入背景图像文件，最终效果如图 4.13 所示。

图 4.12　用"磁性套索工具"选取汽车　　　　图 4.13　汽车与背景组合后的效果

4.3　使用魔棒工具创建选区

1. 快速选择工具

选择"快速选择工具"，在其属性栏(如图 4.14 所示)中选择创建选区方式及画笔大小，然后按住鼠标左键拖动，则圆形鼠标所过之处颜色相近的区域都会被快速选中。

图 4.14　快速选择工具属性栏

2. 魔棒工具

魔棒工具能自动将颜色近似度相近的区域创建为一个选区，它经常作为图像中颜色比较单一时最佳创建选区的工具，只需在要选择的颜色区域单击鼠标就可以创建选区。

使用魔棒工具时需要根据图像的颜色对比度在属性栏中输入合适的容差值。"容差值"是指容许的相近颜色的误差。容差越大选取的范围就越大，容差小选取的范围就小。"连续和"是指选择连续的区域，否则就是选择整个图像中所有相似的颜色。

魔棒工具也经常和"选择"菜单下的"反向"命令结合起来，用于在单一背景的图像中创建选区。

3. 魔棒工具的使用

例如，给图 4.13 所示的图像添加飞鹰，操作步骤如下：

(1) 打开飞鹰图像文件。

(2) 选择"魔棒工具"，在属性栏中选择"新选区"，容差值为 20，去掉"连续"选项，在灰色背景处单击鼠标，除飞鹰外则整个灰色背景都变为选区，如图 4.15 所示。

(3) 执行"选择"菜单下的"反向"命令，则飞鹰变为选区。

(4) 打开如图 4.13 所示的图像文件，选择"移动工具"，将飞鹰选区拖入。

(5) 通过"编辑"菜单下的"变换"命令，可以调整飞鹰的大小和形态等，最终合成效果如图 4.16 所示。

图 4.15　用"魔棒工具"建立的选区

图 4.16　最终合成效果图

4.4　利用"选择"菜单创建选区

1. 选择整个图层

执行"选择"菜单下的"全选"(Ctrl+A)命令，将选择当前整个图层作为选区。

2. 选择当前选区以外的区域

执行"选择"菜单下的"反向"命令，将除当前选区以外的其它区域作为新选区。

3. 利用"色彩范围"创建选区

执行"选择"菜单下的"色彩范围"命令，打开"色彩范围"对话框，如图 4.17 所示，可根据"颜色容差"大小选择颜色相近的区域作为选区，其中白色部分为选区区域。

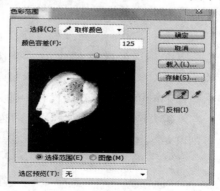

图 4.17　"色彩范围"对话框

4. 选择颜色相似区域

执行"选择"菜单下"修改"下的"选取相似"命令，可以将已选择的区域在图像上延伸，把画面上互不连续但色彩相近的图像全部选中，其结果与容差大小有关。

5. 扩大选区

执行"选择"菜单下"修改"下的"扩大选取"命令，选区将在原来基础上在图像上延伸，将连续的颜色相近的图像扩充到选区。可以多次执行"扩大选取"命令以达到所需的效果。

4.5　选区的编辑

对于已经建立的选区，经常需要调整其位置、大小等，因此下面介绍 Photoshop 中常用的几种编辑修改选区的方法。

1. 移动选区

选区的移动是指移动选区在图像上的位置，选区内的图像不会移动，具体操作如下：

(1) 选择工具箱中的选框、套索或魔棒工具(选项栏中建立选区的方式为"新选区")。

(2) 用鼠标拖动或用按 Shift 和键盘上的方向键配合使用，从而改变选区的位置。

当选择"移动工具"后，用鼠标拖动选区，则选区连同选区中的图像内容会一起移动。

2. 修改选区

(1) 执行"选择"菜单下"修改"下的"宽度"命令，可修改边界选区的像素宽度，描出选区的边缘。边界宽度的取值范围为 1～200。

图 4.18 和图 4.19 所示分别是边界宽度为 1 和 50 时的效果图。

　　　　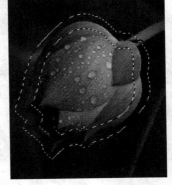

图 4.18　边界宽度为 1 时的选区效果图　　　图 4.19　边界宽度为 50 时的选区效果图

(2) 执行"选择"菜单下"修改"下的"平滑"命令，可调整选区边缘的平滑度，将尖角选区变为圆角选区。平滑值的取值范围为 1～100，数值越大，边缘越接近圆弧。

图 4.20 和图 4.21 所示分别是平滑值为 1 和 50 时的效果图。

(3) 执行"选择"菜单下"修改"下的"扩展"及"收缩"命令，可将现有的选区在原来的基础上向外延伸或向内收缩若干个像素值，使其增大或缩小。

(4) 执行"选择"菜单下"修改"下的"羽化"命令，将对现有的选区设置羽化效果，使其边缘柔化。

图 4.20　平滑值为 1 时的选区效果图　　　图 4.21　平滑值为 50 时的选区效果图

3. 变换选区

执行"选择"菜单下"修改"下的"变换选区"命令，可对选区进行变形调整，该命令与"编辑"菜单下的"自由变换"(Ctrl+T)命令的作用相同。

当选择"变换选区"之后，选区周围就会出现 8 个矩形控点，如图 4.22 所示，通过鼠标拖动控点可以粗略变换选区的大小、方向及形状等。

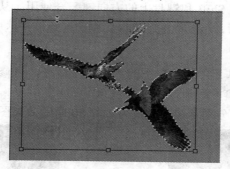

图 4.22　变换选区的控点及矩形框

通过变换选区属性栏(如图 4.23 所示)可以精确地设置选区的相对位置(输入 X 和 Y 值)、相对大小(输入 W 和 H 值，其中单击 W 和 H 中间的 🔒，可以保证高度和宽度按比例缩放)、旋转的角度、水平斜切及垂直斜切的角度。

图 4.23　变换选区属性栏

还可以通过"编辑"菜单下的"变换"命令，选择具体的变换方式，如缩放、旋转、斜切、扭曲、顺时针/逆时针翻转、水平翻转、垂直翻转等来变换选区。

变换完成后双击鼠标或单击属性栏中的"进行变换"按钮 ✓，变换完成。

4. 取消选区

执行"选择"菜单下的"取消选择"(Ctrl+D)命令，可取消当前窗口的选区。当选区取消后，还可以通过"选择"菜单下的"重新选择"命令恢复取消的选区。

5. 选区的存储与载入

选区与通道、路径及蒙版之间都是有联系的。

1) 存储选区

存储选区就是将选区存储为一个通道。比如，存储飞鹰选区的具体操作方法是：执行"选择"菜单下的"存储选区"命令，在弹出的"存储选区"对话框(如图 4.24 所示)中输入名称"q1"，则将该选区作为一个新的通道加入到源图像文件中。通道面板显示如图 4.25 所示，除了原来的红、绿、蓝选区通道，还增加了一个选区通道 q1。

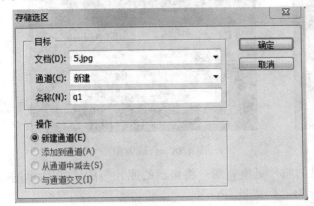

图 4.24 "存储选区"对话框   图 4.25 选区以 q1 通道保存

2) 载入选区

对于已经存储的选区，需要时可以重新将其载入到图像窗口。

例如，在飞鹰图像窗口需要再次载入飞鹰选区，操作方法如下：执行"选择"菜单下的"载入选区"命令，在弹出的"载入选区"对话框(如图 4.26 所示)中选择选区所在的文档及保存的通道名，即可将保存为通道的选区载入。

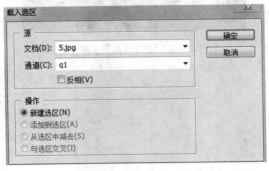

图 4.26 "载入选区"对话框

4.6 操 作 练 习

练习 1 用 Photoshop "矩形选框工具"制作相框，相框用自己喜欢的渐变填充。用"椭圆选框工具"对自己的数码照片进行选取，利用"羽化"功能制作柔化边缘效果，并将选取的图像与"相框"图像合成，然后在相框下方输入自己的学号和姓名，最终作品存储为"选框工具.JPG"。

练习 2 分别使用"套索工具"和"魔棒工具"将飞鹰素材图像(如图 4.27 所示)中的飞鹰选出，通过"变换工具"将飞鹰变换为不同的形态，与背景文件合成为如图 4.28 所示的效果，合成后的文件分别保存为"魔棒.JPG"和"套索.JPG"，比较两个合成的效果。

图 4.27 "飞鹰"素材图像 　　　　　 图 4.28 合成效果图

练习 3 利用"套索工具"给自己的照片更换背景：将自己的照片与图 4.29 所示的校园风光合成在一起，合成后的文件保存为"换背景.JPG"。

图 4.29 "校园风光"素材图像

第 5 章 Photoshop 图层

5.1 Photoshop 图层简介

5.1.1 图层的概念

图层是 Photoshop 工作的基础，使用图层可以在不影响整个图像中大部分元素的情况下处理其中某一部分。 可以把图层想像成一张一张叠放起来的透明胶片，每张透明胶片上都有不同的画面，改变图层的顺序和属性可以改变图像的最后效果。通过对图层的操作，可以创建很多复杂的图像效果。对图层的操作主要是通过"图层"菜单或图层面板来完成的。

以图 5.1 为例，其画面中有文字、花图形、星形等，它对应的图层面板如图 5.2 所示。

图 5.1 多图层组成的图像

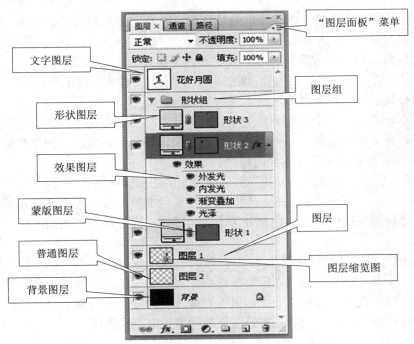

图 5.2 图 5.1 的图层面板

5.1.2　图层面板

图层面板一般显示在 Photoshop 窗口的右下角，显示了图像中的所有图层、图层组和图层效果，可以使用图层面板上的各种功能来完成图像的编辑任务。

可以通过"窗口"菜单下的"图层"命令或按 F7 键来打开或关闭图层面板。

图层面板的具体组成如下：

1)　"图层面板"菜单

通过鼠标单击"图层面板"菜单按钮 .三 可打开"图层面板"菜单，该菜单具有新建、复制、删除图层，建立图层组的功能，还能进行图层属性、混合选项、图层合并等设置。

2)　图层组

图层组中存放了一组相关图层，可减少因图层面板图层数太多而造成的编辑困难的问题。单击图层面板下方的"创建新组"按钮 □ 创建一个图层组，可以在图层面板用鼠标将其它图层拖入组中。通过图层组左侧的三角按钮 ▼ □ 形状组 可以展开或折叠图层组。

3)　图层

图层是 Photoshop 图像基本的组成部分，其中包括普通图层、背景图层、文字图层、效果图层、形状图层及蒙版图层。

(1)　普通图层：是 Photoshop 中最常见的图层，可以由用户自己创建，也可以由背景层或栅格化以后的文字层转化而成。默认图层名为"图层 1"，可在图层名上双击修改图层名。

(2)　背景图层：处于整个图层面板的最底层，是其它图层的背景。该图层一般在新建或打开文档时自动生成，默认图层名为"背景"，系统会自动将其锁定，不允许随意更改。一个图像文件只能有一个背景图层。

(3)　文字图层：通过"文字工具"输入，多数工具(如橡皮、画笔等)对该图层无效。文字图层被栅格化后可转换为普通图层。

(4)　效果图层：通过图层面板下方的"图层样式"按钮 ﬁ.或"图层"菜单下的"图层样式"命令，可以给图层添加一些特殊的显示效果，添加成功后在该图层名称右侧会显示 ﬁ▾，单击向下箭头会显示具体添加的样式。

(5)　形状图层：由"多边形工具"创建或由文字图层转换而来。

(6)　蒙版图层：是覆盖在其它图层上的一个 8 位灰度图像，黑色部分是透明的，能显示出下面被覆盖图层的内容，白色部分为不透明区域，完全遮盖下面的图层，灰色部分为半透明状态。

(7)　图层缩览图：是整个图层的缩影，其大小是可变的。在"图层面板"菜单中选择"调板选项"命令，在打开的"图层调板选项"对话框中选择合适的大小，可改变图层缩览图的大小；或者直接在缩览图上单击鼠标右键，在打开的快捷菜单中直接选择大小。通常，按 Ctrl 键单击图层缩览图可以将该图层的图像轮廓变成选区。

5.2　图层的基本操作

1. 图层的建立

1) 背景图层

在 Photoshop 中新建文件或打开一个图像文件时，会自动生成一个锁定的图层，即背景图层。

2) 普通图层

常见的在当前图层的上方创建一个新的图层的方法为：选择"图层"菜单下"新建"下的"图层"命令或在"图层面板"菜单中选择"新建图层"命令，在弹出的"新建图层"对话框中输入图层名和颜色(可以给当前图层进行颜色标识，以便在图层调板中查找相关图层)即可。

其它常用的生成新图层的方法有：

(1) 在图层面板下方选择"新建图层"按钮 。

(2) 从剪贴板向图像窗口粘贴内容，会自动生成新图层。

(3) 用鼠标将某一图层拖至图层面板下方的"新建图层"按钮，则会复制一个和原图层完全相同的图层。

(4) 选择"图层"菜单下"新建"下的"通过拷贝的图层"命令，则将当前选区拷贝到新图层中。

3) 转换背景图层和普通图层

在图层面板中双击"背景"，或者选择"图层"菜单下"新建"下的"背景图层"命令，在打开的对话框中输入图层名即可将背景图层转换成普通图层。

在图层面板中选择要做背景的图层，选择"图层"菜单下"新建"下的"背景图层"命令，则当前图层就会转换成为背景，并出现在最底层位置。

2. 当前图层及叠放次序

如果一个图像文件有多个图层，处理图像前必须先选定要处理的图层作为当前图层，对图像所做的任何更改都只影响当前图层。

常用来选择当前图层的方法有：

(1) 在图层面板中用鼠标单击选择当前图层。

(2) 在图像文件窗口中选择图层：选择"移动工具"，其属性栏设置如图 5.3 所示，然后在文档中要选择的图层内容上单击鼠标，则光标下包含像素的最上面的图层变为当前图层。

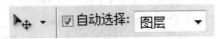

图 5.3　移动工具属性栏

(3) 要同时对多个图层进行操作，可以按 Shift 键在图层面板单击选中多个连续的图层，按 Ctrl 键选中多个不连续的图层。

选定图层后,在图层面板可以通过鼠标拖动调整图层的叠放次序,实现不同的显示效果(背景图层除外)。

3. 图层命名

选中要命名的图层,在图层面板上该图层名处双击,输入新的图层名。或者在要修改的图层名上单击鼠标右键,通过快捷菜单中的"图层属性"修改图层名。好的图层名有助于人们了解该图层的内容。

4. 锁定图层

锁定图层是为了保护其内容不会被修改。通过图层面板锁定按钮可以对选定图层全部或部分地锁定和解锁。图层面板的锁定按钮如图 5.4 所示,从左到右分别为:锁定透明像素、锁定图像像素、锁定位置、全部锁定。

例如,图 5.1 中图层 1 的显示效果如图 5.5 所示。其中:"透明像素"是指花以外的其它位置,即用灰白棋盘格显示的区域像素;"图像像素"是指整个图层所有像素的位置,锁定后的对象不能使用画笔、橡皮等绘图工具来修改;"锁定位置"是指使用移动工具无法移动花在图像窗口中的位置;"锁定全部"是指既不能修改,也不能移动位置。

锁定: 🔲 🖌 ✛ 🔒

图 5.4　图层面板的锁定按钮　　　　图 5.5　图层 1 的显示效果

5. 图层的显示与隐藏

通过单击图层面板中图层左侧的眼睛标志👁,可以显示或隐藏图层。当图层左侧眼睛标志消失时,表示该图层被隐藏,再次单击,则隐藏的图层会显示。

通过"图层"菜单下的"隐藏图层/显示图层"命令也可以实现图层的显示与隐藏。

6. 图层的合并

所谓图层合并就是将几个图层的内容将压缩到一个图层中,便于整体操作。但合并后的图层是不可以再次拆分的,所以需要在确认编辑完各图层之后再合并。参与合并的图层都必须处在显示状态。

图层的合并包括以下三种:

(1) 向下合并/合并图层:如果只选了一个图层即当前图层,则默认将当前图层与其下方紧邻的图层合并,也就是"向下合并";如果选定了多个图层,则将多个选定的图层合并,也就是"合并图层"。合并后的新图层属性沿用参与合并的图层中最下方图层的名称和轮廓颜色。

(2) 合并可见图层:将图层面板所有显示的图层合并入当前图层,不包括隐藏图层。

即合并后的图层属性采用当前图层的名称和轮廓颜色。

（3）拼合图像：所有可见图层都合并到背景图层中，因此会大大减小文件存储大小。但拼合图像时将扔掉所有隐藏的图层，并用白色填充剩下的透明区域。

7. 图层链接

所谓"链接"就是把两个或两个以上的图层关联起来进行合并操作。这时如果对其中的一个进行移动、缩放，链接的图层都会一起跟着移动、缩放，以保证其相对大小和位置保持不变。

建立链接时，先选定要链接的多个图层，单击图层面板下方的"链接"按钮 ，则被链接的所有图层后边都会显示 。当然也可以通过"图层"或"图层面板"菜单下的"链接图层"来完成。断开链接时，先选定要断开链接的图层，单击图层面板下方的"链接"按钮 ，即可将该图层从链接中断开。

8. 删除图层

删除图层最常用的方法就是用鼠标拖动要删除的图层到图层面板下方的"删除"按钮 上。也可以选中要删除的图层，然后按 Del 键或单击图层面板下方的"删除"按钮。或者使用快捷菜单、"图层"菜单、"图层面板"菜单下的"删除"命令都可以删除图层。

9. 图层图像变换

图层图像大小、形状、方向等变换和选区的变换是相同的，可通过"编辑"菜单下的"自由变换"或"变换"命令来实现。

5.3　图层的特效

5.3.1　图层的混合模式

图层的混合模式指当前图层与其它图层之间叠加的效果，通过图层面板左上角的列表框选项进行设置。Photoshop 提供了 22 种图层混合模式，分成了六大类，以满足不同效果的需要。

1. 组合型混合模式

组合型混合模式与图层的透明度配合才会产生一定的混合效果，包括"正常"和"溶解"两种混合模式。其中"正常"模式是 Photoshop 默认的图层混合模式，即当前图层不和其它图层发生任何混合。

2. 加深型混合模式

加深型混合模式混合后图像的对比度增强，明度整体变暗，包括"变暗"、"正片叠底"、"颜色加深"、"线性加深"及"深色"五种混合模式。

3. 减淡型混合模式

与加深型混合模式相反，减淡型混合模式混合后会使当前图像中的黑色消失，对比度减弱，使图像的明度整体变亮，包括"变亮"、"滤色"、"颜色减淡"、"线性减淡"

及"减色"五种混合模式。

4. 对比型混合模式

对比型混合模式综合了加深型和减淡型混合模式的特点，混合后图像的对比度整体增强，暗于 50% 灰度的图像区域混合后变得更暗，亮于 50% 灰度的图像区域混合后变得更亮，包括"叠加"、"柔光"、"强光"、"亮光"、"线性光"、"点光"及"实色混合"七种混合模式。

5. 比较型混合模式

比较型混合模式比较当前图像与底层图像，将颜色相同的区域显示为黑色，不同的区域以不同的灰度或彩色显示，包括"差值"与"排除"两种混合模式。

6. 色彩型混合模式

色彩型混合模式混合时将色彩三要素(色相、饱和度及明度)中的一种或两种应用在混合效果中，包括"色相"、"饱和度"、"颜色"及"明度"四种混合模式。

例如，通过"柔光模式"制作如图 5.6 所示的效果，操作步骤如下：

(1) 打开"孩子"素材图像文件。

(2) 选择"椭圆选框工具"，在属性栏中设置"羽化值"为 5，创建椭圆选区。

(3) 打开"星空"素材图像文件，选择"移动工具"，用鼠标将"孩子"图像中的椭圆选区拖动至"星空"图像成为一个新的图层。

(4) 选择图层混合模式为"柔光"。

图 5.6　"柔光"模式合成效果

5.3.2　填充与不透明度

填充 填充：100% ▸ 及不透明度 不透明度：100% ▸ 的取值范围都是 0%～100%。不透明度是调节整个图层的不透明度，而填充是只改变填充部分的不透明度。调整不透明度会影响整个图层中所有的对象(包括图层中的对象和添加的各种图层样式效果)，而修改填充时只会影响原图层，不会影响添加的图层样式。

5.3.3　图层样式

图层样式是 Photoshop 中制作图像特殊效果的重要手段之一，利用它可以快速生成阴影、浮雕、发光等效果。图层样式可以应用于除背景层以外的任意一个图层。设置图层样式的方式有：单击图层面板下方的"添加图层样式"按钮 $fx.$，或双击需要添加样式的图层缩览图，还可以选择"图层"菜单下的"图层样式"命令。

例如，制作如图 5.7 所示的发光的灯泡，操作步骤如下：

(1) 新建空白文件，大小为 450 像素×300 像素，设置黑色背景。

(2) 通过工具箱中的"自定形状工具"绘制灯泡形状图层。

(3) 选中图层面板上的"灯泡形状"图层，打开"图层样式"对话框，选择"外发光"，对话框中的具体设置如图 5.8 所示。

图 5.7　图层样式制作的发光的灯泡

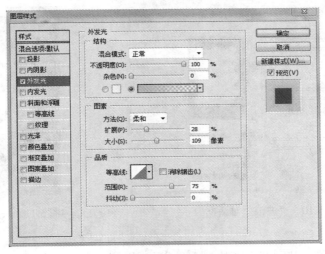

图 5.8　"外发光"对话框设置

5.3.4　蒙版

蒙版用来隔离和调节图像的特定部分。常用的蒙版有快速蒙版、矢量蒙版及图层蒙版。

1. 快速蒙版

快速蒙版是创建和查看图像的临时蒙版。它可以将任何选区作为蒙版进行编辑和查看。

将选区作为蒙版来编辑时几乎可以使用任何 Photoshop 工具或滤镜来修改蒙版。通过单击工具箱中的"快速蒙版"按钮  可以切换到快速蒙版状态，再次单击则回到标准编辑模式。当回到标准编辑状态时，快速蒙版以外的区域就会作为新的选区载入。

　　例如，利用快速蒙版给照片加边框，操作步骤如下：

　　(1) 打开素材图像文件。

　　(2) 用"矩形选框工具"拖出一个矩形选区。

　　(3) 在工具箱中单击 ▣，切换到"快速蒙版编辑模式"，如图 5.9 所示。

图 5.9　"快速蒙版编辑模式"效果

　　(4) 选择"滤镜"菜单下"扭曲"下的"波浪"命令，在打开的"波浪"对话框进行相关设置(如图 5.10 所示)，调整选区的边缘形状为波浪形。

　　(5) 单击工具箱中的 ▣，切换到"标准编辑模式"，将矩形选区边缘变成了波浪形，然后执行"选择"菜单下的"反向"命令。

　　(6) 选择"编辑"菜单下的"填充"命令，选择"自定义图案"填充选区，按 Ctrl+D 键取消选区，最终效果如图 5.11 所示。

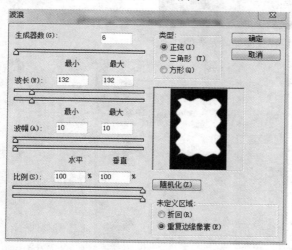

图 5.10　"波浪"对话框

图 5.11　快速蒙版最终效果

2. 矢量蒙版

　　矢量蒙版是覆盖在其它图层上的一个 8 位灰度图像，常结合矢量工具(如钢笔工具或形状工具)来建立形状图层。白色表示显示出图像的区域，黑色表示隐藏区域。

　　例如，绘制自定形状的操作步骤如下：

　　(1) 新建 Photoshop 文件，命名为"矢量蒙版"，大小为 450 像素×450 像素，背景为白色。

　　(2) 选择"自定形状"工具，在属性栏中选择"形状图层"，形状和样式等设置如图 5.12 所示。

图 5.12　"自定形状"工具属性栏设置

(3) 按鼠标左键在图像窗口中拖动，绘制如图 5.13 所示的形状，图层面板显示如图 5.14 所示。

图 5.13　绘制的自定形状图案

图 5.14　绘制自定形状的图层面板

3. 图层蒙版

图层蒙版是覆盖在位图上的一个 8 位灰度图像，与像素有关，可以使用渐变工具和画笔工具来生成。黑色部分表示透明，能显示其所覆盖的位图图像；白色部分隐藏被覆盖的图像。下边所说的蒙版一般都是指图层蒙版。

添加图层蒙版一般是通过图层面板下方的"添加图层蒙版按钮" ▢ 来实现的。

下边通过具体的实例来学习图层蒙版的使用。

实例 1　利用"渐变工具"创建图层蒙版拼合图像。操作步骤如下：

(1) 打开素材图像文件，如图 5.15 和图 5.16 所示。

图 5.15　素材图像 1

图 5.16　素材图像 2

(2) 选择素材图像 2，在图层面板中双击"背景"将其转换为普通图层，单击图层面板下方的"添加图层蒙版"按钮给图层添加蒙版。

(3) 选择"渐变工具"，在图像窗口中按下鼠标左键由上向下拖动，添加黑白线性渐变蒙版，如图 5.17 所示。

(4) 选择"移动工具"，将添加蒙版后的素材图像 2 拖入素材图像 1，调整好位置，效果如图 5.18 所示。

图 5.17　添加渐变蒙版后的效果　　　　图 5.18　最后合成的效果

实例 2　利用"画笔工具"创建图层蒙版给人物换背景。操作步骤如下：

(1) 打开背景素材和人物素材图像文件，如图 5.19 和图 5.20 所示。

图 5.19　背景素材图像　　　　　　图 5.20　人物素材图像

(2) 选择人物素材图像，在图层面板中双击"背景"将其转换为普通图层，然后单击图层面板下方的"添加图层蒙版"按钮给图层添加蒙版。

(3) 选择"画笔"工具，设置前景色为"黑色"，画笔直径为 30，在图像窗口中涂抹除要保留的人物以外的其它区域。为了准确地选出人物形状，可通过导航器面板尽量将人物图像放大，当涂抹位置靠近人物时画笔直径可调细一点。如果不小心抹掉了要保留的区域，可选择白色画笔将其恢复。最后绘制出的人物蒙版如图 5.21 所示，图层面板显示如图 5.22 所示。

图 5.21　画笔绘制的人物蒙版图像　　　图 5.22　添加蒙版后的图层面板

(4) 选择"移动工具",将添加蒙版后的人物图像拖入背景图像窗口,调整好位置,效果如图 5.23 所示。

图 5.23　最终合成效果图

5.4　图层综合应用

例 1　制作立体发光的文字。操作步骤如下:

(1) 打开如图 5.24 所示的"宝贝"素材图像,用"磁性套索工具"选取宝贝。

(2) 打开如图 5.25 所示的"背景"素材图像,选择"移动工具"将宝贝选区拖入背景图像成为新图层。

图 5.24　"宝贝"素材图像　　　　　图 5.25　"背景"素材图像

(3) 用 Ctrl+T 键调整"宝贝"图层的大小和位置,设置图层混合样式为"强光"。

(4) 选择"文字工具",输入"twinkle star",其属性栏设置如图 5.26 所示。

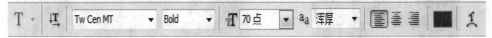

图 5.26　"文字工具"属性栏设置

(5) 通过单击"添加图层样式"给文字图层添加"内阴影"、"外发光"、"斜面和浮雕样式"中的"枕状浮雕"、"纹理"及"渐变叠加"等样式,图 5.27 所示是"斜面和浮雕"样式对话框的具体设置。

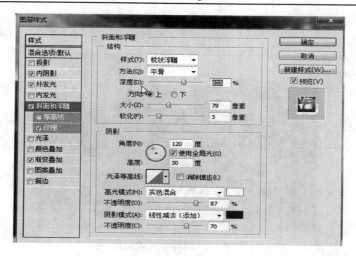

图 5.27　"斜面和浮雕"样式设置

(6) 最终合成效果如图 5.28 所示。

图 5.28　最终合成效果图

例 2　对打开的人物素材图像(如图 5.29 所示)进行磨皮美白，将其放入如图 5.30 所示的风景图像中，让两者自然拼合。操作步骤如下：

(1) 打开人物图像，在工具箱中选择"快速蒙版编辑模式"，用黑色画笔(不透明度为 100%)涂抹除五官以外的面部皮肤，涂错的地方用白色画笔修复，效果如图 5.31 所示。

(2) 切换到"标准编辑模式"，执行"选择"菜单下的"反向"命令，将选出来的面部皮肤作为选区，按 Ctrl+J 键复制为新的"图层 1"，复制后的图层内容显示如图 5.32 所示。

图 5.29　人物图像

图 5.30　风景图像

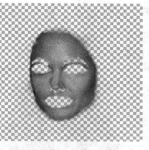

图 5.31　用"快速蒙版编辑模式"涂抹面部皮肤　　图 5.32　新图层中的面部皮肤

（3）隐藏人物素材背景层，选择"图层 1"为当前图层，选择"滤镜"菜单下"模糊"下的"高斯模糊"命令，模糊像素为 3 个像素。

（4）选择"图像"菜单下"调整"下的"曲线"命令，将肤色提亮。

（5）显示人物素材背景图层，将调整后的图层 1 与背景层合并，美白后的人物图像如图 5.33 所示。

（6）选择"矩形选框工具"，设置羽化值为 5，框选整个人物作为选区。

（7）打开风景素材图像，用"移动工具"将人物选区拖入风景图像文件，成为新的"图层 1"，如图 5.34 所示。

　　　图 5.33　美白后的人物图像　　　　　图 5.34　人物图像直接拖入背景效果

（8）选择人物所在的"图层 1"，单击图层面板下方的"添加图层蒙版"按钮，给人物添加蒙版。

（9）选择黑色画笔，涂抹人物周围多余的背景。为了使其边缘柔和，人物和底层背景结合处可以降低画笔的不透明度来涂抹，制造隐约的效果。最终合成效果如图 5.35 所示。

图 5.35　最终合成效果图

例 3　通过图层叠加制造德罗斯特效应。操作步骤如下：

（1）打开素材图像，如图 5.36 所示。

(2) 选择"磁性套索工具"，设置羽化值为 0，选择左侧手指部分，然后单击属性栏中的"添加到选区"选项，再用"磁性套索工具"选择右侧手指部分，最终选区如图 5.37 所示。按 Ctrl+J 键将其复制为新图层，更名为"手指"。

图 5.36 素材图像

图 5.37 建立"手指"选区

(3) 按鼠标左键将"背景"拖放到图层面板下方的"创建新图层"按钮上，将背景图层复制，生成"背景副本"图层。

(4) 选择"背景副本"图层，将不透明度调整为 50%，按 Ctrl+T 键变换其大小与"背景"图层中的黑色屏幕相同，再将不透明度恢复为 100%。

(5) 按 Ctrl 键单击"手指"及"背景副本"图层将其选中，单击图层面板下方的"链接图层"按钮，将两个图层链接。

(6) 将链接后的两个图层选中，拖动到"创建新图层"按钮上，复制出两个新的图层"手指副本"和"背景副本 2"。

(7) 选择"背景副本 2"，将不透明度调整为 50%，按 Ctrl+T 键变换其大小与"背景副本"图层中的黑色屏幕相同，再将不透明度恢复为 100%，此时"手指副本"图层大小也会自动调整到和"背景副本"中的手指部分完全重合。

(8) 重复第(6)、(7)步，创建图层"手指副本 2"和"背景副本 3"，以此类推，直到屏幕变得很小，创建一种递归的图像形式。最终制作的德罗斯特效应图像及其图层面板分别如图 5.38 和图 5.39 所示。

图 5.38 德罗斯特效应图像

图 5.39 德罗斯特效应图层面板

5.5　操　作　练　习

练习1　利用素材图像——足球、地球及球场制作世界杯宣传画，效果如图 5.40 所示，将合成作品存储为"图层 1.JPG"。

图 5.40　足球世界杯宣传画

练习2　利用素材图像——背景及飞鹰合成如图 5.41 所示的效果：雄鹰翱翔，并在水中产生倒影，将合成作品存储为"图层混合.JPG"。

图 5.41　图层混合效果图

练习3　在地板素材图像上，使用"自定形状工具"绘制两个脚印形状，图层样式设置为"枕状浮雕"、"柔光"模式，参数值自定，并添加文字"一步一个脚印"，放置在图像右边竖排，如图 5.42 所示。最后完成作品存储为"图层样式.JPG"。

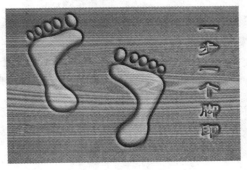

图 5.42　图层样式效果图

练习 4 利用图层蒙版和画笔工具制作如图 5.43 所示的图像效果，最终结果以文件名"图层蒙版.JPG"保存。

图 5.43 图层蒙版效果图

第 6 章　Photoshop 通道

6.1　通　道　概　述

1. 通道的概念

通道是存储不同类型信息的灰度图像，常用来创建选区，制作一些特殊效果的图像。在通道中纯白色显示的部分可被作为选区载入。经常用通道来选择像"头发"这种复杂细小的对象。

2. 通道的类型

通道作为图像的组成部分，与图像的格式密不可分。在 Photoshop 中涉及的通道主要有以下四种。

1) 复合通道

复合通道不包含任何信息，它只是同时预览并编辑所有颜色通道的一个快捷方式。通常编辑完颜色通道后通过复合通道可返回到它的默认状态。

2) 颜色通道

对于不同模式的图像，其通道的数量是不一样的。在 Photoshop 之中，通道涉及三种模式：对于 RGB 模式图像，有 RGB(复合通道)及 R、G、B 通道；对于 CMYK(复合通道)图像，有 CMYK(复合通道)及 C、M、Y、K 通道；对于 Lab 模式的图像，有 Lab(复合通道)和 L、a、b 通道。

在 Photoshop 中编辑图像，实际上就是在编辑颜色通道，这些通道把图像分解成一个或多个色彩组成。例如，图 6.1 所示的人物图像在 RGB、CMYK 及 Lab 三种不同模式下的通道面板分别如图 6.2、图 6.3 及图 6.4 所示。

图 6.1　人物图像

图 6.2　RGB 模式通道

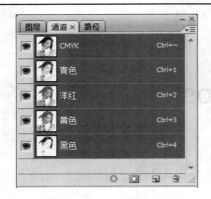

图 6.3　CMYK 模式通道　　　　　　　　　　图 6.4　Lab 模式通道

　　每个颜色通道图像默认显示图像是灰色的，只是灰度不同。想要用彩色显示通道，可以执行"编辑"菜单下"首选项"下的"界面"命令，在打开的"首选项"对话框(如图 6.5 所示)中将"用彩色显示通道"复选框选中，则通道以原色显示。

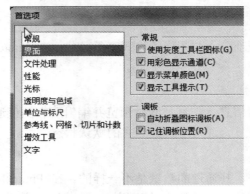

图 6.5　"首选项"对话框

3) 专色通道

　　专色通道是一种特殊的颜色通道，它可以使用除了青色、洋红、黄色、黑色以外的颜色来绘制图像，用于专色油墨印刷的附加印版。

4) Alpha 通道

　　Alpha 通道通常是用来存储选区的，使用黑到白中间的 8 位灰度将选区保存。

6.2　通道管理

　　使用通道面板可以创建、管理通道以及监视图像的编辑效果。

1. 选择和编辑通道

1) 选择通道

　　在通道面板中单击通道名称，可将其选中作为当前通道；按 Shift 键单击可选择多个通道。

2) 编辑通道

对于选中的通道，可以使用"图像"菜单下的"调整"命令调整其颜色、亮度等，从而改变整个图像。使用画笔工具在选中的通道中绘画，白色画笔可以按 100% 的强度添加通道的颜色，灰色画笔可以按较低的强度添加通道的颜色，黑色画笔可完全移去该通道的颜色。

2. 显示或隐藏通道

和图层一样，在通道面板可以通过单击每个通道前边的眼睛标志 👁 来显示或隐藏通道。它经常用来观察多个颜色通道叠加后的效果。隐藏通道后，单击复合通道(RGB)前的眼睛标志，可显示所有颜色通道。图 6.6 及图 6.7 所示是在 RGB 通道中隐藏绿色通道，显示红色和蓝色通道复合后的效果及通道面板显示。

图 6.6　红色和蓝色通道复合效果　　　　图 6.7　隐藏绿色通道后的通道面板

3. 通道的复制

在编辑图像的某个通道之前，可以创建一个该通道的副本。编辑通道副本，以保证原通道不会被修改。常用复制通道的方法有：

(1) 在通道面板选中的通道上单击鼠标右键，选择快捷菜单中的"复制"命令。

(2) 将要复制的通道用鼠标左键拖动至通道面板下方的"建立新通道"按钮 🔲 上。

(3) 选中要复制的通道，选择通道面板菜单中的"复制通道"命令。

4. 删除通道

多余的通道将大大增加图像所需的存储空间，所以在存储图像前，应将不再需要的通道删除。

在删除多个图层组成的图像文件中的颜色通道时，将自动拼合可见图层并丢弃隐藏图层，因为删除颜色通道会将图像转换为多通道模式，而该模式不支持图层。当删除 Alpha 通道、专色通道或快速蒙版时，不会对图像进行自动拼合。

常用删除通道的方法有：

(1) 在通道面板选中的通道上单击鼠标右键，选择快捷菜单中的"删除"命令。

(2) 将要删除的通道用鼠标左键拖动至通道面板下方的"删除当前通道"按钮 🗑 上。

(3) 选中要删除的通道，选择通道面板菜单中的"删除通道"命令。

5. 通道分离与合并

1) 通道分离

一副图像是由多个颜色通道复合而成的，所以可以将通道分离为单独的图像来处理。

将拼合图像的通道分离为单通道图像时，原文件被关闭，单个通道将出现灰度图像窗口。图 6.8 所示是 RGB 模式原图，图 6.9、图 6.10 及图 6.11 所示分别是分离后的红、绿、蓝各单色通道图像，当需要在不能保留通道的文件格式中保留单个通道信息时，分离通道非常有用。

图 6.8   RGB 图像

图 6.9   "红通道"图像

图 6.10   "绿通道"图像

图 6.11   "蓝通道"图像

将通道分离为单独图像的方法是从"通道"面板菜单中选取"分离通道"命令。

2) 通道合并

若要将多个"灰度"模式图像合并成一个图像，要合并的图像必须具有相同的像素尺寸并且处于打开状态。已打开的灰度图像的数量决定了合并通道时可用的颜色模式。例如，不能将 RGB 图像中分离的通道合并到 CMYK 图像中，这是因为 CMYK 需要 4 个通道，而 RGB 只需要 3 个。

例如，将图 6.8 分离的 R、G、B 三个通道构成的灰度图像合并的方法为：打开三个灰度图像(图 6.9、图 6.10 及图 6.11)，从"通道"面板菜单中选取"合并通道"，在弹出的"合并通道"对话框(如图 6.12 所示)的"模式"列表框中选择"RGB 颜色"，单击"确定"按钮，即可将三个灰度图像合并为 RGB 模式图像。

图 6.12　"合并通道"对话框

6. Alpha 通道建立

利用通道可以制作精确的选区和对选区进行各种操作，用 Alpha 通道可以将建立的选区永久性地保存起来。Alpha 通道可以创建具有透明度的选区，其中白色部分对应 100%选择的图像，黑色部分对应未选择的图像，灰色部分表示过渡选择。Alpha 通道将选区存储为灰度图像。

对于一个已经创建的选区，单击通道面板下方的"将选区存储为通道"按钮 或者使用"选择"菜单下的"存储选区"命令就可以将当前选区保存为 Ahpha 通道。

通道面板中默认颜色通道一般显示在通道面板顶部，然后是专色通道和 Alpha 通道。默认颜色通道不能移动或重命名，但专色通道和 Alpha 通道可以重新排列和重命名。在通道面板中按鼠标左键上下拖移通道可以调整 Alpha 通道或专色通道的顺序。在通道面板通道的名称处双击，然后输入新名称，可以对 Alpha 通道或专色通道重命名。

6.3　通道应用实例

例 1　利用通道选择烟花。操作步骤如下：

(1) 打开烟花素材图像，如图 6.13 所示。

图 6.13　烟花素材图像

(2) 在通道面板中找出黑白对比最强的红色通道(如图 6.14 所示)，将其拖到"新建通道"按钮上进行复制，建立"红副本"通道。

(3) 单击"红副本"作为当前通道，选择"图像"菜单下的"调整"命令，通过"色阶"或"曲线"命令调整通道对比度，使黑白对比更强，如图 6.15 所示。

(4) 单击通道面板下方的"将通道作为选区载入"，建立烟花选区，如图 6.16 所示。

(5) 单击 RGB 复合通道，返回默认状态。切换至图层面板，按 Ctrl+J 键，将当前选区复制为新图层，如图 6.17 所示。

图 6.14　对比度最强的红色通道

图 6.15　调整后的"红副本"通道

图 6.16　"红副本"创建的选区

图 6.17　将选区复制为图层

(6) 打开背景素材图像(如图 6.18 所示),用"移动工具"将新建的烟花图层拖入背景图像适当位置,最终效果如图 6.19 所示。

图 6.18　背景素材图像

图 6.19　与烟花合成后的图像

例 2　利用通道选取人物头发。操作步骤如下:

(1) 打开"人物"素材图像(如图 6.20 所示),用"多边形套索工具"(羽化值为 1)选取人物主干,抛弃头发细节,按 Ctrl+J 键复制为新的"图层 1","图层 1"内容如图 6.21 所示。

(2) 在通道面板中找出黑白对比最强烈的红色通道,将其拖到"新建通道"按钮上进行复制,建立"红副本"通道。

(3) 单击"红副本"作为当前通道,执行"图像"菜单下"调整"下的"反相"命令,则头发部分显示为白色,通过"色阶"或"曲线"命令调整其对比度,使黑白对比更分明,如图 6.22 所示。

图 6.20　"人物"素材图像

图 6.21　套选人物主干

(4) 单击通道面板下方的"将通道作为选区载入",将调整后的红通道建立为选区。

(5) 单击 RGB 复合通道,返回默认状态,然后按 Ctrl+J 键,将当前选区复制为新图层,即"图层 2","图层 2"内容如图 6.23 所示,它是对"图层 1"细节的补充。

图 6.22　调整后的"红副本"通道

图 6.23　"图层 2"中的图像

(6) 将"图层 1"和"图层 2"合并。

(7) 打开如图 6.24 所示的"背景"素材图像,将合并后的人物图层拖入背景图像,最终效果如图 6.25 所示。

图 6.24　"背景"素材图像

图 6.25　人物与背景合成效果

例 3　利用 Alpha 通道制作个性马克杯。操作步骤如下：

(1) 打开"杯子"素材图像，用"磁性套索工具"选择要印制图案的选区，如图 6.26 所示，并将其保存为 Alpha 通道，然后取消选择。

(2) 打开个性化图案素材(如图 6.27 所示)，用"移动工具"将其拖入杯子图像中成为一个新图层，不透明度调整为 50%。

图 6.26　在杯子上建立选区

图 6.27　个性化图案素材

(3) 按 Ctrl+T 键将个性化图案调整到合适的大小和位置，再将不透明度调整到 100%，如图 6.28 所示。

(4) 选择个性化图案图层，将刚存储的 Alpha 通道作为选区载入，执行"选择"菜单下的"反向"命令，然后按 Delete 键将多余部分删除。

(5) 按 Ctrl+D 键取消选择，选择图层混合模式为"正片叠底"，效果如图 6.29 所示。

图 6.28　将图案覆盖在杯子上

图 6.29　个性化马克杯效果图

6.4　操 作 练 习

练习 1　利用通道创建选区，将松鼠(见图 6.30)合成到背景图像中，完成效果如图 6.31 所示，最终作品保存为"通道选区.JPG"。

　　　　图 6.30　"松鼠"素材图像　　　　　　　　　　图 6.31　合成效果图

　　练习 2　利用 Alpha 通道将自己的照片合成在杯子上，制作属于自己的马克杯，最终作品保存为 "Alpha 通道.JPG"。

第 7 章　Photoshop 路径

7.1　路 径 的 概 念

路径是由锚点和线段组成的矢量图形，它可以是闭合的，也可以是开放的。对矢量图形放大和缩小，不会产生失真的现象。利用路径可以精确地勾画图像区域的轮廓并转换为选区，也可以将一些不够精确的选区转换为路径后再进行编辑和微调。

路径的操作主要通过路径面板来完成。

7.2　创 建 路 径

路径可以通过钢笔工具自己绘制，也可以使用形状工具绘制。使用钢笔工具、形状工具创建路径时，要先在属性栏中选择"路径工具"模式 ，而属性栏中的"形状图层"模式 □ 不仅可以在路径面板中新建一个路径，同时还可以在图层面板中创建一个形状图层。

1. 使用钢笔工具创建路径

选择"钢笔工具"，在属性栏中选择"路径工具"模式，勾选"自动添加/删除"复选框(该复选框的作用是：将鼠标移动到路径上，光标出现"+"号时点击可增加锚点；将鼠标移动到锚点上，光标出现"-"号时点击可以删除锚点)，单击鼠标确定一个锚点，连续两个锚点之间自动连成一条直线，最终形成一个路径(如图 7.1 所示)，路径面板显示内容如图 7.2 所示。

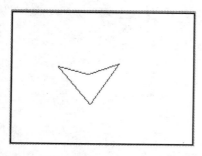

图 7.1　用"钢笔工具"创建的路径

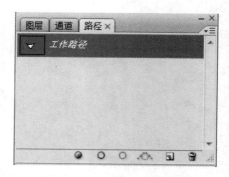

图 7.2　路径面板显示的内容

路径面板下方的按钮从左到右分别为：用前景色填充路径、用画笔描边路径、将路径作为选区载入、从选区生成工作路径、创建新路径、删除当前路径。

2. 使用形状工具创建路径

选择工具箱中的"自定形状工具"，在属性栏中选择"路径工具"模式，选择"兔子形状"，在图像窗口中拖动鼠标，画出一个兔子形状的路径，如图 7.3 所示。

图 7.3　用"形状工具"创建的路径

3. 将文本转换为路径

使用"文字工具"在文档窗口中输入汉字"大"，格式设置为：字体"隶书"，大小"200"。然后在图层面板的文字图层上单击鼠标右键，在弹出的快捷菜单中选择"创建工作路径"命令，则自动创建一个由文字轮廓构成的路径，删除文字图层后路径显示如图 7.4 所示。

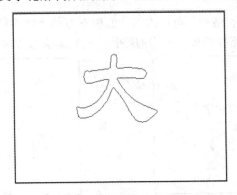

图 7.4　将文本转换为路径

7.3　路 径 操 作

1. 路径的编辑修改

路径的编辑修改使用工具箱中的"添加锚点工具"、"删除锚点工具"、"转换点工具"及"选择工具"等来实现。

例如，将用"钢笔工具"创建的四边形路径(见图 7.1)修改成心形，操作步骤如下：

(1) 打开如图 7.1 所示的四边形路径。

(2) 选择"添加锚点工具"，在一条直线边上单击增加一个锚点，按鼠标左键拖动增加的锚点，将直线变成曲线，如图 7.5 所示。

(3) 用同样的方法在其它三个边增加锚点并拖动，最终编辑为心形，如图 7.6 所示。

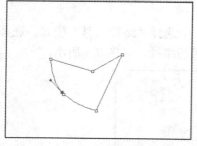

图 7.5　直线路径变曲线路径

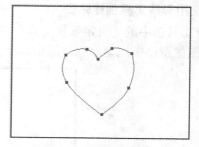

图 7.6　修改后的心形路径

使用"路径选择工具" ![icon]在路径上单击可以选中整个路径，用鼠标拖动可以移动路径的位置。用"直接选择工具" ![icon]在路径上拖动，所框选区域的路径锚点被选中，呈实心方块，此时按鼠标左键拖动，只有被选中部分的路径会移动位置，从而改变路径的形状。

2. 删除路径

对于不需要的路径，可以直接将其拖至路径面板下方的"删除当前路径"按钮 ![icon]上予以删除。使用快捷菜单或路径面板菜单也可以删除当前路径。

3. 路径与选区转换

1) 将路径转换为选区

单击选择图 7.7 所示的路径，再单击路径面板下方的"将路径作为选区载入"按钮 ![icon]，或者按 Ctrl 键的同时单击路径面板上的当前路径，路径就会被作为选区载入，如图 7.8 所示。

图 7.7　用"形状工具"创建的路径

图 7.8　路径转换成的选区

当然，通过在要转换的路径上单击鼠标右键弹出的快捷菜单或路径面板菜单同样可以将路径转换为选区。

2) 将选区转换为路径

对于一些复杂路径的创建，可以先使用套索、魔棒等选区工具创建选区，然后将选区转换为路径。

常用转换方法有：单击路径面板下方的"从选区生成工作路径"按钮 ![icon]，当前选区就会自动转换为路径；或者选择路径面板菜单中的"建立工作路径"命令，在弹出的"建立工作路径"对话框中设置"容差"大小(其中"容差"值越大，转换为路径的锚点越少，路径越不精细)。

例如，利用飞鹰素材图像创建飞鹰路径，操作步骤如下：

(1) 打开"飞鹰"素材图像，如图 7.9 所示。

(2) 使用"磁性套索工具"创建飞鹰选区，如图 7.10 所示。

図 7.9　"飞鹰"素材图像　　　　　　　　図 7.10　创建的飞鹰选区

(3) 在路径面板下方单击 "从选区生成工作路径"按钮，将自动创建飞鹰形状路径，路径面板显示如图 7.11 所示。

图 7.11　路径面板显示的飞鹰路径

4．填充路径

对于已经创建好的路径，无论是否闭合，都可以为其填充前景色、背景色、图案等。

单击路径面板下方的"用前景色填充路径"按钮，可自动给路径填充前景色。如果需要填充前景色以外的颜色或图案，需要在路径面板菜单或当前路径快捷菜单中选择"填充路径"命令，在弹出的"填充路径"对话框(如图 7.12 所示)中选择要填充的图案、混合模式等。例如，给飞鹰形状路径填充图案后的效果如图 7.13 所示。

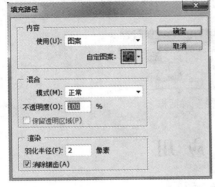 

图 7.12　"填充路径"对话框　　　　　　　图 7.13　图案填充后的路径

5. 描边路径

描边路径就是使用画笔、橡皮擦、图章等绘图工具对路径的轮廓进行勾画，制作出其它工具无法实现的效果。

在路径面板中选中要描边的路径，选择下方的"用画笔描边路径"按钮 ⭕，则使用当前默认的画笔的笔尖形状和前景色给路径描边。

如果需要自定义画笔的笔尖形状及颜色，则操作如下：

(1) 设置"前景色"，选择"画笔工具"，然后单击"画笔"按钮 🖌，在打开的"画笔"对话框(如图 7.14 所示)中选择需要的"画笔笔尖形状"，勾选"间距"复选框，设置合适的间距。

图 7.14 　"画笔"对话框

(2) 使用路径面板菜单或快捷菜单中的"描边路径"命令，在弹出的"描边路径"对话框(如图 7.15 所示)中选择"画笔"来描边路径。其中"模拟压力"选项可以模拟人手的压力效果。

图 7.15 　"描边路径"对话框

7.4　路径应用

例 1　输入文字沿指定路径边缘显示。操作步骤如下：

(1) 打开"背景"素材图像，如图 7.16 所示。

图 7.16　"背景"素材图像

(2) 在图层面板中单击"创建新图层"按钮，建立"图层 1"。

(3) 选择"钢笔工具"，绘制波浪形路径，如图 7.17 所示。

图 7.17　绘制的波浪形路径

(4) 选择"文字工具"，在属性栏中设置楷体、暗红色，大小为 36，在路径上单击，输入文字"My heart will go on"，文字就会沿路径边缘显示。

(5) 重复输入直到覆盖整个路径。

(6) 在路径面板空白处单击鼠标，隐藏路径，最终显示效果如图 7.18 所示。

图 7.18　文字沿路径显示

例 2　在闭合路径内部输入文字。操作步骤如下：

(1) 打开如图 7.16 所示的背景素材图像。

(2) 新建图层，使用"自定形状工具"绘制心形路径。

(3) 选择"文字工具"，在属性栏中设置楷体、红色，大小为 5，在路径内部单击，输入文字"My heart will go on"，并复制多次，直到填满整个路径内部。

(4) 在路径面板空白处单击鼠标，隐藏路径，最终显示效果如图 7.19 所示。

图 7.19　文字在路径内部显示

例 3　文字路径描边与填充。操作步骤如下：

(1) 打开"背景"素材图像。

(2) 选择"文字工具"，属性栏设置如图 7.20 所示，输入文字"繁星闪烁"，通过属性栏的　按钮变形为"旗帜"。

图 7.20　"文字工具"属性栏

(3) 选择"图层"菜单下"文字"下的"创建工作路径"命令，将文字转换为路径。

(4) 在图层面板隐藏或删除文字图层，单击图层面板下的"创建新图层"按钮，建立新的"图层 1"。

(5) 单击"图层 1"，在路径面板的文字形路径上单击鼠标右键，在弹出的快捷菜单中选择"填充路径"命令，在弹出的"填充路径"对话框(如图 7.21 所示)中选择"自定图案"中的"水绿色纸"来填充路径。

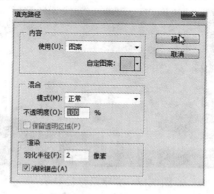

图 7.21　"填充路径"对话框

(6) 在路径面板的文字形路径的快捷菜单中选择"描边路径"命令，用大小为 17 的黄色柔画笔给路径描边。

(7) 选择"图层 1"，添加"外发光"和"斜面和浮雕"效果，"外发光"和"斜面和浮雕"对话框设置如图 7.22 和图 7.23 所示，最终效果如图 7.24 所示。

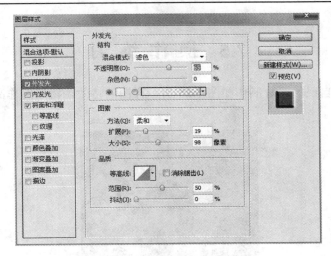

图 7.22　"外发光"设置对话框

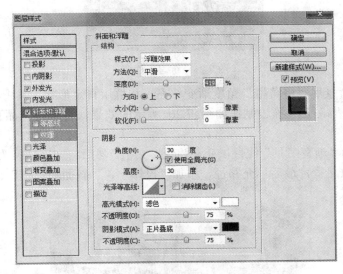

图 7.23　"斜面和浮雕"设置对话框

图 7.24　文字最终效果

7.5　操　作　练　习

练习 1　利用自己的照片制作如图 7.25 所示样图的特效，将最终作品存储为"形状路径.JPG"。

图 7.25　练习 1 样图

提示：其中背景用"橙黄橙"角度渐变填充，相框用自定形状工具中心形路径制作。

练习 2　用"路径"描边制作如图 7.26 所示的效果，将最终作品存储为"文字路径.JPG"。

提示：背景用"渐变工具"线性填充，并变形文字，然后将文字转换为路径，使用"直接选择工具"修改路径，最后填充路径，添加"投影"、"斜面和浮雕"、"渐变叠加"、"描边"图层样式。

图 7.26　练习 2 样图

练习 3　用"钢笔工具"绘制路径来设计制作自己班级的班徽，将最终作品保存为"钢笔工具路径.JPG"。

第 8 章　Photoshop 滤镜

8.1　滤镜的概念及分类

1. 滤镜的概念

滤镜源于摄影领域，是一种安装在摄影器材上的特殊镜头，使用它能够模拟一些特殊的光照效果和装饰性的纹理效果。在 Photoshop 中滤镜同样具有非常神奇的作用，主要是用来实现图像的各种特殊效果。

2. 滤镜的类型

Photoshop 滤镜是一种开放式的功能模块，支持其它公司开发的外挂滤镜，如 Eye Candy 等。单击"滤镜"菜单，展开的下拉菜单如图 8.1 所示，它只能对正在编辑的图像和可见图层的选区起作用。

Photoshop 滤镜类型包括像素化、扭曲、杂色、模糊、渲染、画笔描边、素描、纹理、艺术效果、视频、锐化、风格化、其它滤镜以及抽出、滤镜库、液化、图案生成器和消失点五种独立滤镜，还有其它外挂滤镜(如滤镜菜单最下方显示的 Eye Candy 4000 等)。

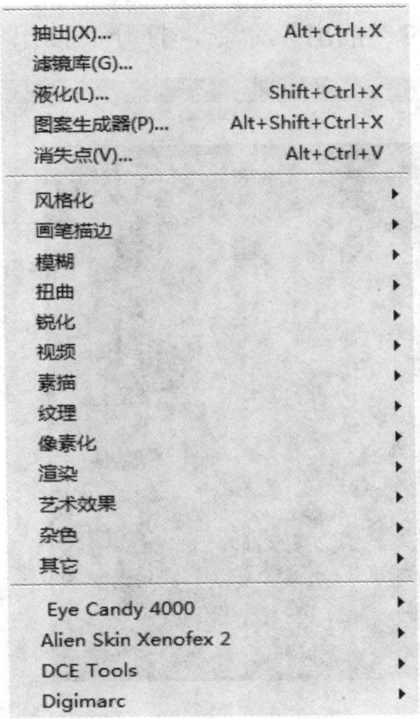

抽出(X)...	Alt+Ctrl+X
滤镜库(G)...	
液化(L)...	Shift+Ctrl+X
图案生成器(P)...	Alt+Shift+Ctrl+X
消失点(V)...	Alt+Ctrl+V
风格化	▶
画笔描边	▶
模糊	▶
扭曲	▶
锐化	▶
视频	▶
素描	▶
纹理	▶
像素化	▶
渲染	▶
艺术效果	▶
杂色	▶
其它	▶
Eye Candy 4000	▶
Alien Skin Xenofex 2	▶
DCE Tools	▶
Digimarc	▶

图 8.1　"滤镜"下拉菜单

8.2　常　用　滤　镜

下面介绍一些比较常用滤镜的用法。

8.2.1　"抽出"滤镜

"抽出"滤镜可将边缘复杂的对象从背景中简单快捷地提取出来，常用来抠图。

例如，将图像从背景中提取出来，操作步骤如下：

(1) 打开素材图像，如图 8.2 所示。

图 8.2　"抽出"素材图像

(2) 选择"滤镜"菜单下的"抽出"命令，打开"抽出"滤镜对话框，如图 8.3 所示。

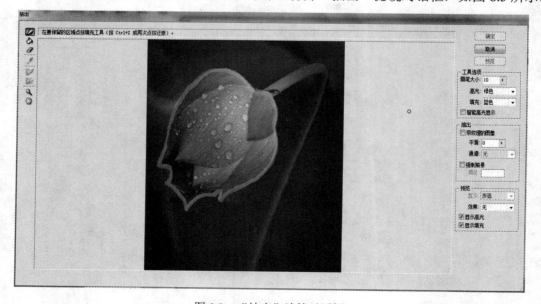

图 8.3　"抽出"滤镜对话框

(3) 选择对话框左上角的"边缘高光器工具"，在右边的工具选项设置画笔大小为10，沿花苞边缘勾画花苞形状，画错的地方可以使用左边的"橡皮擦工具"擦除，重新勾画，直到框选出整个花苞轮廓。

(4) 选择"抽出"对话框左侧的"填充工具"，在选出的闭合区域单击，填充颜色。

(5) 单击"确定"按钮，返回图像窗口，抽出的花苞如图 8.4 所示。

图 8.4　"抽出"滤镜提取的图像

8.2.2　"液化"滤镜

"液化"滤镜可对图像或选区进行比较自然的变形操作，产生扭曲、旋转、膨胀、萎缩等效果。

例如，使云彩任意变形，操作步骤如下：

(1) 打开"液化滤镜"素材图像，如图 8.5 所示。

图 8.5　"液化"滤镜素材图像

(2) 选择"滤镜"菜单下的"液化"命令，打开"液化"对话框(如图 8.6 所示)，选择左侧的"向前变形工具"，在想要变形的云彩处涂抹。

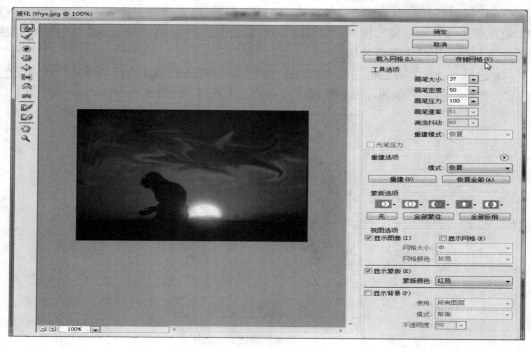

图 8.6　"液化"对话框

（3）单击"确定"按钮，返回编辑窗口，按 Ctrl+D 键取消选区，液化后的效果如图 8.7 所示。

图 8.7　"液化"后的云彩

8.2.3　"模糊"滤镜

"模糊"滤镜可用于削弱相邻像素间的对比度，产生各种风格的模糊效果，达到柔化图像的作用。

1．"动感模糊"滤镜

"动感模糊"滤镜对图像沿着指定的方向，以指定的强度进行模糊，产生一种固定曝光时间给运动的对象拍照的效果。

例如，使高速行驶的摩托车产生水平方向动感模糊的效果，操作步骤如下：

(1) 打开"动感模糊"素材图像，如图 8.8 所示。

(2) 用"磁性套索工具"创建摩托车选区，按 Ctrl+J 键将其复制为"图层 1"。

(3) 选择"移动工具"，将"图层 1"向右平移，如图 8.9 所示。

图 8.8　"动感模糊"素材图像　　　　　图 8.9　图层 1 向右平移后的效果

(4) 选择背景图层，执行"滤镜"菜单下"模糊"下的"动感模糊"命令，在打开的"动感模糊"对话框(如图 8.10 所示)中设置"距离"为 30。

(5) 单击"确定"按钮，返回编辑窗口，最终效果如图 8.11 所示。

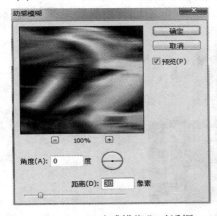

图 8.10　"动感模糊"对话框　　　　　图 8.11　"动感模糊"后的最终效果

2. "高斯模糊"滤镜

"高斯模糊"滤镜可按指定的值使选中部分的图像模糊，产生一种朦胧的效果，常在数码照片的处理中用以模糊背景。

例如，将素材图像中的人物背景模糊化，操作步骤如下：

(1) 打开如图 8.8 所示的素材图像。

(2) 用"磁性套索工具"选出摩托车，按 Ctrl+J 键将其复制为"图层 1"。

(3) 选择背景图层，打开"滤镜"菜单下"模糊"下的"高斯模糊"命令，弹出"高斯模糊"对话框(如图 8.12 所示)，设置"半径"为 10 像素。

(4) 单击"确定"按钮，返回编辑窗口，最终效果如图 8.13 所示。

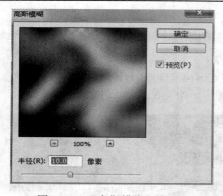

图 8.12　"高斯模糊"对话框

图 8.13　"高斯模糊"后的效果

3.　"径向模糊"滤镜

"径向模糊"滤镜产生一种由中心点向四周辐射的模糊效果。

例如，在水面产生漩涡效果，操作步骤如下：

(1) 打开素材图像，如图 8.14 所示。

(2) 用"椭圆选框工具"在水面上创建一个椭圆选区。

(3) 打开"滤镜"菜单下"模糊"下的"径向模糊"命令，弹出"径向模糊"对话框(如图 8.15 所示)，设置"数量"为 18、"模糊方法"为旋转。

(4) 单击"确定"按钮，返回编辑窗口，按 Ctrl+D 键取消选择，最终效果如图 8.16 所示。

图 8.14　"径向模糊"素材图像

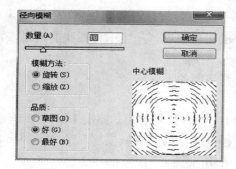

图 8.15　"径向模糊"对话框

图 8.16　"径向模糊"后的效果

4. "模糊"、"进一步模糊"及"平均"滤镜

"模糊"、"进一步模糊"及"平均"这三种滤镜都是直接添加效果，不需要打开对话框进行设置。

(1) "模糊"滤镜：去除图像中明显的边缘或轻柔的边缘来产生轻微模糊效果，可消除图像中的杂色，模拟在相机的镜头前加入柔光的效果。

(2) "进一步模糊"滤镜：对图像再次模糊，与模糊滤镜产生的效果一样，只是强度是模糊滤镜的 3～4 倍。重复使用该滤镜可以加强模糊的效果。

(3) "平均"滤镜：用图像或选区中显示最多的颜色对图像或选区进行填充，最终呈现出一种颜色上的平滑外观。

对于图 8.17 所示的素材图像，分别添加"模糊"滤镜(3 次)、"进一步模糊"滤镜(3 次)和"平均"滤镜(无选区)后的效果如图 8.18、图 8.19 及图 8.20 所示。

图 8.17 素材图像

图 8.18 执行 3 次"模糊"滤镜后的效果

图 8.19 执行 3 次"进一步模糊"滤镜后的效果

图 8.20 执行 "平均"滤镜后的效果

5. 其它模糊类滤镜

(1) "特殊模糊"滤镜：对图像进行精确的模糊处理，并智能地使图像边缘清晰。

(2) "表面模糊"滤镜：对图像内部像素模糊的同时保持边缘的清晰度，主要用于消除杂色或颗粒。

(3) "方框模糊"滤镜：根据相邻图像像素来平均颜色值。

(4) "形状模糊"滤镜：根据指定的形状决定产生模糊的效果。

(5) "镜头模糊"滤镜：通过在图像上添加模糊效果，产生狭窄的景深效果。

8.2.4　"像素化"滤镜

像素化滤镜用来将图像分块和平面化，然后用颜色值相近的像素块来重新描绘图像。

1．"马赛克"滤镜

"马赛克"滤镜可将图像或选区用方格状色块显示。

例如，给人物面部打"马赛克"，操作步骤如下：

(1) 打开如图 8.17 所示的素材图像。

(2) 使用"椭圆选框工具"在人物面部创建椭圆选区。

(3) 选择"滤镜"菜单下"像素化"下的"马赛克"命令，弹出如图 8.21 所示的"马赛克"对话框，设置"单元格大小"为 15。

(4) 单击"确定"按钮，返回编辑窗口，按 Ctrl+D 键取消选择，添加"马赛克"滤镜后的效果如图 8.22 所示。

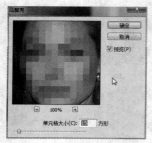

图 8.21　"马赛克"对话框　　　　　图 8.22　"马赛克"滤镜效果

2．"彩色半调"滤镜

"彩色半调"滤镜可对图像中的每个颜色通道进行分离，产生网点，然后向方格中添入像素。在"彩色半调"对话框中可以设置圆点的"最大半径"，其取值范围为 4～127 像素；"网角"中包含 4 个通道，适用于任何模式的图像。

例如，给图像添加"彩色半调"滤镜，操作步骤如下：

(1) 打开如图 8.17 所示的素材图像。

(2) 选择"滤镜"菜单下"像素化"下的"彩色半调"命令，弹出"彩色半调"对话框(如图 8.23 所示)，设置"最大半径"为 8，各通道"网角"为 1。

(3) 单击"确定"按钮，添加"彩色半调"滤镜后的效果如图 8.24 所示。

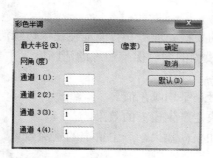

图 8.23　"彩色半调"对话框　　　　　图 8.24　"彩色半调"滤镜效果

3. "彩块化"滤镜

"彩块化"滤镜可使用纯色或颜色相近的色块来重绘图像，反复使用效果更明显，从而使图像具有手绘效果。

图 8.25 所示是添加"彩块化"滤镜后的效果。

图 8.25　"彩块化"滤镜效果

4. 其它"像素化"滤镜

(1) "点状化"滤镜：模拟点状绘画效果，将图像分解为随机的彩色小点，点与点之间使用背景色填充。图 8.26 所示为添加"点状化"滤镜(单元格大小为 5)后的效果。

(2) "晶格化"滤镜：使图像中的像素结块形成纯色的多边形，可模拟宝石多棱角的特殊效果。图 8.27 所示为添加"晶格化"滤镜(单元格大小为 12)后的效果。

图 8.26　"点状化"滤镜效果　　　　　　　　图 8.27　"晶格化"滤镜效果

(3) "碎片"滤镜：通过对图像创建 4 个副本的移位、平均，从而生成一种不聚焦的模糊、重影效果，可模拟经受震动后没有完全破裂的特殊效果。图 8.28 所示为添加"碎片"滤镜后的效果。

(4) "铜板雕刻"滤镜：将图像像素转换为黑白区域和彩色图案，模拟铜版画的效果。图 8.29 所示为添加"铜板雕刻"滤镜(类型为短线)后的效果。

图 8.28 "碎片"滤镜效果

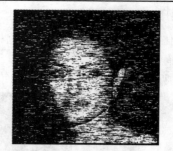

图 8.29 "铜版雕刻"滤镜效果

8.2.5 "扭曲类"滤镜

通过"扭曲类"滤镜可以对图像或选区进行各种几何形状的扭曲和变形处理。

1. "波浪"、"波纹"及"水波"滤镜

(1) "波浪"滤镜：将图像或选区中的像素扭曲，产生波浪般的效果。

(2) "波纹"滤镜：在图像或选区中产生波纹状起伏效果，模拟湖面水波的波纹效果。

(3) "水波"滤镜：将图像或选区中的像素径向扭曲，模拟一圈一圈的水波纹效果。

例如，打开如图 8.30 所示的素材图像，用"椭圆选框工具"在素材右下角创建椭圆选区，分别使用"波浪"、"波纹"及"水波"滤镜。具体操作如下：

图 8.30 素材图像及椭圆选区

(1) 选择"滤镜"菜单下"扭曲"下的"波浪"命令，在弹出的"波浪"滤镜对话框中进行相关设置(如图 8.31 所示)，最终效果如图 8.32 所示。

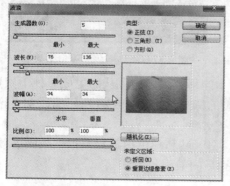

图 8.31 "波浪"对话框设置

图 8.32 "波浪"滤镜效果

(2) 选择"滤镜"菜单下"扭曲"下的"波纹"命令，在弹出的"波纹"滤镜对话框中进行相关设置(如图 8.33 所示)，最终效果如图 8.34 所示。

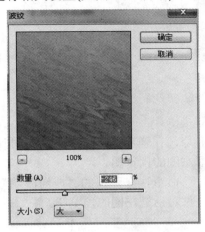

图 8.33　"波纹"对话框设置　　　　　　　　图 8.34　"波纹"滤镜效果

(3) 选择"滤镜"菜单下"扭曲"下的"波纹"命令，在弹出的"水波"滤镜对话框中进行相关设置(如图 8.35 所示)，最终效果如图 8.36 所示。

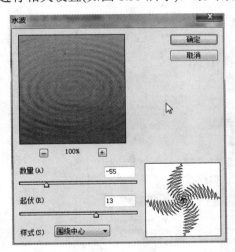

图 8.35　"水波"对话框设置　　　　　　　　图 8.36　"水波"滤镜效果

2.　"玻璃"、"海洋波纹"和"扩散亮光"滤镜

(1)　"玻璃"滤镜：模拟透过玻璃看到的图像效果，选择不同的玻璃纹理，生成不同的扭曲效果。

(2)　"海洋波纹"滤镜：使图像产生普通的海洋波纹效果。

(3)　"扩散亮光"滤镜：向图像中添加透明的背景色颗粒，在图像的亮区向外进行扩散添加，产生一种类似发光的效果。

例如，打开如图 8.37 所示的"叶子"素材图像，分别添加"玻璃"、"海洋波纹"和"扩散亮光"三种滤镜。

图 8.37 "叶子"素材图像

具体操作如下：

(1) 选择"滤镜"菜单下"扭曲"下的"玻璃"命令，在弹出的"玻璃"滤镜对话框中进行相关设置(如图 8.38 所示)，其最终效果见对话框左侧的预览图。

(2) 选择"滤镜"菜单下"扭曲"下的"海洋波纹"命令，在弹出的"海洋波纹"滤镜对话框中进行相关设置(如图 8.39 所示)，其最终效果见对话框左侧的预览图。

图 8.38 "玻璃"对话框设置

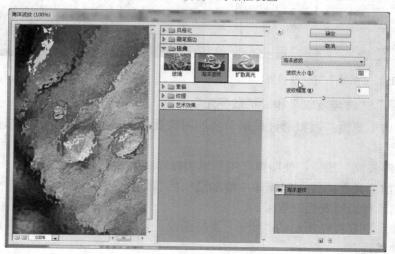

图 8.39 "海洋波纹"对话框设置

(3) 选择"滤镜"菜单下"扭曲"下的"扩散亮光"命令，在弹出的"扩散亮光"滤镜对话框中进行相关设置(如图 8.40 所示)，其最终效果见对话框左侧的预览图。

图 8.40　"扩散亮光"对话框设置

3. "极坐标"和"旋转扭曲"滤镜

(1) "极坐标"滤镜：以坐标轴为基准，使图像或选区在平面坐标与极坐标之间转换，产生扭曲变形的效果。

(2) "旋转扭曲"滤镜：使图像或选区产生类似漩涡的效果。

例如，打开如图 8.41 所示的素材图像，选择"椭圆形选区"，分别添加"极坐标"和"旋转扭曲"滤镜。

图 8.41　素材图像及椭圆选区

具体操作如下：

(1) 选择"滤镜"菜单下"扭曲"下的"极坐标"命令，在弹出的"极坐标"滤镜对话框中进行相关设置(如图 8.42 所示)，其效果如图 8.43 所示。

图 8.42　"极坐标"对话框设置　　　　　　　图 8.43　"极坐标"滤镜效果

　　(2) 选择"滤镜"菜单下"扭曲"下的"旋转扭曲"命令，在弹出的"旋转扭曲"滤镜对话框中进行相关设置(如图 8.44 所示)，其效果如图 8.45 所示。

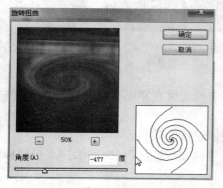

图 8.44　"旋转扭曲"对话框设置

图 8.45　"旋转扭曲"滤镜效果

4. "置换"滤镜

　　"置换"滤镜是将当前图像置换为已经存在的 PSD 格式文件中的扭曲效果。

5. "挤压"、"球面化"及"切面"、"镜头校正"滤镜

　　(1) "挤压"滤镜：使图像或选区图像产生凹凸的扭曲效果。

　　(2) "球面化"滤镜：使图像或选区图像产生类似球形的膨胀或凹陷效果。

　　(3) "切面"滤镜：使图像或选区图像产生向内或向外挤压变形的效果。

　　(4) "镜头校正"滤镜：用来修复常见的镜头瑕疵，如桶形失真、晕影和色差等。

8.2.6　"风格化"滤镜

　　"风格化"滤镜包括查找边缘、等高线、风、浮雕效果、扩散等九种滤镜效果。通过置换像素和通过先查找再增加图像的对比度，使图像生成绘画或印象派的效果。

　　例如，用"风"滤镜给文字加特效，操作步骤如下：

　　(1) 新建 Photoshop 文件，大小为 600 像素×450 像素。

　　(2) 选择"渐变工具"，从上往下拖动鼠标填充"紫色橙色"线性渐变。

(3) 选择"文字工具"，输入"WIND"，字体为"华文彩云"，颜色为白色，大小为 100，如图 8.46 所示。

图 8.46　输入的文字内容

(4) 选择"图层"菜单下"栅格化"下的"文字"命令，将文字层栅格化为普通图层。

(5) 选择"滤镜"菜单下"风格化"下的"风"命令，在弹出的对话框中选择"风，从左"，同样的操作连续执行三次，效果如图 8.47 所示。

(6) 给图层添加外发光和渐变叠加样式，最终文字效果如图 8.48 所示。

图 8.47　执行三次"风"滤镜后的文字　　　　　图 8.48　添加样式后的文字效果

8.2.7　"画笔描边"滤镜

"画笔描边"滤镜包括成角的线条、墨水轮廓、喷溅和喷色描边、强化的边缘、深色线条等八种滤镜。通过使用不同的画笔和油墨描边效果，可创造出自然绘画效果的外观。

例如，给图 8.49 所示的素材图像添加墨水轮廓滤镜(描边长度为 5，深色强度为 8，光照强度为 20)后的效果如图 8.50 所示。

图 8.49　素材图像　　　　　图 8.50　"墨水轮廓"滤镜效果

8.2.8 "锐化"滤镜

"锐化"滤镜包括锐化、进一步锐化、USM 锐化、锐化边缘、智能锐化等五种滤镜，通过增加相邻像素间的对比度，可使图像变得更加清晰。

8.2.9 "素描"滤镜

"素描"滤镜包括半调图案、便条纸、粉笔、炭笔、铬黄、绘画笔等 14 种滤镜，用它们给图像添加纹理或立体效果，可模拟美术素描艺术效果。

例如，图 8.51 所示为使用"半凋图案"(大小为 2，对比度为 9)制作的网点效果图。

图 8.51 "半调图案"滤镜效果

8.2.10 "纹理"滤镜

"纹理"滤镜包括龟裂缝、颗粒、马赛克拼贴、拼缀图、染色玻璃、纹理化等六种滤镜，可以制作出特殊的纹理或材质效果。

例如，图 8.52 是添加"马赛克拼贴"滤镜(拼贴大小为 12，缝隙宽度为 4，加亮缝隙为 8)后的效果图。

图 8.52 "马赛克拼贴"滤镜效果

8.2.11　"渲染"滤镜

"渲染"滤镜包括云彩、分层云彩、光照效果、镜头光晕、纤维等五种滤镜,可以模拟云彩和光照效果。

例如,给图 8.49 所示的素材图像添加"镜头光晕"滤镜,"镜头光晕"对话框设置如图 8.53 所示,其效果如图 8.54 所示。

图 8.53　"镜头光晕"对话框设置　　　　　图 8.54　　"镜头光晕"滤镜效果

8.2.12　"杂色"滤镜

"杂色"滤镜包括减少杂色、蒙尘与划痕、去斑、添加杂色、中间值等五种滤镜,可在图像中随机添加或减少杂色,这种杂色效果是通过添加像素点来实现的。

8.2.13　"艺术效果"滤镜

"艺术效果"滤镜包括壁画、彩色铅笔、粗糙蜡笔、底纹效果、调色刀、海绵等 15 种滤镜,可以绘制出精美艺术品或商业项目的绘画效果或特殊效果。

8.3　滤 镜 应 用

例 1　制作打孔文字效果。操作步骤如下:

(1) 打开背景素材图像(如图 8.55 所示),选择通道面板,新建 Alpha 通道,用"文字工具"输入"star"(字体为"华文琥珀",大小为 200)。

(2) 选择 Alpha 通道,执行"滤镜"菜单下"像素化"下的"彩色半调"命令,弹出"彩色半调"命令对话框(如图 8.56 所示),设置"最大半径"为 8,各通道"网角"为 1,Alpha 通道显示效果如图 8.57 所示。

(3) 按 Ctrl 键的同时单击 Alpha 通道,将"彩色半调"后的文字作为选区载入,单击

RGB 复合通道，返回图层面板。

　　(4) 用画笔工具涂抹选区，填充前景色。

　　(5) 按 Ctrl+D 键取消选区，最终效果如图 8.58 所示。

图 8.55　背景素材图像

图 8.56　"彩色半调"对话框

图 8.57　Alpha 通道内容显示

图 8.58　"打孔文字"效果图

　　例 2　利用"扭曲"滤镜制作飘动的五星红旗。操作步骤如下：

　　(1) 新建 Photoshop 文件，大小为 400 像素×300 像素，用"油漆桶工具"填充"红色"背景。

　　(2) 设置前景色为"黄色"，选择"多边形工具"，在属性栏中单击"几何选项"按钮，选中"星形"复选框，半径为 1 cm，边为 5，然后在左上角拖动，画五角星。

　　(3) 将"星形"半径调整为 0.3 cm，在四周画四个小五角星，用"编辑"菜单下的"自由变换"命令调整至合适的位置和角度。

　　(4) 拼合图像，生成五星红旗，如图 8.59 所示。

图 8.59　绘制的五星红旗

　　(5) 新建 Photoshop 文件，大小为 600 像素×450 像素，填充"黑色"背景。

　　(6) 新建图层，选择"渐变工具"，按鼠标左键从下向上垂直拖动，填充黑白线性渐变。

(7) 选择"滤镜"菜单下"扭曲"下的"波浪"命令,在弹出的"波浪"对话框中进行相关设置(如图 8.60 所示),生成的波浪效果如图 8.61 所示。

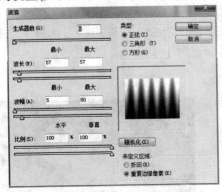

图 8.60　"波浪"对话框设置　　　　　　　图 8.61　生成的波浪效果

(8) 选择"文件"菜单下的"存储为"命令,将波浪效果保存为"wave.psd"。

(9) 将五星红旗拖动到波浪文件作为新图层,调整至合适位置,如图 8.62 所示。

(10) 单击五星红旗所在图层,选择"滤镜"菜单下"扭曲"下的"置换"命令,在打开的"置换"对话框中进行相关设置(如图 8.63 所示),单击"确定"按钮,选择置换图"wave.psd",即可将五星红旗置换为飘动的效果。

图 8.62　五星红旗在波浪文件中的位置　　　图 8.63　"置换"对话框设置

(11) 隐藏波浪图层,最终效果如图 8.64 所示。

图 8.64　"置换"后的五星红旗

例 3　利用滤镜制作彩色的花。操作步骤如下:

(1) 新建 Photoshop 文件,大小为 600 像素×600 像素。

(2) 选择"渐变工具"，从下向上拖动鼠标，填充黑白线性渐变。

(3) 选择"滤镜"菜单下"扭曲"下的"波浪"命令，在弹出的"波浪"对话框中进行相关设置(如图 8.65 所示)，生成波浪效果。

(4) 单击"滤镜"菜单下"扭曲"下的"极坐标"命令，在弹出的对话框中选择"平面坐标到极坐标"选项，生成花朵形状，如图 8.66 所示。

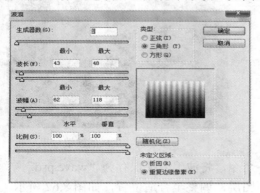

图 8.65　"波浪"对话框设置

图 8.66　"极坐标"扭曲后的波浪效果

(5) 选择"滤镜"菜单下"素描"下的"铬黄"命令，在弹出的对话框中设置"铬黄渐变"，"细节"和"平滑度"均为 10，添加"铬黄"滤镜后的效果如图 8.67 所示。

(6) 在图层面板新建图层，用"橙黄橙"线性渐变填充，设置图层混合模式为"颜色"，最终效果如图 8.68 所示。

图 8.67　添加"铬黄"滤镜效果

图 8.68　使用"渐变"后的效果

例 4　给树叶图像添加光照纹理效果。操作步骤如下：

(1) 打开"树叶"素材及"纹理"素材图像，如图 8.69 和图 8.70 所示。

图 8.69　"树叶"素材图像

图 8.70　"纹理"素材图像

（2）在"纹理"素材中用"矩形选框工具"选择需要的纹理区域，按 Ctrl+C 键将纹理复制到剪贴板。

（3）选择"树叶"素材文件，在通道面板中建立 Alpha 通道，按 Ctrl+V 键将剪贴板中的纹理粘贴至 Alpha 通道，用 Ctrl+T 键将 Alpha 通道纹理调整至与"树叶"文件大小相同。

（4）单击 RGB 复合通道，返回图层面板，按 Ctrl+D 键取消选择。

（5）选择"滤镜"菜单下"渲染"下的"光照效果"命令，在弹出的对话框中进行相关设置，如图 8.71 所示。

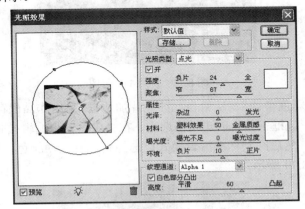

图 8.71　"光照效果"对话框设置

（6）单击"确定"按钮，最终效果如图 8.72 所示。

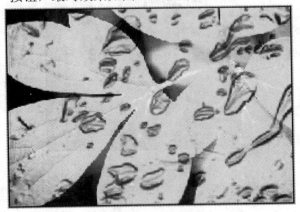

图 8.72　给树叶添加纹理后的效果

8.4　操作练习

练习 1　利用"风"滤镜制作花朵，用自己喜欢的渐变填充颜色，最终作品保存为"风滤镜.JPG"。

提示：新建图层，用画笔画竖线，用"风"滤镜制作飘动的线条，然后用"变换"命令将其变换为花瓣，复制多个花瓣组成花朵；新建图层，用渐变工具填充颜色，设置图层混合效果为"柔光"。最终效果如图 8.73 所示。

图 8.73　练习 1 效果图

练习 2　利用"彩色半调"滤镜给自己的照片加边框,最终作品保存为"彩色半调.JPG"。

提示:用"矩形选框工具"创建相框选区,在"快速蒙版编辑模式"中用"彩色半调"滤镜编辑选区形状,然后回到标准编辑模式,选择自己喜欢的颜色,用"油漆桶"填充选区。最终效果如图 8.74 所示。

图 8.74　彩色半调相框效果

第 9 章 Photoshop 动作

为了高效地完成一些重复性的工作，Photoshop 为用户提供了"动作"命令。动作是 Photoshop 中一组命令的集合，它将用户执行过的操作命令记录下来，当需要再次执行同样或类似操作命令时，只需应用录制的动作即可，从而大大提高工作效率。

动作可以下载，也可以自己录制。如果是下载的动作，单击动作面板右上角的小三角按钮，在打开的"动作面板"菜单中选择"载入动作"命令，就可以将其载入动作面板，然后直接单击"播放"按钮，就开始自动按动作中的步骤操作了。本章主要介绍如何录制动作以及使用动作。

9.1 动 作 面 板

动作的各项操作，如创建新动作、创建新组、开始记录、播放等动作都是通过"动作面板"来完成的。选择"窗口"菜单下的"动作"命令或按快捷键"Alt+F9"，可以打开动作面板，如图 9.1 所示。

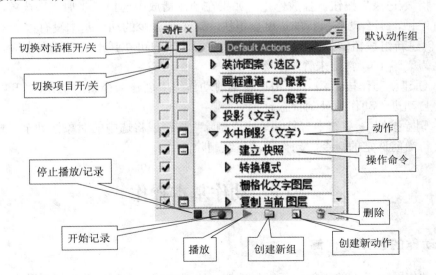

图 9.1 动作面板

动作面板中主要包含以下内容：

(1) 默认动作组：是 Photoshop 内部创建的动作集合，包含有多个动作序列，如"装饰图案"、"木质画框"等。

(2) 动作：命令的集合或序列。可由用户自己创建，也可以是载入内建动作后修改所得的动作的集合或序列。可单击其左侧的小三角展开该序列查看。

(3) 操作命令：录制的每一个操作步骤。每使用一次工具或命令，对图像进行一次操作，Photoshop 就将这步操作录制下来，并建立一个与操作相应的动作名称，如"建立快照"、"转换模式"等。

(4) 切换对话框开/关：用于选择在动作执行时是否弹出对话框。如果在动作的左侧显示 标识，则表示该动作在运行时会弹出命令对话框；若隐藏 标识，则表示该命令对话框不显示，动作按先前设定的参数执行。这是一种在自动执行中进行人工干预的选择。

例如，动作中包含一个"图像大小"调整的操作命令且"切换对话框开/关"显示，当动作执行到这一命令时，调整"图像大小"的对话框将弹出，动作将在这里暂停，这时需要重新输入一个新的图像大小数值，确认后这步动作将按新的数值执行，然后自动继续执行下面的动作。

(5) 切换项目开/关：控制自动执行时动作或动作中的命令是否被跳过。如果在动作的左侧显示 标识，则表示在"播放"时该动作正常执行，否则就跳过。选择在一个动作组前面显示 ，表示执行这个动作组中的所有动作命令；选择在一个动作序列前显示 ，表示这个序列内的所有动作组和动作都将被执行。

(6) 停止播放/记录按钮 ■：录制动作时按下此按钮，停止录制；播放动作时按下此按钮，则停止播放。

(7) 开始记录按钮 ●：当选择"创建新动作"时，该按钮自动按下并显示为红色，表示进入动作录制状态，按下"停止播放/记录"按钮可退出录制状态。

(8) 播放按钮 ▶：按下此按钮可对当前打开的图像自动执行已被选中的动作命令。按下"停止播放/记录"按钮，播放停止。如果在动作播放中选择了"加速"选项，而且动作中间没有停顿，那么动作执行的速度会很快，对于步骤少的动作基本没有可能停止播放。

(9) 创建新组按钮 ▭：用来新建一个动作组，用户可在弹出的对话框中输入组名称，默认组名为"组 1"，常用来管理动作。

(10) 创建新动作按钮 ▣：单击后在当前动作组中创建一个新的动作，"开始记录"按钮变红，自动进入动作的录制状态。

(11) 删除按钮 ▤：选中对象并单击"删除"按钮或将选中的对象拖动至"删除"按钮上，就会将当前选定的命令、动作或动作组删除。

9.2　动作基本操作

9.2.1　动作的创建与存储

单击动作面板下方的"创建新组"按钮，可以创建一个新的动作组，并在该组下"创建新动作"，一个动作组下可以创建多个动作，可以通过对动作组的存储来保存动作。

例如，创建"渐变相框"动作，并进行存储。操作步骤如下：

(1) 打开动作面板，单击下方的"创建新组"按钮，在动作面板中创建新的"组 1"。

(2) 选择"组 1"，单击动作面板下方的"创建新动作"按钮，在"组 1"下创建"动作 1"，动作面板显示如图 9.2 所示，开始自动录制动作。

图 9.2　创建组及动作

（3）打开素材图像文件，选择"椭圆选框工具"，在属性栏中设置羽化为 5，创建椭圆选区。

（4）执行"选择"菜单下的"反向"命令。

（5）选择"渐变工具"，填充"橙黄橙"线性渐变，然后按 Ctrl+D 键取消选择。

（6）单击动作面板下方的"停止播放/记录"按钮，动作录制完成，动作面板录制的动作"动作 1"如图 9.3 所示，动作完成后的图像效果如图 9.4 所示。

（7）在动作面板中选择"组 1"，执行"动作面板"菜单中的"存储动作"命令，在弹出的对话框中输入保存的文件名"渐变相框"，保存位置为 Photoshop 程序文件夹下的"Presets\Photoshop Actions"文件夹，即可将该动作组保存下来。重新启动 Photoshop 应用程序后，该组将显示在"动作面板"菜单的底部。

图 9.3　"动作 1"命令序列　　　　　图 9.4　　"动作 1"命令序列执行结果

9.2.2　动作的编辑

对于已经创建的动作，还以进行插入或删除命令操作，修改后的动作重新存储后才会保存下来。

1．插入"停止"命令

录制动作时，有些操作是不会记录在动作中的，比如绘制图像等。因此在录制中一些必须执行的操作无法被记录时，可以通过"动作面板"菜单中的"插入停止"命令，在当前动作之后插入一个"停止"命令。

　　例如，在"动作 1"第一个"设置选区"命令之后插入"停止"命令(如图 9.5 所示)来手动调整选区位置：在动作面板中单击"设置选区"命令，然后选择"动作面板"菜单中的"插入停止"命令，在弹出的"记录停止"对话框(如图 9.6 所示)中输入备注文字"调整选区位置"，单击"确定"按钮即可。

图 9.5　插入"停止"后的"动作 1"

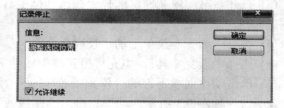

图 9.6　"记录停止"对话框

2. 插入菜单项目

　　当录制好的动作在播放前发现需要增加某一菜单命令时，可以通过"动作面板"菜单中的"插入菜单项目"选项在动作中当前命令下方插入新的菜单命令。

　　例如，在"动作 1"中"打开"命令之后增加"去色"命令。操作步骤如下：

(1) 在"动作面板"的"动作 1"中选择"打开"为当前命令。

(2) 在"动作面板"菜单中选择"插入菜单项目"，打开如图 9.7 所示的"插入菜单项目"对话框。

(3) 选择"图像"菜单下"调整"下的"去色"命令。

(4) 单击"插入菜单项目"对话框中的"确定"按钮，就可以在"动作 1"的打开命令后插入"去色"命令，"动作 1"中的命令序列如图 9.8 所示。

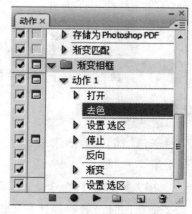

图 9.8　在"动作 1"下插入"去色"命令

图 9.7　"插入菜单项目"对话框

3. 删除动作命令

对于录制好的动作，如果在播放前发现有些命令不需要，可以选中该命令，通过动作面板下方的"删除"按钮将其删除。

9.3　播 放 动 作

动作的播放就是将已经存在的动作应用到相同或相近的图像处理中。

例如，通过播放"渐变相框"组中的"动作 1"给素材图像(见图 9.9)添加相框。

图 9.9　"动作"素材图像

操作步骤如下：

(1) 在动作面板中选择"动作 1"，单击"打开"命令左侧的"切换对话框开/关"，使得执行到"打开"命令时会显示"打开"对话框。

(2) 单击动作面板下方的"播放"按钮，在弹出的"打开"对话框中选择要打开的素材文件。

(3) 播放到"停止"命令时，弹出如图 9.10 所示的对话框，单击"停止"按钮，然后调整选区到合适的位置，完成后单击"播放"按钮继续播放，直到完成。最终效果如图 9.11 所示。

图 9.10　"信息"对话框　　　　　　　图 9.11　应用"动作 1"后的图像

9.4　操 作 练 习

将图 9.12 所示的树叶变红(图 9.13)的动作进行录制，创建"树叶变色"动作，然后通过"播放动作"将树叶变为如图 9.14～图 9.16 所示的黄色、紫色及蓝色，分别保存为"变红动作.JPG"、"变黄动作.JPG"、"变紫动作.JPG"及"变蓝动作.JPG"。

图 9.12 "树叶"素材图像

图 9.13 树叶变红效果图

图 9.14 树叶变黄效果图

图 9.15 树叶变紫效果图

图 9.16 树叶变蓝效果图

提示：

(1) 用"魔棒工具"选择背景(容差为 30)，然后执行"选择"菜单下的"反向"命令，创建树叶选区。

(2) 调整"色相/饱和度"，播放动作时将"切换对话框开/关"打开，以便调整为不同的颜色，然后取消选择。

第 10 章　Photoshop 综合实例

本章通过几个综合实例来提高对 Photoshop 的操作能力。

10.1　制作圆形图章

本实例用 Photoshop 制作一个圆形图章，其操作步骤如下：

(1) 新建 Photoshop 文件，大小为 500 像素×500 像素，背景为白色。

(2) 选择"视图"菜单下的"标尺"命令，显示水平和垂直标尺，按鼠标左键沿水平标尺向下拖动，沿垂直标尺向右拖动，在窗口中央生成如图 10.1 所示的"十"字形参考线。

(3) 选择"椭圆工具"，在属性栏中单击"路径"按钮，按下 Shift 和 Alt 键，用鼠标拖动从"十"字中心向外画一个小的正圆形路径，如图 10.2 所示。

 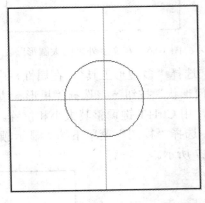

图 10.1　从标尺拖出的"十"字形参考线　　　　图 10.2　从"十"字中心向外画正圆

(4) 选择"文字工具"，单击属性栏中的"显示/隐藏文字和段落调板"按钮，在弹出的"字符"格式对话框中进行如图 10.3 所示的设置，然后在圆形路径上单击，输入"Photoshop 图像处理"。

(5) 单击"路径选择工具"，调整文字在路径上的起始和结束的位置，使文字沿路径显示，如图 10.4 所示。

(6) 新建图层，选择"椭圆工具"，按下 Shift 和 Alt 键，用鼠标拖动从"十"字中心向外画一个大的正圆形路径，刚好将文字包住，然后用"红色"、"直径"为 5 的画笔给路径描边，如图 10.5 所示。

(7) 在路径面板空白处单击鼠标左键，隐藏所有路径，选择"文字工具"，属性设置为

"红色"、"仿宋"、"24"，输入"练习专用章"，如图 10.6 所示。

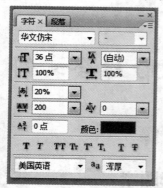

图 10.3　"字符"格式对话框设置

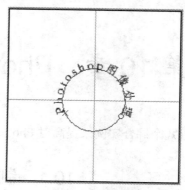

图 10.4　沿路径输入文字

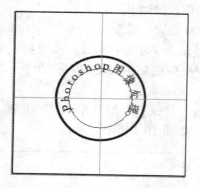

图 10.5　在文字外围的大圆形路径

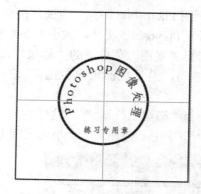

图 10.6　输入下方文字后的效果

(8) 选择"多边形工具"，在属性栏中进行以下设置：单击"形状图层"按钮，再单击"几何形状"按钮，选择"星形、边为 5"。用鼠标在"十"字中心处拖出一个红色的五角星，用 Ctrl+T 键调整其大小和位置。

(9) 选择"视图"菜单下的"显示额外内容"命令，将参考线取消，最后完成的图章如图 10.7 所示。

图 10.7　最后完成的图章效果

10.2　制作宝贝生日纪念邮票

本实例用 Photoshop 制作一枚宝贝生日纪念邮票，其操作步骤如下：

(1) 新建 Photoshop 文件，大小为 1200 像素×900 像素，输入文件名"纪念邮票"。

(2) 选择"渐变工具"，单击属性栏渐变填充颜色，在弹出的"渐变编辑器"对话框中编辑渐变为"从深绿到浅绿"，如图 10.8 所示。

(3) 在"渐变工具"属性栏中勾选"反向"复选框，按鼠标左键从中心拖向边缘，填充径向渐变，如图 10.9 所示。

图 10.8　"渐变编辑器"对话框

图 10.9　填充深绿到浅绿径向渐变

(4) 新建图层，命名为"云彩"，选择"滤镜"菜单下"渲染"下的"云彩"命令，云彩图层效果如图 10.10 所示。

(5) 在图层面板设置图层混合模式为"柔光"，生成如图 10.11 所示的效果，作为邮票的背景。

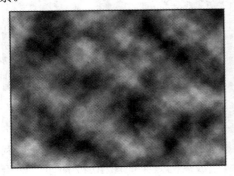

图 10.10　"云彩"滤镜效果

图 10.11　"柔光"混合模式效果

(6) 打开如图 10.12 所示的"花边"素材图像，选择"移动工具"，将花边拖入"纪念邮票"文件，成为新的图层，改名为"花边"。

(7) 按 Ctrl+T 键整花边图层大小与邮票背景一致，用"魔棒工具"选择花边白色背景，按 Delete 键将白色背景删除，效果如图 10.13 所示。

图 10.12　"花边"素材图像　　　　　图 10.13　添加花边后的邮票背景

(8) 打开"宝贝"素材图像，选择"椭圆选框工具"，羽化值为 10，创建椭圆选区，用"移动工具"将椭圆选区拖入"纪念邮票"文件成为新图层，命名为"宝贝"，如图 10.14 所示。

(9) 选择"文字工具"，在属性栏中进行以下设置：更改文字方向为"纵向"，字体为"华文彩云"，大小为"30"，颜色为"纯红橙"，文字变形为"扭转"。在窗口右侧输入"生日快乐"。

(10) 再次选择"文字工具"，在属性栏中进行以下设置：字体为"华文彩云"，大小为"18"，颜色为"纯蓝"，文字变形为"拱形"。输入"Happy birthday"。

(11) 在图层面板将"Happy birthday"图层拖动到"建立新图层"按钮上，复制一层，调整其属性：字体为"broadway"，颜色为"纯蓝"，文字变形为"旗帜"。然后将该图层调整至合适的位置，如图 10.15 所示。

图 10.14　添加宝贝后的邮票图像　　　　图 10.15　邮票图像添加文字后的效果

(12) 将所有图层合并为"背景"。

(13) 设背景色为"白色"，选择"裁剪工具"，将全部窗口图像框选，并向外扩展一定区域(如图 10.16 所示)，然后双击鼠标左键，裁剪完成后的效果如图 10.17 所示，即给图像添加了白色边框。

图 10.16　裁剪时向外扩展区域　　　　　　　图 10.17　裁剪后产生白色边框

(14) 按 Ctrl+A 键选择全部图像作为选区，单击路径面板下方的"从选区生成工作路径"按钮。

(15) 设背景色为"黑色"，选择"橡皮工具"，在属性栏中进行以下设置：画笔大小为"39"，硬度为"100%"，不透明度和流量为"100%"。

(16) 按 F5 键打开"画笔"面板，如图 10.18 所示，勾选"间距"复选框，设置间距为"170%"。

(17) 在路径面板的矩形路径上单击鼠标右键，在弹出的快捷菜单中选择"描边路径"，选择"橡皮擦"给路径描边，形成锯齿形邮票边缘，最终效果如图 10.19 所示。

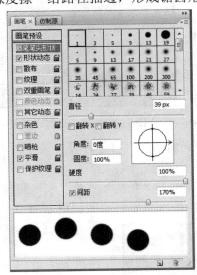

图 10.18　"画笔面板"设置　　　　　　图 10.19　邮票最终效果图

10.3　制作 GIF 动画"移动脚印"

本实例用 Photoshop 制作 GIF 动画"移动脚印"，其操作步骤如下：

(1) 打开"地板"素材图像，如图 10.20 所示。

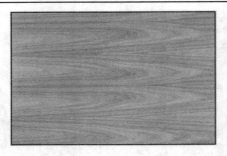

图 10.20 "地板"素材图像

(2) 选择"自定形状工具"绘制脚印图层，更名为"右脚印"，添加图层样式"斜面和浮雕"，对话框具体设置如图 10.21 所示，设置图层混合效果为"柔光"，效果如图 10.22 所示。

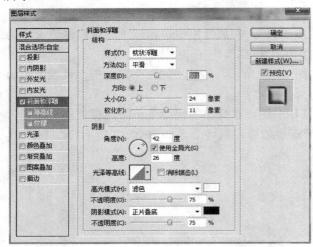

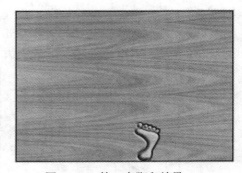

图 10.21 "斜面和浮雕"对话框设置　　　图 10.22 第一个脚印效果

(3) 将"右脚印"图层拖动至图层面板的"建立新图层"按钮，复制一个"右脚印副本"图层。

(4) 单击"右脚印副本"图层，选择"编辑"菜单下"变换"下的"水平翻转"命令，然后用"移动工具"将其移动到合适的位置，如图 10.23 所示，将图层更名为"左脚印"。

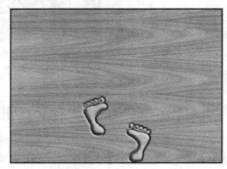

图 10.23 两个脚印效果

　　(5) 在图层面板按 Shift 键单击选中"左脚印"和"右脚印"两个图层，单击图层面板下方的"链接"按钮，在左右脚印图层间建立链接。

　　(6) 按 Shift 键单击选中"左脚印"和"右脚印"两个图层，按鼠标左键拖动至"创建新图层"按钮，复制左右脚印副本图层。选择"移动工具"，将左右脚印副本移动到合适的位置，如图 10.24 所示。

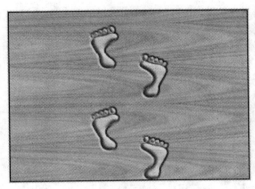

图 10.24　两组脚印效果

　　(7) 选择"窗口"菜单下的"动画"命令，打开动画窗口，如图 10.25 所示，单击右下角的 ▦ 按钮，切换到"帧动画"。

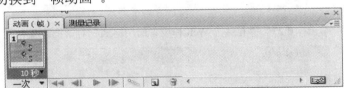

图 10.25　动画窗口

　　(8) 在动画窗口选中第一帧，单击动画窗口下方的"复制所选帧"按钮 ▣ 5 次，一共建立 6 帧动画。

　　(9) 选中第 1 帧，在图层面板中选择显示"背景"图层，隐藏其它所有脚印图层，帧延迟时间设置为 1 秒。

　　(10) 第 2～6 帧图层分别设置为：第 2 帧显示"背景"和"右脚印"图层；第 3 帧显示"背景"、"右脚印"和"左脚印"图层；第 4 帧显示"背景"、"左脚印"和"右脚印副本"图层；第 5 帧显示"背景"、"右脚印副本"和"左脚印副本"图层；第 6 帧显示"背景"和"左脚印副本"图层。帧"延迟时间"全部设置为 1 秒。

　　(11) 在动画窗口左下角设置"循环选项"为永远，最终动画窗口如图 10.26 所示，单击"播放按钮" ▶，通过图像窗口可以看到动画效果。

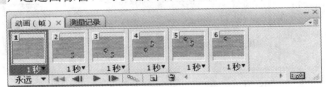

图 10.26　设置完成后的动画窗口

(12) 选择"文件"菜单下的"存储为 Web 和设备所用格式"命令，在弹出的"存储为 Web 和设备所用格式"对话框中进行如图 10.27 所示的设置，单击右上角的"存储"按钮，打开"将优化结果存储为"对话框(如图 10.28 所示)，输入要保存的文件名"移动脚印"，保存类型为"gif"格式。

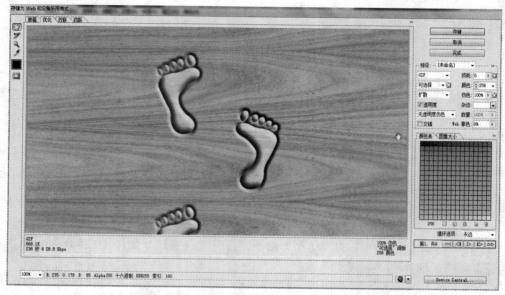

图 10.27   "存储为 Web 和设备所用格式"对话框设置

图 10.28   "将优化结果存储为"对话框

(13) 单击"保存"按钮，将动画保存为 gif 动画格式。

第三篇 Flash 动画制作

　　Flash 是一款优秀的矢量动画编辑软件。在网络技术迅猛发展的今天，Flash 已经在全球掀起了一股划时代的旋风，一举成为交互式矢量动画的标准。Flash 采用网络流媒体技术，突破了网络带宽的限制，广泛应用在教学课件、广告宣传、网站片头、动画短片和交互游戏等领域。本篇从 Flash 动画的入门基础知识讲起，介绍 Flash 基本操作、五大基本动画制作、元件的使用、声音的控制以及 Flash 交互的实现，每个知识点均配有大量的经典实例，具有很强的操作性和应用性。

第11章　Flash 基础知识

儿童时代，大家都或多或少看过一些动画片，《猫和老鼠》、《喜羊羊与灰太狼》、《大耳朵图图》等动画片不少人都有印象。早期的动画片每一张图都要经过动画师手绘、修改、上色等程序，制作过程繁琐耗时，开发成本极高。Flash 的出现使得动画制作变得简单和大众化，普通微机用户只要经过一个阶段的学习和练习，就可以制作出生动流畅的动画。

11.1　动画基础

动画的基本原理和电视、电影一样，都是通过播放一系列连续的画面，给人们视觉上造成连续变化的错觉效果。一般电视或电影采用 24～30 幅画面每秒的播放速度；在 Flash 中，考虑到网络传播等因素，一般采用 12 幅画面每秒的播放速度。

1. 传统动画

传统动画(Traditional Animation)也被称为经典动画，始于 19 世纪，流行于 20 世纪。传统动画制作方式以手绘为主，是由美术动画电影传统的制作方法移植而来的。动画师用手工方式绘制静止但互相具有连贯性的各种图像，将一张张逐渐变化的并能清楚地反映一个连续动态过程的静止画面经过摄像机逐张逐帧地连续拍摄编辑，再通过播放系统使之在屏幕上活动起来。传统动画有着一系列的复杂制作工序，它首先要将动画镜头中每一个动作的关键及转折部分先设计出来，也就是要先画出原画，根据原画再画出中间画，然后还需要经过一张张地描线、上色，逐张逐帧地拍摄录制等过程。标准动画播放速度为 24～30 幅画面每秒。

2. 电脑动画

电脑动画(Computer Animation)又称为计算机动画，是通过使用计算机制作动画的技术。电脑动画是由电脑辅助动画师制作的，电脑大大简化了工作流程。电脑动画又可分为二维电脑动画和三维电脑动画。常用的二维电脑动画制作软件以 Flash 为主。常用的三维电脑动画制作软件有 3D Max、Maya 和 Poser 等。

3. 动画制作过程

一个完整的动画制作过程可分成前期、中期和后期三个阶段，如图 11.1 所示。前期阶段需要编剧设计剧本、场景、造型，导演分镜头台本；中期阶段绘画师通过导演的分镜头台本进行人物的原画绘制、修行、背景设计等流程，再将画稿通过拍摄或扫描输入到计算机中；后期阶段在计算机中对绘画或拍摄的作品进行扫描、上色、合成特效、配音等流程，最终形成一个完整的二维动画作品。

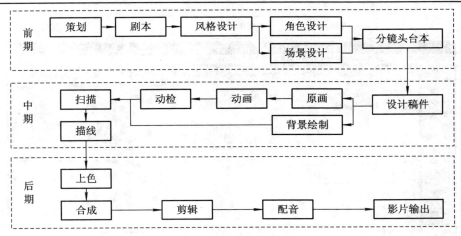

图 11.1　动画制作过程

11.2　Flash 概述

Flash 是由 Macromedia 公司推出的一款非常优秀的二维动画制作软件。Flash 动画是一种基于矢量图形的动画文件，画面可以随意缩放而不影响显示质量，而且文件一般非常小，特别适合在网上传输；同时，它还是一个具有显著亲和性的多媒体软件，它的作品可以被许多多媒体合成软件如 Authorware、Powerpoint 等使用。另外，利用 Flash 还可以将多种多媒体文件如图片、文字、声音、影像等融合于一体，而且还可以设置交互命令。因此，利用 Flash 可以制作出具有强大交互功能、声色俱佳的多媒体应用产品。目前，Flash 被广泛用于广告制作、网页设计、教学课件、教育软件、产品展示等多媒体应用软件制作中。

11.2.1　Flash 工作界面

Flash 是一款优秀的矢量动画软件，其制作的图形和动画都是矢量的，尺寸比点阵图要小得多，声音则基于 MP3 压缩，也是高压缩比的，同时 Flash 还使用很多减小文件尺寸的方法。Flash 动画的播放支持"数据流式"技术，即不必等待动画完全下载完即可播放。

Flash 主界面如图 11.2 所示，它主要包括标题栏、菜单栏、工具栏、时间轴、舞台以及面板等几部分。

1. 标题栏

与一般 Windows 应用程序一样，标题栏左侧显示当前窗口的应用程序名称和文件名，右侧是程序窗口最小化、还原/最大化、关闭程序按钮。

2. 菜单栏

Flash 菜单栏由 10 组菜单组成，它几乎涵盖了除绘图工具之外的绝大部分功能，单击每一个菜单名称就可以展开这个菜单下所包含的各项命令。

(1) "文件"菜单：主要用于文件的操作，比如文件的新建、打开、关闭、保存、导入、导出、发布、打印等，如图 11.3 所示。

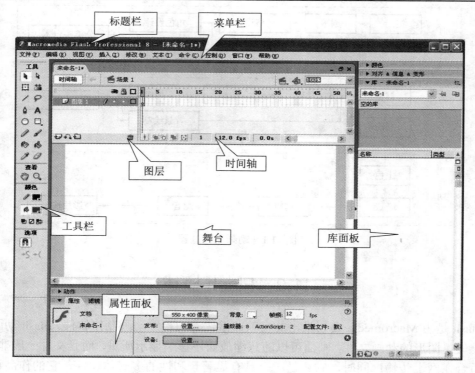

图 11.2　Flash 主界面

（2）"编辑"菜单：主要用于对动画对象的编辑操作，比如操作的撤消、恢复以及选定对象的剪切、复制、删除、粘贴等，如图 11.4 所示。

新建 (N)...	Ctrl+N
打开 (O)...	Ctrl+O
从站点打开 (F)...	
打开最近的文件 (T)	▶
关闭 (C)	Ctrl+W
全部关闭	Ctrl+Alt+W
保存 (S)	Ctrl+S
保存并压缩 (M)	
另存为 (A)...	Ctrl+Shift+S
另存为模板 (T)...	
全部保存	
还原 (T)	
导入 (I)	▶
导出 (E)	▶
发布设置 (G)..	Ctrl+Shift+F12
发布预览 (R)	▶
发布 (B)	Shift+F12
设备设置...	
页面设置 (U)...	
打印 (P)...	Ctrl+P
发送 (D)...	
编辑站点 (E)...	
退出 (X)	Ctrl+Q

图 11.3　"文件"菜单

撤消 (U) 不选	Ctrl+Z
重复 (R) 不选	Ctrl+Y
剪切 (T)	Ctrl+X
复制 (C)	Ctrl+C
粘贴到中心位置	Ctrl+V
粘贴到当前位置 (P)	Ctrl+Shift+V
选择性粘贴 (S)...	
清除 (A)	Backspace
直接复制 (D)	Ctrl+D
全选 (L)	Ctrl+A
取消全选 (E)	Ctrl+Shift+A
查找和替换 (F)	Ctrl+F
查找下一个 (N)	F3
时间轴 (M)	▶
编辑元件 (E)	Ctrl+E
编辑所选项目 (I)	
在当前位置编辑 (E)	
全部编辑 (A)	
首选参数 (S)...	Ctrl+U
自定义工具面板 (Z)...	
字体映射 (G)...	
快捷键 (K)...	

图 11.4　"编辑"菜单

（3）"视图"菜单：主要用来控制操作界面的各种显示效果，其中包括放大、缩小、缩放比率、工作区、标尺、网格等命令，如图 11.5 所示。

（4）"插入"菜单：主要用于新建元件、插入场景，设置时间轴等操作，如图 11.6 所示。

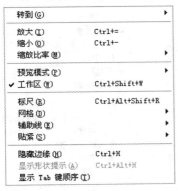

图 11.5　"视图"菜单

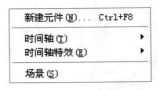

图 11.6　"插入"菜单

（5）"修改"菜单：主要用于修改动画本身以及动画对象的一些操作，比如设置文档、元件、形状等属性命令，以及动画对象的变形、排列、对齐、组合、取消组合等命令，如图 11.7 所示。

（6）"文本"菜单：主要用于设置文字的字体、大小、样式、对齐方式、字母间距等属性，如图 11.8 所示。

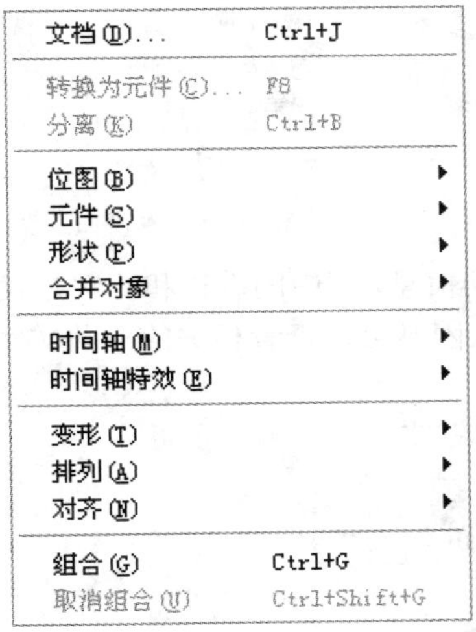

图 11.7　"修改"菜单 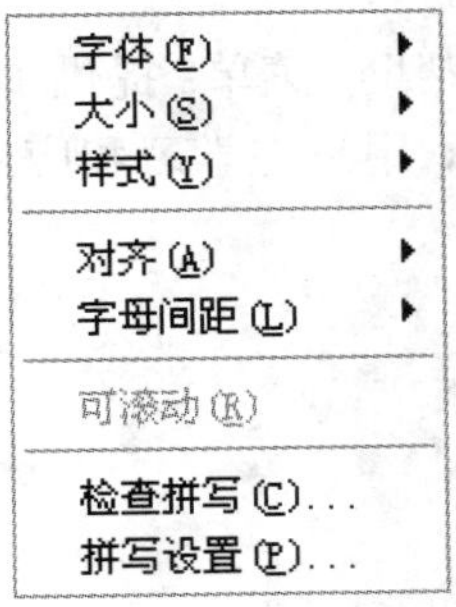　　　　　　　　图 11.8　"文本"菜单

（7）"命令"菜单：主要用于管理、获取和运行命令，如图 11.9 所示。

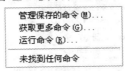

图 11.9　"命令"菜单

(8) "控制"菜单：主要用于影片的测试、调试以及场景的测试等，如图 11.10 所示。

(9) "窗口"菜单：主要用于工作区中各种工具栏和浮动面板的显示与隐藏，如图 11.11 所示。

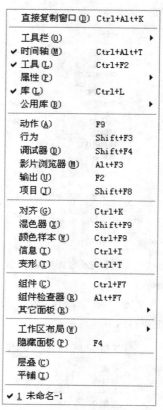

图 11.10　"控制"菜单　　　　图 11.11　"窗口"菜单

(10) "帮助"菜单：提供了 Flash 的一些帮助信息，其中的教程和范例是我们学习 Flash 很好的助手，用户在学习和应用中如果遇到什么困难可以查看相关的帮助文件，如图 11.12 所示。

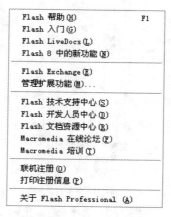

图 11.12　"帮助"菜单

3. 工具栏

工具栏分为四个区域，从上到下依次是工具区、查看区、颜色区和选项区。单击"窗口"菜单"工具栏"选项中的相关命令，可以控制它们的显示与隐藏。

1) 工具区

工具区主要有对象选择、图形绘制、修改等工具，如图 11.13 所示。

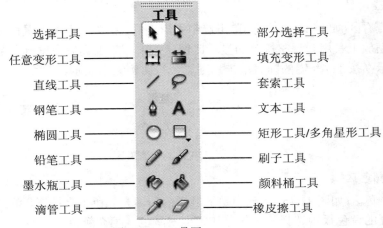

选择工具　　　　　　　　　　　　部分选择工具
任意变形工具　　　　　　　　　　填充变形工具
直线工具　　　　　　　　　　　　套索工具
钢笔工具　　　　　　　　　　　　文本工具
椭圆工具　　　　　　　　　　　　矩形工具/多角星形工具
铅笔工具　　　　　　　　　　　　刷子工具
墨水瓶工具　　　　　　　　　　　颜料桶工具
滴管工具　　　　　　　　　　　　橡皮擦工具

图 11.13　工具区

(1) 选择工具：用于选取和移动对象。

(2) 部分选取工具：用于选取对象的路径控制点制作对象的变形。

(3) 任意变形工具：用于对象的缩放、旋转、倾斜、翻转和变形等操作。任意变形工具的选项工具中对应有四个按钮，分别是"旋转与倾斜"、"缩放"、"扭曲"和"封套"。"旋转与倾斜"按钮用于旋转或倾斜对象；"缩放"按钮用于缩放对象；"扭曲"按钮用于使对象扭曲变形；"封套"按钮用于对对象进行更细微的变形。

(4) 填充变形工具：用于调整及修改对象的渐变色方向、大小以及角度等。

(5) 直线工具：用于绘制任意矢量线段。

(6) 套索工具：用于选取不规则的对象。

(7) 钢笔工具：用于通过控制点绘制路径。

(8) 文本工具：用来创建各种文本。创建文本时可以选中文本工具，在舞台上单击鼠标左键，输入不限制长度的单行文本，也可以按住鼠标左键在舞台上拖动出一个矩形文本框，输入限制行宽的多行文本。通过文本属性面板可以设置文本的高度、宽度、字体、字号、字形、颜色、对齐方式等属性。

(9) 椭圆工具：用于绘制椭圆状图形。

(10) 矩形工具组：用于绘制矩形、多边形或星形图形。

(11) 铅笔工具：用于绘制矢量线段和任意形状的图形。

(12) 刷子工具：用来在空白工作区或已有的图形中绘制任意形状、大小、颜色的填充区域。刷子有五种模式：标准绘画模式可以在场景中的任何区域内进行刷写；颜料填充模式只可以在填充区域内进行刷写，不能在线条上刷写；后面绘画模式刷写时只改变背景工作区，不改变对象；颜料选择模式只能在选定的填充区域内刷写，在未选中的区域不起作用；内部绘画模式在刷写时只涂改起始点所在的封闭曲线的内部区域。

(13) 墨水瓶工具：用于修改线条的颜色和样式。

(14) 颜料桶工具：用于对封闭区域或有缺口的区域进行单色或渐变色的填充。

(15) 滴管工具：用于从指定的位置获取线条和色块的颜色。

(16) 橡皮擦工具：用于擦除图形的一部分或整个图形。

2) 查看区

在查看区(如图 11.14 所示)单击选中手形工具，在舞台上按下鼠标拖动可以移动舞台的位置；缩放工具用于调整舞台的显示比例。按下缩放工具后在舞台上单击，舞台会按比例放大显示；按下 Alt 键的同时单击，则舞台按比例缩小显示。

图 11.14　查看区

3) 颜色区

在颜色区(如图 11.15 所示)中是笔触颜色和填充颜色工具按钮，单击它们右侧的色块可以在打开的调色板中选择一种颜色作为笔触颜色或填充颜色，这两个工具也可以配合"调色板"使用。

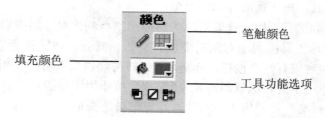

图 11.15　颜色区

4) 选项区

选项区(如图 11.16 所示)用于显示当前选定工具的一些选项设置，其中的内容随选定的工具而发生变化。

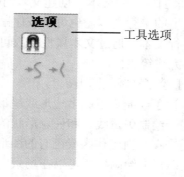

图 11.16　选项区

11.2.2　Flash 图层

图层(如图 11.17 所示)就像一张张透明的玻璃纸一样，一层层地向上叠加，最先创建的图层在下面，每个图层都包含一个显示在舞台中的不同对象。

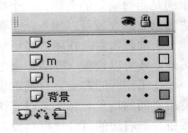

图 11.17　Flash 图层

Flash 的图层可以看成是叠放在一起的透明胶片，不同帧中的画面就是由该帧中各层上的图形叠加而成的，一个 Flash 动画可以由一层或很多层构成，在我们制作动画时一般要把不同的动画对象分别放置在不同的层上，这样就可以避免它们之间的相互影响。

在某一层上单击即可选中该层，并将该层定义为当前工作层；双击图层前面的标签可以打开图层属性窗口，可以查看或者更改图层属性；在图层上单击鼠标右键可以弹出一个下拉菜单，选择其中相应的命令可对图层属性进行编辑。双击图层名称可以对图层重命名，在制作 Flash 动画时最好养成这样一个习惯，即起一个与图层内容相关的名称，以便在图层比较多的时候便于查找或者修改不同层中的动画内容。

图层右上角的三个按钮分别是图层显示/隐藏按钮、锁定/解除锁定按钮、图层中的图形与轮廓显示按钮。单击这三个按钮中的某个按钮，可以改变所有图层的相应属性。如果只在某一层的小黑点上单击，则只改变这一层的属性。

图层左下角的三个按钮分别是插入图层、插入引导图层和插入图层文件夹按钮。例如，单击"插入图层"按钮，这时就在当前层上添加了一个新的图层。如果我们要改变图层的顺序也很简单，只需在某一层按下鼠标并拖动到适当位置松开即可。

11.2.3　Flash 场景

场景(如图 11.18 所示)是动画内容编辑的整个区域。用户可以在整个场景内进行图形的绘制和编辑工作。

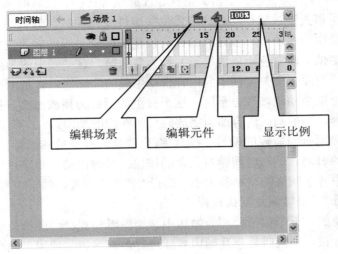

图 11.18　场景

场景中白色的部分为舞台，舞台的大小取决于动画文件的尺寸；动画四周灰色的区域为工作区，它相当于演出的后台，用于放置一些暂时看不到的对象。在工作区的左上方显示的是当前场景的名称，一个比较复杂的动画文件可以包括几个场景。单击插入菜单中的"场景"命令就可以加入一个新的场景，每个场景都有它自己独立的时间轴，可以单独编排一个动画内容，在播放多场景 Flash 影片时一般都按场景面板中的排列顺序逐次播放；另外，还可以设置一些动作命令来控制不同场景的播放或切换等。

在工作区的右上方有编辑场景按钮，单击此按钮，可以出现动画中的所有场景名称，单击不同的场景名称，可以将该场景设置为当前工作场景。编辑场景按钮右边是编辑元件按钮。最右边的百分比框是设置当前舞台显示比例按钮，单击此选项按钮选择不同的设置就可以改变舞台的显示比例。例如，单击"显示帧"，它将最大化显示当前帧的舞台内容；如果单击"全部显示"，则会显示出舞台及工作区中的所有动画内容。

11.2.4　Flash 时间轴

时间轴(如图 11.19 所示)用于组织和控制文档内容在一定时间内播放的层数和帧数。

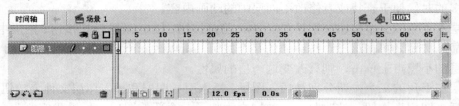

图 11.19　Flash 时间轴

时间轴主要由两部分组成，右侧是帧区，左侧是图层区。

在帧区中有一些连续的小格，它们相当于我们平常见到的电影胶片，每一小格就相当于电影胶片中的一个画面，而这一个小格在 Flash 中就叫一帧。我们制作 Flash 影片就是要制作各帧频中的画面内容，当这些帧按一定的速度连续播放时就会形成动画。

Flash 中的帧分为关键帧、空白关键帧、普通帧等几种。在时间轴上以黑色圆点显示的帧为关键帧。所谓关键帧就是动画环节发生关键性变化的帧，只有当某一帧被指定为关键帧后，其中的画面内容才可以创建或修改。以空心圆圈显示的帧为空白关键帧，它是没有动画内容的关键帧。以白色矩形块显示的帧为普通帧，这些帧中的画面内容是由 Flash 根据与该帧相邻的前面一个关键帧中的内容自动生成的，画面内容是不允许创建和修改的。

帧区的最上部是动画帧数显示区，这个红色的指针为播放磁头，拖动它可以查看不同帧中的画面内容，当前画面内容即为播放磁头所在帧的画面。

帧区下面显示有当前帧的编号、帧频率(也就是每秒播放的帧数)以及从动画开始播放到当前帧所用的时间。单击时间轴右上角的按钮，从弹出的下拉菜单中选择相应的命令可以调整时间轴中各个帧格的宽窄和大小。选择"预览"方式则帧格中直接显示该帧的画面，再次选择"标准"，可以恢复默认设置。

帧区左下角的这五个按钮分别为帧居中、绘图纸外观、绘图纸外观轮廓、编辑多个帧和修改绘图纸标记，当同时显示几帧内容或进行多帧编辑时使用。当将鼠标移动到时间轴下边框处，指针为双向箭头时，按下鼠标拖动可以改变时间轴的显示区域大小。

11.2.5　帧

帧(如图 11.20 所示)是 Flash 的时间轴上用来存放一幅画面的地方。

图 11.20　帧

1. 帧的类别

(1) 关键帧。关键帧是动画的起点和终点，放入了组件或图像，可以调整组件或图像的属性。

(2) 空白关键帧。空白关键帧是指没有放入组件或图像的关键帧。

(3) 普通帧。普通帧是对关键帧的延续。

(4) 空帧。空帧是对空白关键帧的延续。

(5) 过渡帧。过渡帧是指两个关键帧之间定义了动画类型后自动生成的帧。

2. 帧的有关操作

动画制作主要是对于帧的设置操作，因此，在介绍动画制作方法之前先来学习在 Flash 动画制作中有关帧的一些操作方法。

1) 选择帧

在某一帧上单击鼠标即可以将该帧选中，如果这一帧为有效帧则显示为黑色，无效帧显示为蓝色。

在时间轴上按下鼠标拖动可以同时选中多帧；在某一层中单击鼠标，则可以将该层中所有有效帧选中；在帧区内单击鼠标右键，在弹出的下拉菜单中选择"选择所有有效帧"命令，可以将所有有效帧选中；按下 Shift 键或 Ctrl 键在帧区中拖动鼠标也可以选择多帧。

2) 插入帧

在新建影片中，只有时间轴的第一帧默认是有效的，可以创建动画内容。如果要在其它帧中创建动画内容，就需要在时间轴中有关帧处进行"插入帧"操作。帧的插入操作有以下几种方法：

(1) 单击选定某一帧后，单击"插入"菜单，在弹出的下拉菜单中选择"插入帧"、"插入关键帧"或"插入空白关键帧"命令。

如果只要简单地修改前后帧中原有的动画内容，则单击"插入关键帧"命令，现在当前帧变成一个带黑点的关键帧，画面内容与前一个关键帧相同，此时可以对它进行修改。

单击"插入"菜单下的"插入空白关键帧"命令，这时当前帧显示为一个带小空心圆的帧格，即空白关键帧，画面是空白的，此时可以重新创建动画内容。

如果不想对动画内容做任何改变，只需要延长它的播放时间，那么在这一帧后某一帧处单击，选择"插入"菜单中的"插入帧"命令即可。

(2) 在时间轴中要插入帧处单击鼠标右键，在弹出的下拉菜单中选择"插入帧"、"插入关键帧"或"插入空白关键帧"等命令即可插入帧。

(3) 使用快捷键：按下键盘上的 F5 键，可以在当前帧处插入帧；F6 键为插入关键帧；F7 键为插入空白关键帧。

3) 帧的移动、剪切复制、粘贴、清除、删除操作

选中有效帧后，按下鼠标并在时间轴上拖曳，可将它移动到任何位置。

在某一关键帧上单击鼠标右键，在弹出的菜单中可以选择关键帧的剪切、拷贝、粘贴等操作。

"清除帧"命令为清除关键帧的画面内容，而"删除帧"则是将选定的帧从时间轴中删除，当然这些帧中的画面内容也就一起被删掉了。

11.3　Flash 动画的输出和发布

为了保证输出和发布影片的质量，在进行输出和发布之前还应对自己的作品进行测试。实际上影片的测试在整个动画制作过程需要经常进行，以确保动画能够正常播放。

11.3.1　Flash 影片的测试

要测试影片，可单击"控制"菜单下的"影片测试"命令，或者按下键盘上的 Ctrl+回车键；选择"控制"菜单下的"测试场景"命令，或者按键盘上的 Ctrl+Alt+回车键，可以测试当前的某一个场景，这两个命令都可以直接生成一个 SWF 影片格式的文件，放在当前编辑文件相同的目录中。

11.3.2　Flash 影片的发布

如果想把我们的作品上传到网页站点上或者转存为 Windows 播放文件，就要发布 Flash 影片。

(1) 发布设置：单击"文件"菜单的"发布设置"命令，打开"发布设置"对话框，首先要在"格式"选项卡中选择要发布的文件格式，在"类型"下选中某种文件的格式以后就会显示这个格式的选项卡。选中"使用默认文件名称"复选框，那么生成的所有格式的文件都使用原 Flash 文件的文件名。

(2) 单击各种格式选项卡，即可进行相应的设置。SWF 格式的文件是 Flash 默认的导出格式，单击 Flash 选项卡在版本选项中可以选择发布的动画版本。

第 12 章　Flash 绘画

很多读者都有动手创建 Flash 影片的欲望，但是在阅读过一些 Flash 教程后却还在创作 Flash 动画上一筹莫展，原因是大多数读者没有美术基础，而 Flash 动画创作离不开动画角色以及动画背景的绘制。电脑绘画是信息时代特殊形式的绘画方式，是软件技术和绘画技巧的有机结合体。

12.1　电脑绘画常用设备

1. 电脑

电脑绘画需要配置比较好的电脑。目前电脑价格不断下降，电脑配置不断提升，在经济允许的条件下应尽可能提升电脑配置。图 12.1 所示为超极笔记本电脑。

图 12.1　超极笔记本电脑

2. 数位板

电脑绘画中常用的硬件配置就是数位板(如图 12.2 所示)，它能帮助动画设计师使用电脑和绘图软件轻松绘制出不同的笔触效果，方便动画设计师绘制动画角色和动画背景。

图 12.2　绘图数位板

3. 扫描仪

使用鼠标绘画并不是件容易的事情，许多动画设计师习惯先在纸张上绘画草图，再通过图形扫描仪(如图 12.3 所示)扫描进电脑，之后使用软件进行勾线、上色处理。

图 12.3 图形扫描仪

4. 数码相机

很多时候需要通过拍摄的方法获取收集的素材资料，数码相机(如图 12.4 所示)是必备的辅助设备。

图 12.4 多用途数码相机

12.2 动画背景设计

12.2.1 动画背景构图

动画背景构图是将必要的图形元素组合成特定的背景画面，营造出动画故事所需要的情节气氛。背景的功能是交代故事发生的特定地点与环境，观众看到的是角色加背景的画面效果，背景的构图需要给角色留出表演的空间。

动画需要表现的内容是包罗万象的，背景可能包含视觉内的自然景物和人工景物。常见的自然背景有天空、山水、树木、花草等；常见的人工背景有校园与街道、楼宇、桥梁、房屋等。不论是自然背景还是人工背景，它们都会随着季节和气候而呈现出不同的视觉变化。

12.2.2 动画背景绘画

1. 自然背景绘画

自然背景在动画片中随处可见，我们需要多练习天空、云彩、山水、树木、花草的绘画。

1) 天空绘画

天空绘画是比较简单的，一般先绘制一个没有边框的矩形，然后设置渐变颜色(如图12.5 所示)，再进行渐变颜色的填充(如图 12.6 所示)。

图 12.5　设置渐变颜色　　　　图 12.6　绘制的天空(深蓝到浅蓝渐变)

2) 云彩绘画

云彩变化不定，形状万千，绘画时一般通过椭圆工具绘制出重叠的椭圆(如图 12.7 所示)，然后删除重叠的交叉线，并填充颜色(如图 12.8 所示)。

图 12.7　利用椭圆重叠绘制云彩　　　　图 12.8　删除重叠线条并填充颜色(白色)

3) 山水绘画

根据外形不同，绘画山石时可以使用直线工具画出远近山石的大体轮廓，再完善细节，画出明暗交接线，分别上亮部色和暗部色。要把无色无味的水表现出来，必须借助环境和光源。常见的水有海水、河水和湖水。一般使用铅笔工具和直线工具勾勒水的轮廓，然后再填充渐变颜色(如图 12.9～图 12.12 所示)。

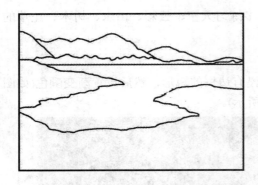

图 12.9　绘制山体和水面轮廓

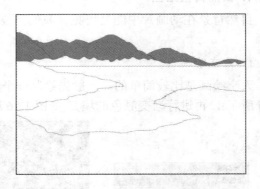

图 12.10　为山体填充颜色

图 12.11　为植被填充颜色

图 12.12　为水体和天空填充颜色

4) 树木绘画

绘画树木时可以使用直线工具画出树的基本形状，然后画出树干和树叶的轮廓，接着给树上色(如图 12.13 和图 12.14 所示)。

图 12.13　绘制树木轮廓

图 12.14　细化并填充颜色

5) 花草绘画

花草虽然种类繁多，但画法大同小异。一般先使用直线工具画出花与叶的大体轮廓，然后进一步使用直线工具将花瓣和叶细分，删除多余线条完成轮廓绘制，最后填充不同颜色(如图 12.15 和图 12.16 所示)。

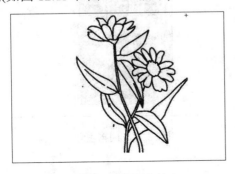

图 12.15　绘制花草轮廓

图 12.16　细化并填充颜色

2. 人工背景绘画

对人工背景的观察角度不同，绘制的方法也不一样，重点应表现物体的远近距离和空间感。

1) 楼宇绘画

楼宇是建筑中最常见的，绘画时先绘制正面图像，再绘制侧面图像，然后绘制屋顶和门窗，最后进行上色处理(如图 12.17～图 12.22 所示)。

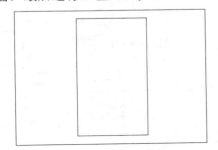

图 12.17　画出正面轮廓

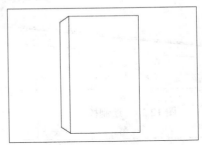

图 12.18　画出侧面轮廓

图 12.19　绘制楼顶和正面门窗

图 12.20　绘制侧面门窗

图 12.21　楼体着色

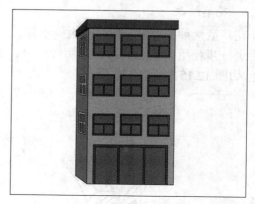

图 12.22　门窗着色

2) 桥梁绘画

桥梁也是常见的场景，绘画时先绘制桥身，接着绘制桥墩，再绘制桥洞，然后对细节进行处理，最后上色(如图 12.23～图 12.27 所示)。

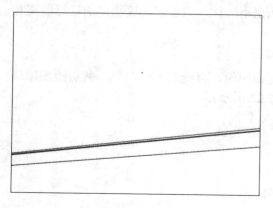

图 12.23　绘制桥身

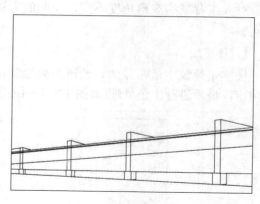

图 12.24　绘制桥墩

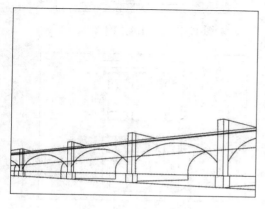

图 12.25　绘制桥洞

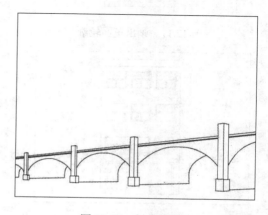

图 12.26　细化调整

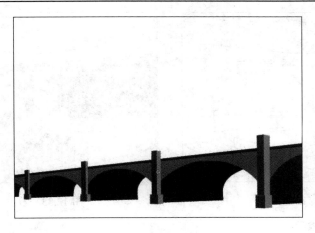

图 12.27　着色

3) 房屋绘画

　　房屋的外景绘制同楼宇绘画。在绘画房屋的室内景时，先绘制两面墙壁，接着画出屋顶的截面，其次画出窗户，再画出地板，最后绘制家具(如图 12.28～图 12.33 所示)。

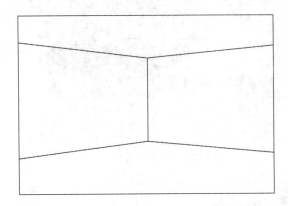

图 12.28　绘制墙壁

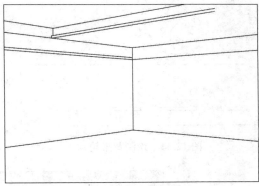

图 12.29　绘制屋顶

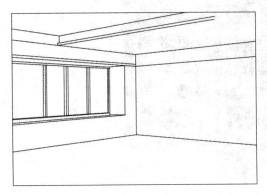

图 12.30　绘制窗户

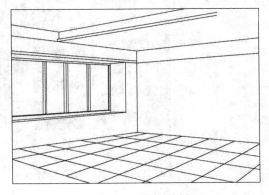

图 12.31　绘制地板

图 12.32 绘制家具

图 12.33 着色

4) 校园与街道绘画

校园与街道是人们活动频繁的地方，绘画时先要画出背景图，再对细节进行完善，然后对背景图上色，最后移入绘制好的楼宇桥梁等(如图 12.34～图 12.36 所示)。

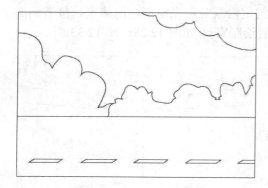

图 12.34 绘制背景轮廓

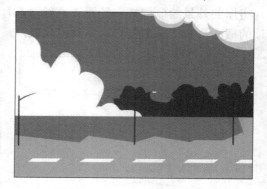

图 12.35 细化并着色

图 12.36 添加楼宇

12.3　动画角色设计

12.3.1　动画角色构图

动画中的故事都是通过角色的表演来演义的。在 Flash 动画中，角色造型是动画创作过程中非常重要的环节，动画中的角色通常包括人物、动物以及日常物品等。

12.3.2　动画角色绘画

1. 人物绘画

人物绘画是所有绘画中比较难掌握的，绘画时一般先画头部的基本形状、脸型及身体结构，接着定五官位置、规范身体线条、绘五官画头发，然后画服饰，最后着色(如图 12.37～图 12.40 所示)。

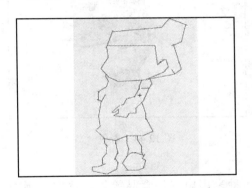
图 12.37　绘制基本形状

图 12.38　绘制五官及头发

图 12.39　绘制服饰

图 12.40　着色

2. 动物绘画

动物绘画相比人物绘画更为随意，绘画时一般第一步先画动物的轮廓，第二步画动物的腹部、四肢、鼻子、耳朵或尾巴的轮廓，第三步对前两步的轮廓线进行调整，完善细节，第四步着色(如图 12.41～图 12.44 所示)。

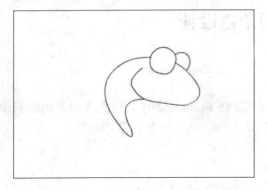

图 12.41　绘制大体轮廓

图 12.42　绘制身体轮廓

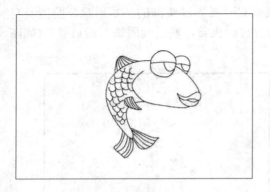

图 12.43　细化调整

图 12.44　着色

3. 日常物品绘画

生活中的日常物品很多，如各类车辆、各种家用电器、食品等等。要在动画中表现这些日常物品，在绘画时也是要把握这样的过程：先绘制这些物品的大体轮廓，接着画出细节部分，然后进一步对细节部分进行刻画，最后上色(如图 12.45～图 12.47 所示)。

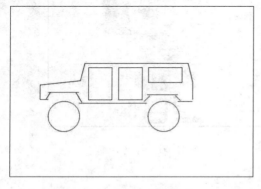

图 12.45　画出大体轮廓

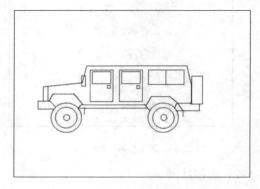

图 12.46　细化调整

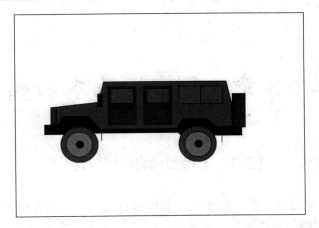

图 12.47　着色

第 13 章　Flash 基本动画

13.1　Flash 动画类型

　　Flash 动画主要分为两大类：基本动画和图层特效动画。基本动画又分为"逐帧动画"、"形状补间动画"和"动作补间动画"，图层特效动画又分为"引导层动画"和"遮罩层动画"，如图 13.1 所示。

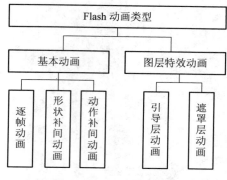

图 13.1　Flash 动画类型

13.2　逐 帧 动 画

13.2.1　基本概念

　　将动画中的每一帧都设置为关键帧，在每一个关键帧中创建不同的内容，就形成了逐帧动画。

13.2.2　应用实例

　　例 1　逐帧文字——打字机效果。具体操作步骤如下：

　　(1) 新建 Flash 文档，修改文档属性，背景色为"#00FFFF"，如图 13.2 所示。

　　(2) 分别在图层 1 的第 5、10、15、20、25、30、35、40、45、50、55、60 帧处按 F6 键插入关键帧。

　　(3) 使用文本工具，字体为"宋体"，字号为"52"，颜色为"#FF00FF"，分别在第 5、10、15、20、25、30、35、40、45、50、55、60 关键帧处输入"我"、"们"、"一"、

"起"、"学"、"习"、"F"、"l"、"a"、"s"、"h"、"！"，并排列整齐，如图 13.3 所示。

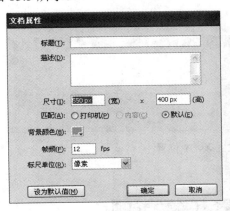

图 13.2　修改文档属性　　　　　　　　　图 13.3　输入文字

(4) 在第 70 帧处按 F5 键将动画延续 10 帧，如图 13.4 所示。

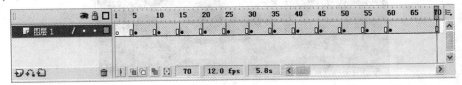

图 13.4　帧设置

(5) 保存并测试影片。

例 2　逐帧图像——山水动画。具体操作步骤如下：

(1) 新建 Flash 文档，设置文档属性，尺寸为 460 px × 165 px。

(2) 分别在图层 1 的第 1 帧、第 2 帧、第 3 帧和第 4 帧处插入空白关键帧。

(3) 导入数码相机拍摄并处理过的素材图像"山水 01"、"山水 02"、"山水 03"和"山水 04"到库，如图 13.5 所示。

图 13.5　导入素材

（4）从库面板中拖入"山水 01"到第 1 帧，拖入"山水 02"到第 2 帧，拖入"山水 03"到第 3 帧，拖入"山水 04"到第 4 帧，分别在属性面板上图形的位置设置为 X(0.0)、Y(0.0)，如图 13.6 所示。

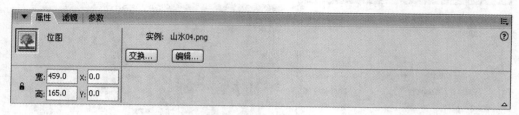

图 13.6　在属性面板中设置 X、Y 位置

（5）保存并测试影片，如图 13.7 所示。

图 13.7　影片测试

13.3　形状补间动画

13.3.1　基本概念

动画制作者只需考虑动画的初始状态和结束状态，中间变化过程由计算机补充的动画称为补间动画。

当动画中需要改变图形的形状时，可以使用形状补间动画。形状补间动画可以产生形状、位置、尺寸、色彩变化等多种动画，它只可进行直线运动，只针对打散的图形。

制作形状补间动画时，在动画初始位置的关键帧处设置对象的初始状态，在动画结尾位置的关键帧处设置对象的结束状态，选择两个关键帧中间的任何一帧，在属性面板的"补间"选项中选取"形状"选项，时间轴上的两个关键帧之间的区域变成绿色的同时会出现一个由初始关键帧指向结尾关键帧的箭头，形状补间动画即设置成功。

13.3.2　应用实例

例 1　图形形状颜色渐变。具体操作步骤如下：

（1）新建 Flash 文档。

(2) 分别在第 1、20、40、60 帧处插入关键帧。

(3) 使用"多角星形工具"、"矩形工具"和"椭圆工具"分别在第 1、20、40 和 60 帧处绘制绿色三角形、蓝色正方形、粉红色六边形、红色圆形。

(4) 在属性面板中为第 1～20 帧、20～40 帧、40～60 帧设置形状补间动画,如图 13.8 所示。

图 13.8 设置形状补间动画

(5) 在第 70 帧处插入帧做延续。

(6) 保存并测试影片,如图 13.9 所示。

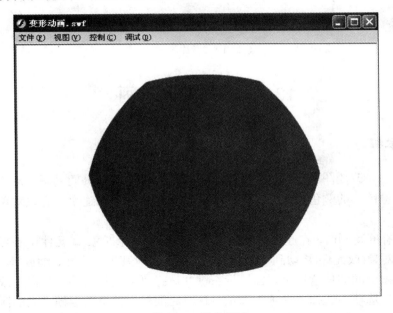

图 13.9 影片测试

例 2 文字形状颜色渐变。具体操作步骤如下:

(1) 新建 Flash 文档,设置文档属性,尺寸为 400 px × 400 px。

(2) 在第 1、20、40、60 帧处插入空白关键帧。

(3) 使用"文本工具",字体为"楷体",字号为"200",分别在第 1、20、40、60 帧舞台中心位置输入绿色"万"、蓝色"事"、黄色"如"、红色"意"字。

(4) 分别选中输入的文字,在键盘上按 Ctrl+B 键打散文字。

(5) 在属性面板中为第 1～20 帧、20～40 帧、40～60 帧设置形状补间动画。

(6) 在第 70 帧处插入帧做延续。

(7) 保存并测试影片，如图 13.10 所示。

图 13.10   影片测试

13.4   动作补间动画

13.4.1   基本概念

当动画中需要改变图形的运动路径时，可以选择使用动作补间动画。动作补间动画还可以改变矢量图形的颜色、大小、透明度、旋转角度和运动速率，它只对单一整体的组件起作用。

制作动作补间动画时，在起始关键帧上创建或选择一个对象(或元件)，在结尾关键帧上将舞台上的对象(或元件)移动到一个新位置，还可以对其进行旋转、缩放等操作；接下来在两个关键帧中间的任意帧上单击鼠标右键并选择"创建补间动画"命令或者在属性面板的"补间"选项中选择"动画"选项，这时时间轴上两个关键帧之间的区域变成紫色，同时出现一个由初始帧指向结尾帧的箭头，补间动画即设置成功。

13.4.2   应用实例

例 1   运动的足球。具体操作步骤如下：

(1) 新建 Flash 文档。

(2) 从网上下载一副足球图片，使用 Photoshop 软件将其背景色处理成透明的，保存成 png 格式，在 Flash 软件中导入到库。

(3) 从库面板中拖入足球图片放置在图层 1 第 1 帧的舞台左侧外，调整好大小，如图 13.11 所示。

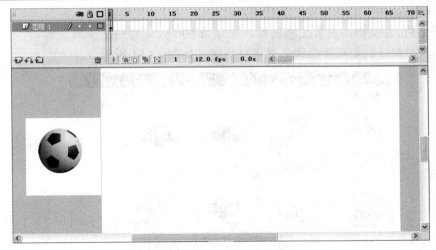

图 13.11　第 1 帧足球位置

(4) 在第 60 帧处插入关键帧，将足球图片拖动到舞台右侧，如图 13.12 所示。

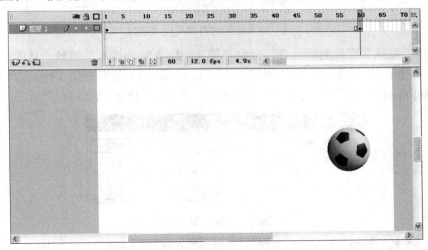

图 13.12　第 60 帧足球位置

(5) 在第 1～60 帧间的任一静止帧上单击鼠标，在属性面板中设置补间动画，顺时针旋转 3 圈，缓动值设为 100(缓动值设置为正值表示由快到慢，设置为负值表示由慢到快)，如图 13.13 所示。

图 13.13　属性面板设置

(6) 保存并测试影片。

例2 游泳的鱼。具体操作步骤如下：

(1) 新建 Flash 文档，设置文档属性，尺寸为 600 px × 425 px。

(2) 导入绘制好的动画背景和鱼类素材到库，如图 13.14 所示。

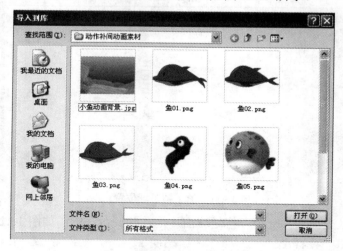

图 13.14　导入绘制的背景及鱼类素材

(3) 新建"海豚"影片剪辑元件，分别在第 1、2、3 帧处插入关键帧，从库面板中拖入"鱼 01"放置在第 1 帧、"鱼 02"放置在第 2 帧、"鱼 03"放置在第 3 帧，大小均设为 200 px × 100 px，位置均设为 X(-80.0)、Y(-50.0)，如图 13.15 和图 13.16 所示。

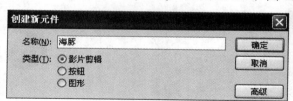

图 13.15　创建"海豚"影片剪辑元件

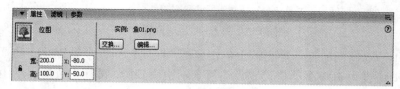

图 13.16　尺寸及位置设置

(4) 单击工具栏中的"场景 1"按钮，返回主场景。

(5) 从库面板中拖入"小鱼动画背景"图，位置设为 X(0.0)、Y(0.0)，在第 96 帧处插入帧做延续，锁定图层 1 作为动画背景。

(6) 新建图层 2，在第 1 帧舞台的右侧外放入"海豚"元件，并调整方向及位置(如图 13.17 所示)，在第 20 帧处插入关键帧，将"海豚"元件拖动到舞台中央位置(如图 13.18 所示)，在第 40 帧处插入关键帧，将"海豚"元件拖动到舞台外左上角的位置(如图 13.19 所示)，分别设置补间动画。

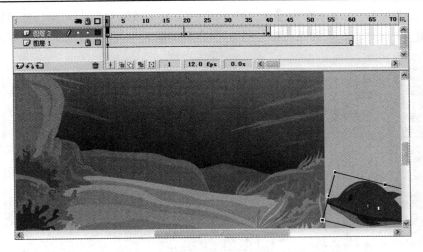

图 13.17　图层 2 第 1 帧"海豚"元件位置

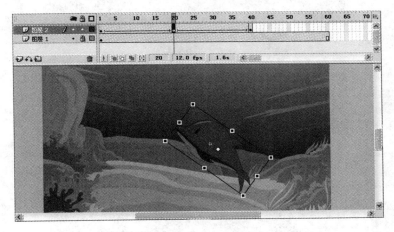

图 13.18　图层 2 第 20 帧"海豚"元件位置

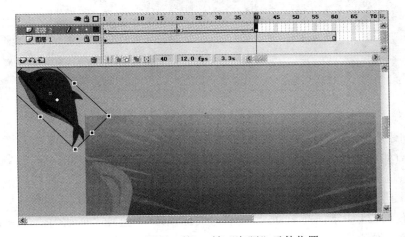

图 13.19　图层 2 第 40 帧"海豚"元件位置

　　(7) 新建图层 3，从库面板中拖入"鱼 04"放在第 1 帧舞台右上角舞台外(如图 13.20 所示)，在第 96 帧处插入关键帧，将"鱼 04"拖放到舞台右下角(如图 13.21 所示)，设置补间动画。

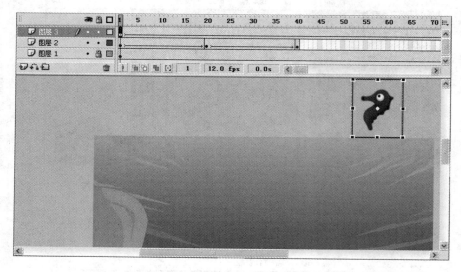

图 13.20　图层 3 第 1 帧"鱼 04"位置

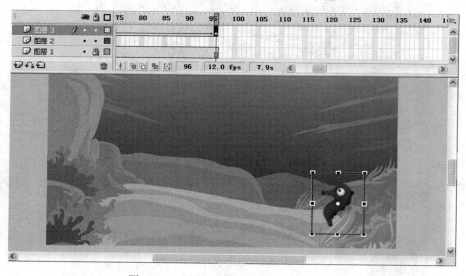

图 13.21　图层 3 第 96 帧"鱼 04"位置

　　(8) 新建图层 4，在第 40 帧处插入关键帧，从库面板中拖入"鱼 05"，放置在舞台右下角外的区域(如图 13.22 所示)，在第 96 帧处插入关键帧，拖动"鱼 05"到舞台外左上角的位置(如图 13.23 所示)，设置补间动画。

　　(9) 新建图层 5，在第 20 帧处插入关键帧，从库面板中拖入"鱼 06"放置在舞台外左下角处(如图 13.24 所示)，在第 96 帧处插入关键帧，将"鱼 06"拖动到舞台右上角外(如图 13.25 所示)，设置补间动画。

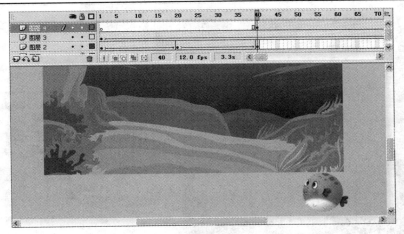

图 13.22　图层 4 第 40 帧 "鱼 05" 元件位置

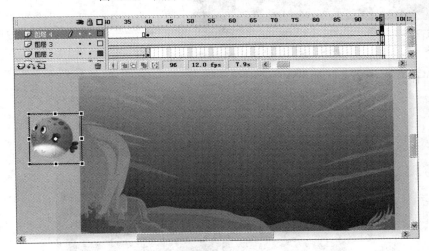

图 13.23　图层 4 第 96 帧 "鱼 05" 元件位置

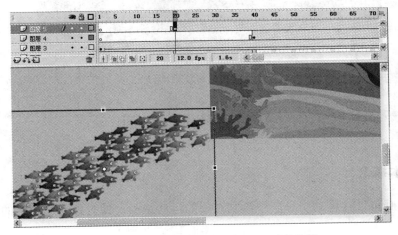

图 13.24　图层 5 第 20 帧 "鱼 06" 元件位置

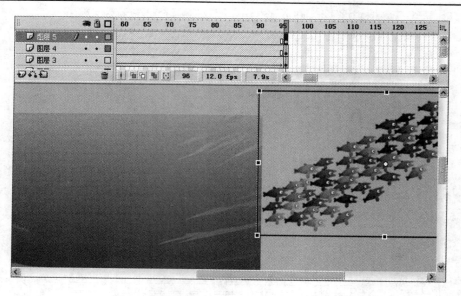

图 13.25　图层 5 第 96 帧"鱼 06"元件位置

(10) 保存并测试影片，如图 13.26 所示。

图 13.26　影片测试

13.5　引 导 层 动 画

13.5.1　基本概念

引导层动画可以在运动引导层中绘制对象的运动路径，使对象沿着指定的路径进行运动。

13.5.2　操作实例

例 1：跑步的松鼠。具体操作步骤如下：

(1) 新建 Flash 文档，设置文档属性，尺寸为 636 px × 400 px。

(2) 导入绘制好的松鼠动画背景和松鼠素材到库，如图 13.27 所示。

图 13.27　导入素材

　　(3) 从库面板中拖入"松鼠动画背景"元件到图层 1 的第 1 帧，位置设为 X(0.0)、Y(0.0)，并在第 50 帧处插入帧做延续，锁定图层 1。

　　(4) 单击"插入"菜单下的"新建元件"命令，新建一个影片剪辑元件，命名为"松鼠"，在第 2、3、4 帧处插入关键帧，从库面板中拖入"松鼠 01"放在第 1 帧，"松鼠 02"放在第 2 帧，"松鼠 03"放在第 3 帧，"松鼠 02"放在第 4 帧，位置均为 X(0.0)、Y(0.0)。

　　(5) 单击工具栏中的"场景 1"按钮，返回主场景，新建图层 2，从库面板中拖入"松鼠"影片剪辑元件并放在舞台左侧外，在第 50 帧处插入关键帧，将"松鼠"元件移动到舞台右侧外。

　　(6) 添加运动引导层(如图 13.28 所示)，在第 1 帧使用平滑铅笔工具绘制松鼠运动路线，将"松鼠"元件中心调整到绘制的运动路线上，在第 50 帧处插入关键帧，将"松鼠"元件中心调整到运动路线上，如图 13.29 所示。

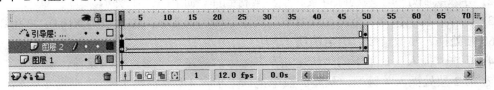

图 13.28　添加运动引导层

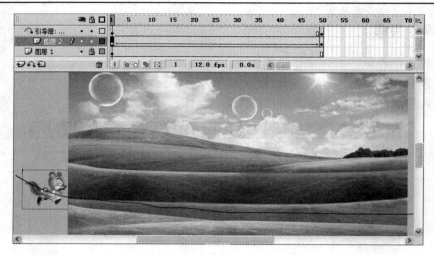

图 13.29　调整"松鼠"元件中心到引导线

(7) 对图层 2 的第 1～50 帧设置补间动画。

(8) 保存并测试影片，如图 13.30 所示。

图 13.30　影片测试

例 2：飞翔的小鸟。具体操作步骤如下：

(1) 新建 Flash 文档，设置文档属性，尺寸为 600 px × 400 px。

(2) 导入绘制好的小鸟动画背景和小鸟素材到库，如图 13.31 所示。

(3) 从库面板中拖入"小鸟动画背景"到图层 1 的第 1 帧，位置设为 X(0.0)、Y(0.0)，在第 60 帧处插入帧做延续，锁定图层 1。

(4) 单击"插入"菜单下的"新建元件"命令，新建一个影片剪辑元件，命名为"小鸟"，在第 2 帧处插入关键帧，从库面板中拖入"小鸟 1"放在第 1 帧，"小鸟 2"放在第 2 帧，位置均为 X(0.0)、Y(0.0)。

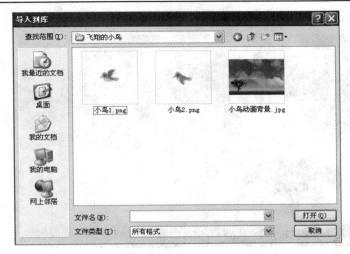

图 13.31　导入素材

　　(5) 单击工具栏中的"场景 1"按钮，返回主场景，新建图层 2，从库面板中拖入"小鸟"影片剪辑元件并放在舞台右侧外，在第 60 帧处插入关键帧，将"小鸟"元件移动到舞台右侧。

　　(6) 添加运动引导层，在第 1 帧使用平滑铅笔工具绘制松鼠运动路线，将"小鸟"元件中心调整到绘制的运动路线上，在第 60 帧处插入关键帧，将"小鸟"元件中心调整到运动路线上，对图层 2 的第 1～60 帧设置补间动画。

　　(7) 在运动引导层上面新建图层 3，从库面板中拖入"小鸟"影片剪辑元件并放在舞台右侧外，在第 60 帧处插入关键帧，将"小鸟"元件移动到舞台右侧。

　　(8) 添加运动引导层，在第 1 帧使用平滑铅笔工具绘制小鸟的飞翔路线，将"小鸟"元件中心调整到绘制的运动路线上，在第 60 帧处插入关键帧，将"小鸟"元件中心调整到运动路线上，对图层 3 的第 1～60 帧设置补间动画，如图 13.32 所示。

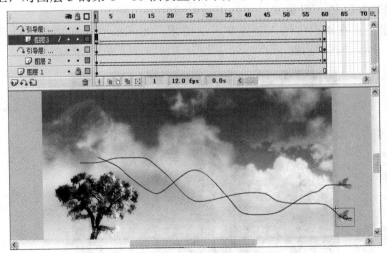

图 13.32　添加运动引导层并设置小鸟飞翔路径

(9) 保存并测试影片，如图 13.33 所示。

图 13.33 影片测试

13.6 遮罩层动画

13.6.1 基本概念

遮罩层类似一张镂空纸，透过镂空区域可以看见被遮罩层中的东西。

遮罩层动画包括遮罩层和被遮罩层两部分，一个遮罩层可以有多个被遮罩层。

13.6.2 应用实例

例 1：探照灯效果。具体操作步骤如下：

(1) 新建 Flash 文档，设置文档属性，背景颜色为黑色。

(2) 用文字工具在舞台中输入竖排文字，楷体、90 号、黄色(如图 13.34 所示)，在第 150 帧处单击，插入帧做延续。

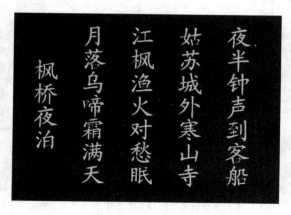

图 13.34 输入文字

　　(3) 新建图层 2，在第 1 帧用椭圆工具填充一个比文字稍大的红色圆形，按 F8 键将其转换为影片剪辑，并拖至第 1 列文字上端(如图 13.35 所示)，再在第 30 帧处插入关键帧，将圆形拖至第 1 列文字底端。

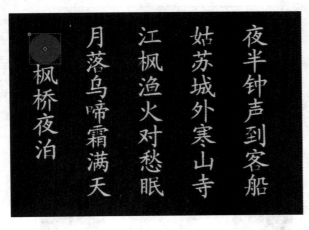

图 13.35　绘制"圆"元件

　　(4) 分别在图层 2 的第 31、61、91、121 帧处插入关键帧，将红色圆形元件拖动到第 2、3、4、5 列文字顶端，再在第 60、90、120、150 帧处插入关键帧，将其拖到第 2、3、4、5 列文字底端。

　　(5) 分别在图层 2 的第 1～30、31～60、61～90、91～120、121～150 帧处创建补间动画。

　　(6) 在图层 2 上单击鼠标右键，选择"遮罩层"命令。

　　(7) 保存并测试影片。

　　例 2　照片遮罩效果。具体操作步骤如下：

　　(1) 新建 Flash 文档。

　　(2) 导入背景照片到库，从库面板中拖入背景照片到舞台，尺寸为 550 px × 400 px，位置设置为 X(0.0)、Y(0.0)，在第 120 帧处插入帧做延续，锁定图层 1。

　　(3) 新建图层 2，在第 1 帧用椭圆工具填充一个没有轮廓线的绿色小圆形，在第 10 帧处插入关键帧，使用变形工具放大，设置形状补间动画，在图层 2 上单击右键，选择"遮罩层"命令，如图 13.36 所示。

　　(4) 新建图层 3，在第 10 帧处插入关键帧，使用背景照片作为背景。

　　(5) 新建图层 4，在第 10 帧其它位置填充绿色小圆形，在第 20 帧处插入关键帧并放大，设置形状补间动画，在图层 4 上单击右键，选择"遮罩层"命令，如图 13.36 所示。

　　(6) 新建图层 5，在第 20 帧处插入关键帧，使用背景照片作为背景。

　　(7) 新建图层 6，在第 20 帧其它位置填充绿色小圆形，在第 30 帧处插入关键帧并放大，设置形状补间动画，在图层 4 上单击右键，选择"遮罩层"命令，如图 13.36 所示。

　　(8) 按照步骤(5)和(6)的方法在照片的不同位置制作一些椭圆遮罩效果，制作到第 120 帧时结束。

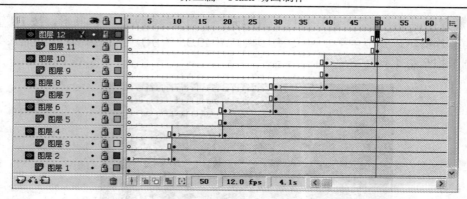

图 13.36　图层设置

(9) 保存并测试影片，如图 13.37 所示。

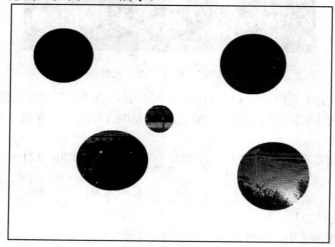

图 13.37　影片测试

第 14 章　Flash 元件

14.1　元 件 概 述

1. 元件的定义

元件是构成 Flash 动画的基本元素。在制作 Flash 动画时，随时都可能用到元件，元件在 Flash 动画编辑过程中占据着非常重要的位置。

在 Flash 中所有的图像、按钮或影片剪辑都可抽象成元件，所有的元件都被放在库中，可以被反复使用，而整个文件的大小不会增加。

合理地使用元件可以节省磁盘空间、减小文件尺寸、缩短动画制作周期和动画下载时间。

2. 元件的分类

在 Flash 中元件主要分为三种，即图形元件、按钮元件和影片剪辑元件。

(1) 图形元件：可以是单幅的矢量图形，也可以是位图图像、动画等。

(2) 按钮元件：预设了对鼠标事件响应的一系列单独的帧，当鼠标移到元件上方时显示一帧，鼠标移开时显示一帧，单击鼠标时则显示一帧。按钮元件在交互作品中可起到激发某一事件的作用。

(3) 影片剪辑元件：存放声音、按钮、静态或动态的图像。

3. 图形元件与影片剪辑元件的区别

图形元件和影片剪辑(不带按钮和声音)都作为动画时的区别比较微妙：在引用图形元件时，当引用到比图形动画帧数少的范围时是不会全部放映图形动画的。而当引用影片剪辑元件时，即使引用的影片只有一帧也可以在该帧将动画完整地放映。

14.2　创建图形元件

1. 直接创建图形元件

直接创建图形元件的操作步骤如下：

(1) 单击"插入"菜单下的"新建元件"命令，如图 14.1 所示。

(2) 在弹出的"创建新元件"对话框的"名称"框中输入"元件 1"，"类型"选择"图形"，如图 14.2 所示。

(3) 单击"确定"按钮，进入图形元件编辑窗口并绘制图形元件。

(4) 返回主场景。

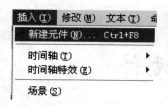 

图 14.1　"插入"菜单　　　　　图 14.2　创建新元件

2. 将对象转换为图形元件

将对象转换为图形元件的操作步骤如下：

(1) 选择需转换为元件的对象。

(2) 单击"修改"菜单下的"转换为元件"命令(也可按快捷键 F8)。

(3) 在弹出的"转换为元件"对话框的"名称"框中输入"元件 1"，"类型"选择"图形"，如图 14.3 所示。

(4) 单击"确定"按钮。

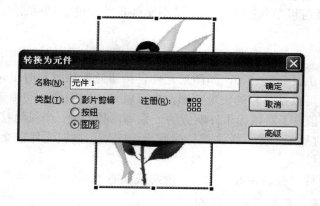

图 14.3　转换为元件

3. 创建动画图形元件

创建动画图形元件的操作步骤如下：

(1) 进入图形元件编辑窗口。

(2) 在编辑区中央创建圆形。

(3) 在时间轴第 30 帧处按 F7 键插入空白帧。

(4) 在编辑区中央创建正方形。

(5) 选择任意静止帧，选择形状补间动画。

(6) 返回主场景。

测试：

(1) 拖动元件到舞台。

(2) 到第 30 帧处按 F5 键插入帧，测试影片。

14.3　创建按钮元件

1．Flash 按钮的基本结构

Flash 按钮的基本结构如图 14.4 所示。

图 14.4　Flash 按钮的基本结构

(1) 弹起(Up)：鼠标在按钮外时的按钮状态。

(2) 指针经过(Over)：鼠标进入按钮时按钮的状态。

(3) 按下(Down)：鼠标单击或一直按下按钮时按钮的状态。

(4) 点击(Hit)：鼠标单击按钮后将要执行的动作。

2．创建鼠标元件

创建鼠标元件的操作步骤如下：

(1) 进入按钮编辑环境。

(2) 绘制按钮并填充颜色输入文字等。

(3) 单击指针经过帧并插入关键帧，更改按钮。

(4) 单击按下帧并插入关键帧，更改按钮。

(5) 返回测试。

14.4　创建影片剪辑元件

创建影片剪辑元件的操作步骤如下：

(1) 进入影片剪辑编辑环境。

(2) 随后的创建方法与创建动画图形元件相同。

(3) 返回测试。

14.5　库

　　库是 Flash 中用来存放元件的地方。各种元件经过命名归类后都存储在 Flash 的库中，当制作动画需要用到元件时，可以随时从库中调用。库面板的滚动列表里用不同的图标表示不同类别的元件，如图 14.5 所示。

　　在库面板中单击展开按钮可以将面板横向展开，可看到名称、类型、使用次数、连接和修改日期五种标注信息。

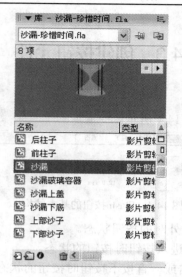

图 14.5   库面板

14.6   应 用 实 例

例 1   弹跳的小球。具体操作步骤如下：

(1) 新建 Flash 文档，设置文档属性，背景颜色为#CC9933。

(2) 使用"矩形工具"，笔触颜色为无，填充颜色为黑色，在舞台底部绘制地面，尺寸为 550 px × 25 px，位置为 X(0.0)、Y(375.0)，在第 20 帧处插入帧做延续，锁定图层 1。

(3) 新建图层 2，使用"椭圆工具"，笔触颜色为黑色，填充颜色为红色放射状渐变色，在舞台中上方的位置绘圆形小球，使用"选择工具"选中小球，在键盘上按 **F8** 键将小球转换为图形元件，名称为"小球"，如图 14.6 所示。

图 14.6   转换为图形元件

(4) 在图层 2 的第 10 帧处插入关键帧，将小球移动到原位置的下方贴近地面的位置，如图 14.7 所示。

(5) 在图层 2 的第 1～10 帧创建补间动画，如图 14.7 所示。

(6) 复制图层 2 的第 1～10 帧到第 11～20 帧的位置，选中第 11～20 帧并单击鼠标右键翻转帧，如图 14.7 所示。

(7) 在图层 2 的第 1～10 帧设置缓动为−70(由慢到快)，第 11～20 帧设置缓动为+70(由快到慢)。

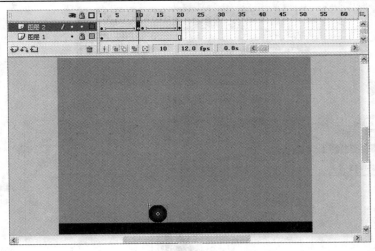

图 14.7　舞台及图层设置

(8) 保存并测试影片(单击绘图纸外观按钮显示小球运动轨迹)，如图 14.8 所示。

图 14.8　影片测试

例 2　蝶恋花。具体操作步骤如下：

(1) 新建 Flash 文档。

(2) 导入背景花照片到舞台，尺寸为 550 px × 400 px，位置为 X(0.0)、Y(0.0)，并将该图层 1 命名为"背景"，在第 80 帧处插入帧做延续，锁定图层 1。

(3) 将绘制好的蝴蝶图片导入到库。

(4) 单击"插入"菜单下的"新建元件"命令，新建一个影片剪辑元件，命名为"蝴蝶"(如图 14.9 所示)，在第 2、3、4 帧处插入关键帧，从库面板中拖入"蝴蝶 1"放在第 1 帧，"蝴蝶 2"放在第 2 帧，"蝴蝶 3"放在第 3 帧，"蝴蝶 4"放在第 4 帧，位置均为 X(0.0)、Y(0.0)，如图 14.10 所示。

图 14.9　创建蝴蝶元件

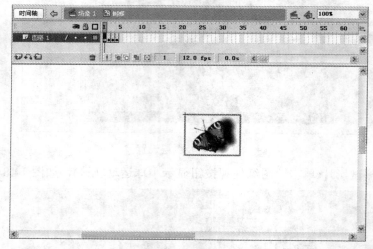

图 14.10　制作蝴蝶元件

(5) 新建图层 2，将图层 2 命名为"蝶"，从库面板中拖入"蝴蝶"影片剪辑元件，放在舞台右侧外。

(6) 在图层 2 的第 80 帧处插入关键帧，将"蝴蝶"元件拖放到舞台上侧外。

(7) 添加运动引导层，使用"平滑铅笔工具"沿背景图中花出现的区域绘制蝴蝶飞行路径，如图 14.11 所示。

(8) 在图层 2 的第 1 帧和第 80 帧拖动"蝴蝶"元件中心到飞行路径起点和终点，并创建补间动画，如图 14.11 所示。

图 14.11　蝴蝶飞行路径的调整

(9) 在图层 2 中蝴蝶飞行路线中有拐弯的位置插入关键帧,调整蝴蝶飞行的方向,在蝴蝶飞近飞远时调整蝴蝶的大小。

(10) 保存并测试影片,如图 14.12 所示。

图 14.12　影片测试

例 3　风吹字飞。具体操作步骤如下:

(1) 新建 Flash 文档,设置文档属性,尺寸为 550 px × 100 px。

(2) 新建 8 个新图层,将图层 1~9 分别命名为陕、西、师、范、大、学、欢、迎、您,如图 14.13 所示。

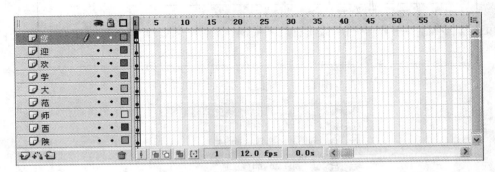

图 14.13　图层设置

(3) 新建 9 个图形元件,元件命名分别为陕、西、师、范、大、学、欢、迎、您,每个元件的内容使用“文本工具”,字体为“宋体”,字号为“100”,颜色为“#FF00FF”,分别输入陕、西、师、范、大、学、欢、迎、您(如图 14.14 所示),建完元件后在库面板中可以查看每个字是否建立正确,如图 14.15 所示。

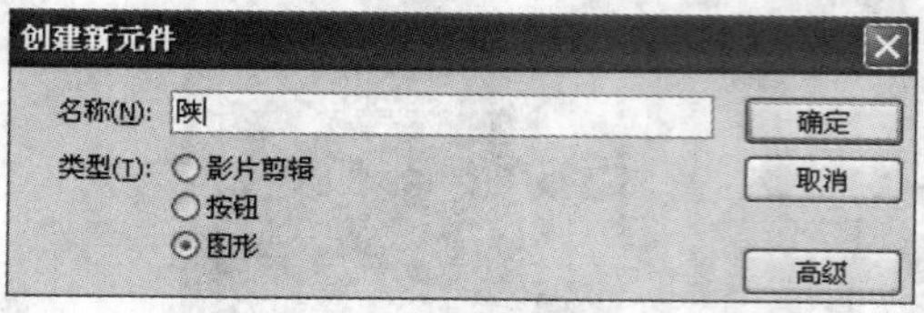

图 14.15　在库中为每个字建立好图形元件

创建新元件

名称(N)：陕

类型(T)：○影片剪辑　○按钮　●图形

确定　取消　高级

图 14.14　为每个字建立图形元件

(4) 从库面板中将"陕"图形元件拖放到"陕"图层，将"西"图形元件拖放到"西"图层，依此类推，将 9 个元件分别拖动到对应的图层舞台(如图 14.16 所示)，使用对齐面板(如图 14.17 所示)对齐排列 9 个元件。

图 14.16　舞台上文字的排列

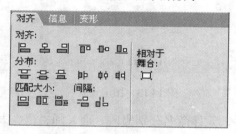

图 14.17　对齐面板

(5) 分别将各层的第 20 帧转为关键帧，选中各层的元件，并将其移动到原位置的右上方，如图 14.18 所示。

(6) 对各层的元件逆时针旋转 45°，如图 14.18 所示。

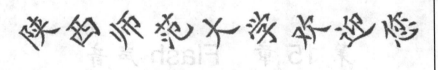

图 14.18 移动并旋转文字

(7) 在属性面板中将各图层第 20 帧处元件的颜色 Alpha 值设置为 0(完全透明)，如图 14.19 所示。

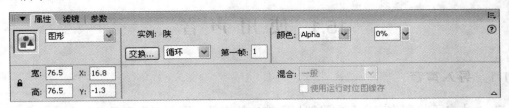

图 14.19 在属性面板中设置颜色 Alpha 值

(8) 创建补间动画。

(9) 保存并测试影片。

第 15 章　Flash 声音

Flash 作品中的声音主要有三种类型：第一种是按钮的音效，也就是鼠标指针移到按钮上或单击按钮时发出的声音；第二种是背景音乐；第三种是人声语音。

15.1　使 用 声 音

15.1.1　导入声音

Flash 本身不能制作声音，它只能导入特定的文件，因此声音素材必须由其它声音制作软件来制作，当然也可以从网上下载，或者购买声音素材光盘。

Flash 主要支持 WAV 和 MP3 两种格式的声音。

导入声音的步骤如下：

(1) 单击"文件"→"导入"→"导入到库"命令，如图 15.1 所示。

(2) 在打开的对话框中选择需要导入的声音文件。

(3) 在库面板中可以看到刚导入的声音文件。

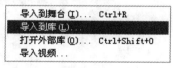

图 15.1　导入声音

15.1.2　引用声音

导入的声音直接加载到"库"窗口中，必须引用声音文件，声音对象才会出现在时间轴上，才能进一步使用声音。声音只能添加在关键帧上。

单击选中库窗口中的声音文件，在库显示窗口中显示这个声音的波形，单击左上角的播放按钮就可以听到播放效果了。如果要将声音添加到影片中，最好在时间轴上新加一层，选中这一层的一帧定义为关键帧，将库中的声音拖曳到舞台上就可以了。

引用声音的步骤如下：

(1) 单击某关键帧。

(2) 在属性面板的"声音"下拉列表中选择已经导入到库的声音文件，如图 15.2 所示。

(3) 在时间轴上可以看到声波曲线。

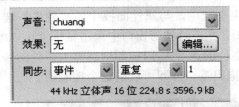

图 15.2　引用声音

如果选中的只是一帧，则不显示声音波形；如果关键帧后面是连续的帧，波形就在这些帧中显示。

15.2　声音的编辑

引入声音后需要对声音对象进行编辑。在时间轴上单击已加入声音的帧，在属性面板中显示有当前声音的文件名称、采样频率、单声道或立体声、位数、播放时间等。单击"声音"选项右侧的选项按钮可以选择其它声音文件或取消声音，单击"效果"框右侧的选择按钮，其中提供了几种播放的效果。

15.2.1　效果

Flash 提供了一些内置的声音效果供用户选择，如图 15.3 所示。

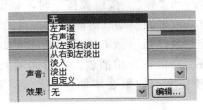

图 15.3　声音效果

(1) 无：不加任何效果。

(2) 左声道：只播放左声道声音。

(3) 右声道：只播放右声道声音。

(4) 从左向右淡出：左声道切换到右声道。

(5) 从右向左淡出：右声道切换到左声道。

(6) 淡入：声音在播放中逐渐增大。

(7) 淡出：声音在播放中逐渐减小。

(8) 自定义：为自己设置声音效果，选择"自定义"或者右侧的"编辑"按钮，都会打开声音编辑对话框。

15.2.2　编辑

在 Flash 中还可以对声音进行进一步的编辑，图 15.4 所示为"编辑封套"对话框。

在对话框上部为"效果"选项,与属性面板中的"效果"选项是一样的;中间是左右声道的两个波形编辑窗口,在声音波形窗口中单击鼠标就可以增加一个方形的控制柄,拖动控制柄可以调节各个部位的声音大小(控制柄越靠上该处的声音越大,控制柄越靠下该处声音越小),将控制柄拖出窗口外即可取消这个控制柄。

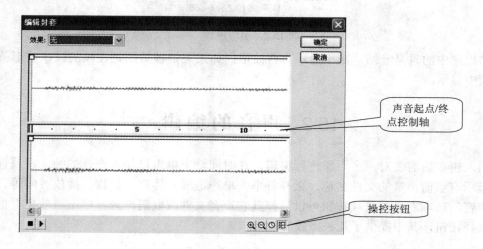

图 15.4　"编辑封套"对话框

编辑窗口中刻度栏数值的属性由下面的两个按钮控制:当 "时间"按钮被按下时,刻度栏显示时间值,单位是秒;当"帧" 按钮被按下时,刻度栏显示帧值,单位是帧。通过查看刻度栏中声音文件的帧数来调整动画时间轴中声音的帧数。

拖动刻度栏两侧的灰色控制条,可以截取声音片断。例如,将左侧的控制条向右拖动,可以使声音从现在控制条所在位置开始播放。在时间轴上已设定的帧数内,向左拖动右侧的调制条,可缩短声音长度;如果要增加声音长度,则首先要增加时间轴上的帧数。

对话框左下方有声音"播放"和"停止"按钮,可以测试声音编辑以后的效果。声音编辑好以后,单击"确定"按钮即可。

在声音辅助选项设置窗口中可以设置"事件"、"开始"、"停止"、"数据流"等声音与影片的"同步"方式,其中选择"数据流"方式可以保证声音和动画的同步。当然,如果声音过短而动画过长,有些帧就没有声音了。

15.2.3　同步

可以选择声音和动画同步的类型(如图 15.5 所示)。

图 15.5　声音同步

可以设置声音重复播放的次数以及循环播放(如图 15.5 所示)。

(1) 事件：播放声音不受时间线的限制，该方式的声音必须完全下载才能播放，一般要求文件短小，常用于制作按钮声音。

(2) 开始：停止前面的声音而播放新声音。

(3) 停止：停止声音文件播放。

(4) 数据流：声音可以一边下载一边播放，常用于制作背景音乐。

15.3　给按钮添加声音

单击某个按钮时发出声音即按钮声音。在利用按钮制作交互动画时，可给按钮不同状态添加声音。打开共享库中的"按钮"库，选择一个按钮并将它拖到舞台上，双击舞台上的按钮实例便进入编辑状态。单击共享库中的"声音"库，从中选择一种声音并将它拖到工作区中，这时可以看到在"鼠标经过帧"上显示的波形，在"按下"状态再插入一个关键帧，从声音库中再拖出一个声音。转到"场景"，单击"控制"菜单下的"启动简单按钮"命令来测试一下按钮，当鼠标指针移动到按钮上时发出一种声音，按下鼠标时出现另一种声音。

例如，给"按下"按钮添加声音的方法如下：

(1) 导入声音到库中。

(2) 绘制按钮，选中"按下"状态，使其成为关键帧，如图 15.6 所示。

(3) 设置属性面板并编辑声音，如图 15.6 所示。

(4) 进行测试。

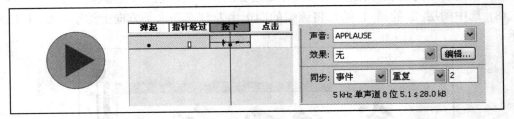

图 15.6　给按钮添加声音

15.4　应 用 实 例

例 1　展开的画卷。具体操作步骤如下：

(1) 新建 Flash 文档，设置文档属性，尺寸为 550 px × 200 px。

(2) 在舞台中央绘制矩形，边线为无色，填充为土黄色，如图 15.7 所示。

(3) 在矩形内绘小矩形，边线为黑色，填充为白色，如图 15.7 所示。

(4) 在小矩形内创建文字，字体为行楷，颜色为黑色，如图 15.7 所示。

(5) 制作竖排小文字作为落款，并模拟红色印章，如图 15.7 所示。

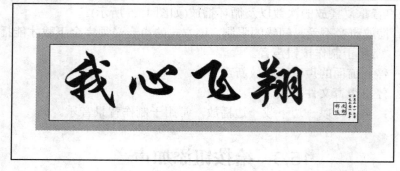

图 15.7　制作画卷

(6) 插入新图层 2，绘制大矩形，边线为无色，填充为绿色，作为蒙版蒙住图层 1 中的所有内容，如图 15.8 所示。

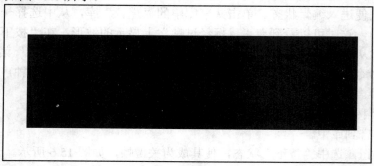

图 15.8　制作蒙版

(7) 在图层 1 的第 50 帧处插入帧，在图层 2 的第 50 帧处插入关键帧。

(8) 选中图层 2 的第 1 帧，将该帧的图形由左到右在水平方向上缩小，如图 15.9 所示。

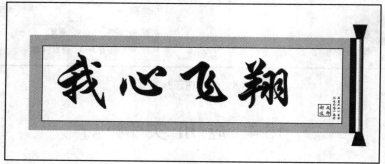

图 15.9　绘制画轴

(9) 在图层 2 的第 1～50 帧创建形状补间动画。

(10) 插入新图层 3，使用矩形工具绘制卷轴，填充黑白线性渐变色，绘制卷轴两边梯形，黑色，调整好后转换为图形元件，如图 15.9 所示。

(11) 将画轴移到画卷最右端，如图 15.9 所示。

(12) 插入新图层 4，选中图层 3 中的画轴并执行复制命令，选择图层 4 第 1 帧并执行粘贴到当前位置命令，按住 Shift 键的同时将画轴向左移动。

（13）选中图层 4 的第 50 帧，插入关键帧，按住 Shift 键的同时将帧上的画轴水平移动至画面左侧，盖住蒙版边界。

（14）在图层 4 的第 1～50 帧创建动作补间动画。

（15）将图层 2 转为遮罩层。

（16）添加背景音乐。

（17）保存并测试影片，如图 15.10 所示。

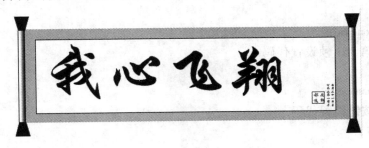

图 15.10　影片测试

例 2　升降国旗。具体操作步骤如下：

（1）新建 Flash 文档，设置文档属性，背景颜色设为#0099CC。

（2）分别建立底座和旗杆图形元件，导入国旗为图形元件，建立升旗/降旗按钮元件。

（3）命名图层 1 为底座旗杆图层，从库中拖入底座和旗杆元件，放置好位置并调整好大小，如图 15.11 和图 15.12 所示。

（4）新建一图层并命名为升降按钮，从库中拖入升旗/降旗按钮，放置好位置并调整好大小，如图 15.11 和图 15.12 所示。

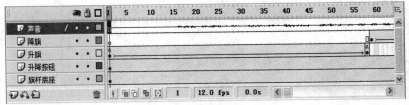

图 15.11　图层设置

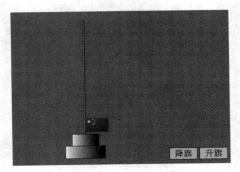

图 15.12　舞台布局

(5) 新建一图层并命名为升旗，从库中拖入国旗元件，调整好大小，再放到旗杆下方，在第 360 帧处插入关键帧，用键盘将国旗移动到旗杆上方，并设置动作补间动画，如图 15.11 和图 15.12 所示。

(6) 新建一图层并命名为降旗，在第 361 帧处插入关键帧，复制升旗层的国旗到该帧，放置到旗杆上方，到第 720 帧处插入关键帧，将国旗移动到旗杆下方，并设置动作补间动画，如图 15.11 和图 15.12 所示。

(7) 为升旗第 1 帧设置代码：

```
stop( );
stopAllSounds( );
```

(8) 为降旗第 361 帧设置代码：

```
stop( );
stopAllSounds( );
```

(9) 为升旗按钮设置代码：

```
on(press)
{play( );
mysound=new Sound();
mysound.loadSound("国歌.mp3",true); }
```

或将声音导入库，为库里的声音建立链接，通过行为窗口为当前按钮添加库里的声音。

(10) 为降旗按钮设置代码：

```
on(press)
{gotoAndPlay(361);}
```

(11) 保存并测试影片。

第 16 章　Flash 交互

16.1　编 辑 环 境

ActionScript 简称 AS，是 Flash 的脚本解释语言，可以实现 Flash 中内容与内容、内容与用户之间的交互。

在 Flash 动作面板(如图 16.1 所示)中可以为两种对象设置命令，即关键帧和按钮。为关键帧设置命令可以使得动画播放到该帧时响应一些预先设定的命令，设置了命令之后该关键帧上将出现一个 a。为按钮设置动作命令可以使用户在对该按钮进行操作时产生某种响应。

图 16.1　Flash 动作面板

16.2　常 量 和 变 量

1. 常量

所谓常量，是指在使用过程中保持不变的参数，有数值型、字符串型和逻辑型三种。

(1) 数值型常量：由具体数字表示的定量参数。

(2) 字符串型常量：由若干字符组成表达某一特定含义的常量，其两端必须用引号标明，如"ABC"等。

(3) 逻辑型常量：用来判断某一条件是否成立的常量，有 True 和 False 两种取值。

Flash 中的常用常量如表 16.1 所示。

表 16.1　常　用　常　量

常　量	说　　　明
false	一个表示与 true 相反的唯一布尔值
Infinity	指定表示正无穷大的 IEEE 754 值
−Infinity	指定表示负无穷大的 IEEE 754 值
NaN	一个预定义的变量，对于 NaN(非数字)具有 IEEE 754 值
newline	插入一个回车符(\r)，该回车符在由代码生成的文本输出中插入一个空行
null	一个可以分配给变量的或由未提供数据的函数返回的特殊值
true	一个表示与 false 相反的唯一布尔值
undefined	一个特殊值，通常用于指示变量尚未赋值

注：IEEE 754 为二进制浮点数算术标准。

2. 变量

所谓变量，是指为用户提供的一个可变的参数，用户可以用变量来保存或改变语句中的参数值，变量可以是数值、字符串、逻辑值或表达式。

16.3　函　　数

函数是用来对常量、变量进行某种运算的方法，如获得整数、产生随机数等。主要函数有：

(1) Array([numElements:Number], [elementN:Object])：创建一个新的空数组，或者将指定的元素转换为数组。

(2) asfunction(function:String, parameter:String)：用于 HTML 文本字段中 URL 的特殊协议，该协议允许 HREF 链接调用 ActionScript 函数。

(3) Boolean(expression:Object)：将参数 expression 转换为布尔值并返回 true 或 false。

(4) call(frame:Object)：在被调用帧中执行脚本，而不将播放头移动到该帧。

(5) chr(number:Number)：将 ASCII 代码数字转换为字符。

(6) clearInterval(intervalID:Number)：停止 setInterval()调用。

(7) duplicateMovieClip(target:Object, newname:String, depth:Number)：当 SWF 文件正在播放时，创建一个影片剪辑的实例。

(8) escape(expression:String)：将参数转换为字符串，并以 URL 编码格式对其进行编码，在这种格式中，所有非字母数字的字符都替换为%十六进制序列，%用于引入转义符。

(9) eval(expression:Object)：按照名称访问变量、属性、对象或影片剪辑。

(10) fscommand(command：String，parameters:String)：使 SWF 文件能够与 Flash Player 或承载 Flash Player 的程序(如 Web 浏览器)进行通信。

(11) getProperty(my_mc：String, property)：返回影片剪辑 my_mc 指定属性的值。

(12) getTimer()：返回自 SWF 文件开始播放时起已经过的毫秒数。

(13) getURL(url:String, [window:String], [method:String])：将来自特定 URL 的文档加载到窗口中，或将变量传递到位于所定义的 URL 的另一个应用程序中。

(14) getVersion()：返回一个包含 Flash Player 版本和平台信息的字符串。

(15) gotoAndPlay([scene:String], frame:Object)：将播放头转到场景中指定的帧并从该帧开始播放。

(16) gotoAndStop([scene:String], frame:Object)：将播放头转到场景中指定的帧并停止播放。

(17) ifFrameLoaded([scene:String], frame:Object)：检查特定帧的内容是否在本地可用。

(18) int(value:Number)：通过截断小数值将小数转换为整数值。

(19) isFinite(expression:Object)：计算 expression，如果结果为有限数，则返回 true；如果为无穷大或负无穷大，则返回 false。

(20) isNaN(expression:Object)：计算参数，如果值为 NaN(非数字)，则返回 true。

(21) length(expression:String, variable:Object)：返回指定字符串或变量的长度。

(22) loadMovie(url:String, target:Object, [method:String])：在播放原始 SWF 文件的同时将 SWF 文件或 JPEG 文件加载到 Flash Player 中。

(23) loadMovieNum(url:String, level:Number, [method:String])：在播放原来加载的 SWF 文件的同时将 SWF 文件或 JPEG 文件加载到 Flash Player 的某个级别中。

(24) loadVariables(url:String, target:Object, [method:String])：从外部文件(如文本文件，或由 ColdFusion、CGI 脚本、Active Server Page(ASP)、PHP 或 Perl 脚本生成的文本)中读取数据，并设置目标影片剪辑中变量的值。

(25) loadVariablesNum(url:String, level:Number, [method:String])：从外部文件(如文本文件，或由 ColdFusion、CGI 脚本、ASP、PHP 或 Perl 脚本生成的文本)中读取数据，并设置 Flash Player 的某个级别中的变量的值。

(26) mbchr(number:Number)：将 ASCII 代码数字转换为多字节字符。

(27) mblength(string:String)：返回多字节字符串的长度。

(28) mbord(character:String)：将指定字符转换为多字节数字。

(29) mbsubstring(value:String, index:Number, count:Number)：从多字节字符串中提取新的多字节字符串。

(30) MMExecute(command:String)：允许从 ActionScript 中发出 Flash JavaScript API (JSAPI)命令。

(31) nextFrame( )：将播放头转到下一帧。

(32) nextScene( )：将播放头转到下一场景的第 1 帧。

(33) Number(expression:Object)：将参数 expression 转换为数字。

(34) Object([value:Object])：创建一个新的空对象，或者将指定的数字、字符串或布尔值转换为一个对象。

(35) on(mouseEvent:Object)：指定触发动作的鼠标事件或按键。

(36) onClipEvent(movieEvent:Object)：触发为特定影片剪辑实例定义的动作。

(37) ord(character:String)：将字符转换为 ASCII 代码数字。

(38) parseFloat(string:String)：将字符串转换为浮点数。

(39) parseInt(expression:String, [radix:Number])：将字符串转换为整数。

(40) play()：在时间轴中向前移动播放头。

(41) prevFrame()：将播放头转到前一帧。

(42) prevScene()：将播放头转到前一场景的第 1 帧。

(43) random(value:Number)：返回一个随机整数，该整数介于 0 到 value 之间。

(44) removeMovieClip(target:Object)：删除指定的影片剪辑。

(45) setInterval(functionReference:Function, interval:Number, [param:Object], objectReference:Object, methodName:String)：在播放 SWF 文件时，每隔一定时间就调用函数或对象的方法。

(46) setProperty(target:Object, property:Object, expression:Object)：当影片剪辑播放时，更改影片剪辑的属性值。

(47) showRedrawRegions(enable:Boolean, [color:Number])：使调试器播放器能够描画出正在重绘的屏幕区域的轮廓。

(48) startDrag(target:Object, [lock:Boolean], [left,top,right,bottom:Number])：使 target 影片剪辑在影片播放过程中可拖动。

(49) stop()：停止当前正在播放的 SWF 文件。

(50) stopAllSounds()：在不停止播放头的情况下停止 SWF 文件中当前正在播放的所有声音。

(51) stopDrag()：停止当前的拖动操作。

(52) String(expression:Object)：返回指定参数的字符串表示形式。

(53) substring(string:String, index:Number, count:Number)：提取部分字符串。

(54) targetPath(targetObject:Object)：返回包含 movieClipObject 的目标路径的字符串。

(55) tellTarget(target:String, statement(s))：将在 statements 参数中指定的指令应用于在 target 参数中指定的时间轴。

(56) toggleHighQuality()：在 Flash Player 中启用和禁用消除锯齿功能。

(57) trace(expression:Object)：计算表达式并输出结果。

(58) unescape(string:String)：将参数 x 作为字符串计算，将该字符串从 URL 编码格式解码(将所有十六进制序列转换为 ASCII 字符)，并返回该字符串。

(59) unloadMovie(target:Object)：从 Flash Player 中删除通过 loadMovie()加载的影片剪辑。

(60) unloadMovieNum(level:Number)：从 Flash Player 中删除通过 loadMovieNum()加载的 SWF 或图像。

(61) updateAfterEvent()：当在处理函数内调用它或使用 setInterval()调用它时更新显示。

16.4　属　　性

属性用来表示目标对象的特性。它主要包括：

(1)　_alpha：对象的透明度。

(2)　_currentframe：当前帧的位置。

(3)　_framesloaded：指定动画作品被调入的进度。

(4)　_name：获取目标对象引用名称。

(5)　_height：对象的高度。

(6)　_rotation：对象的旋转。

(7)　_soundbuftime：设置音频播放缓冲时间。

(8)　_url：对象的 URL。

(9)　_visible：对象是否可见。

(10)　_width：对象的宽度。

(11)　_x：对象的 X 轴位置。

(12)　_y：对象的 Y 轴位置。

(13)　_xmouse：鼠标的 X 轴坐标。

(14)　_ymouse：鼠标的 Y 轴坐标。

(15)　this：引用对象或影片剪辑实例。

16.5　运算符和表达式

1. 算术运算符

算术运算符及其含义如表 16.2 所示。

表 16.2　算术运算符及其含义

符　号	含　义
+	加
-	减
*	乘
/	除
++	变量自加
--	变量自减
%	取余

2. 比较运算符

比较运算符及其含义如表 16.3 所示。

表 16.3　比较运算符及其含义

符　号	含　义
!= 和 <>	不等于
<	小于
>	大于
<=	小于等于
>=	大于等于
==	等于

3. 逻辑运算符

逻辑运算符及其含义如表 16.4 所示。

表 16.4　逻辑运算符及其含义

符　号	含　义
&&	与
‖	或
!	非
and	与
or	或
not	非

4. 字符串运算符

字符串运算符及其含义如表 16.5 所示。

表 16.5　字符串运算符及其含义

符　号	含　义
add	连接两个字符串
eq	相等(A eq B)
ge	大于等于(A ge B)
gt	大于
le	小于等于
lt	小于
ne	不等于

16.6　播放控制语句

1. stop 和 play 语句

stop 语句可以停止当前动画播放并使播放停留在当前帧；play 语句可以使停止的动画连续播放。

Flash 提供了以下 8 种按钮响应：

(1) press：按下，当在按钮上按下鼠标左键时触发动作。

(2) release：放开，当在按钮上按下鼠标左键，在不移动鼠标的情况下，释放鼠标左键时触发动作。

(3) releaseOutside：在按钮外放开，当在按钮上按下鼠标左键，接着把鼠标光标移动到按钮以外的区域松开鼠标时触发动作。

(4) rollOver：指向，当鼠标指针指向按钮区域时触发动作。

(5) rollOut：离开，当鼠标指针离开按钮区域时触发动作。

(6) dragOver：拖动指向，当按下鼠标左键不放，然后拖动光标经过按钮区域时触发动作。

(7) dragOut：拖动离开，当在按钮区域按下鼠标左键不放，然后拖动光标离开按钮区域时触发动作。

(8) keyPress：响应键盘事件，如 keyPress "<Left>"等，可以响应键盘上的<left>、<right>、<up>、<down>、<insert>、<delete>、<home>、<end>、<pageup>、<pagedown>、<escape>、<space>、<enter>、<backspace>、<tab>按键。

2. stopAllSounds 语句

stopAllSounds 语句用于终止所有正在播放的音频片段。该语句并不是使作品无法播放声音，只是终止当前正在播放的音频片段，执行该语句后后面被激活的音频对象仍然能够正常播放。

16.7　赋 值 语 句

赋值语句是 Flash 中比较灵活的语句，使用该语句配合跳转、条件语句可以实现非常灵活的交互动画跳转。

Flash 的赋值语句是 set variable。

16.8　属性设置语句

属性设置语句用来设置某一影片剪辑的属性，如影片剪辑对象的位置、大小、旋转、倾斜以及透明度等。

Flash 的属性设置语句是 setProperty。

16.9　跳转调用语句

1. goto 语句

当执行 goto 语句时动画就会跳到指定的帧并根据设置继续执行或停止。

goto 语句分为两种类型：gotoAndPlay(指定位置)和 gotoAndStop(指定位置)。

2. call 语句

call 语句用于调用指定帧上的动画脚本。其格式如下：

　　call(放置脚本的关键帧)

16.10　条　件　语　句

1. if、else if 和 else 语句

if 语句格式如下：

　　if(条件 1)

　　　　动作语句 1

　　else if(条件 2)

　　　　动作语句 2

　　else

　　　　动作语句 3

　　end if

if 语句用于判断条件是否满足，若满足则执行其中的动作。若 if 条件不满足但满足 else if 的条件，则执行 else if 中的动作；若均不满足，则执行 else 语句中的动作。

2. ifFrameLoaded 语句

ifFrameLoaded 语句用于侦测某指定的帧是否被载入，若载入则执行其后设定的动作语句。

ifFrameLoaded 常用于制作 Loading 动画，制作 Loading 动画是为了避免观众在等待比较大的文件时出现不耐烦情绪。

16.11　循　环　语　句

在很多交互式的设计中，往往希望在满足某情况下动作能够多次执行，直到不满足条件为止，这时候就可以使用循环语句来达到要求了。

1. do while

do while 语句格式如下：

　　do{语句} while (条件)

先执行语句再判断条件，若条件满足则继续执行语句，然后再判断执行，直到条件不满足为止，退出循环。

2. while 语句

while 语句格式如下：

　　while(条件) {语句}

先判断条件是否满足，若条件不满足则退出循环，若条件满足则执行语句，然后再判断执行，直到条件不满足为止，退出循环。

3. for 语句

for 语句格式如下：

　　　for(初始值;条件;条件参数变化规律) {语句}

先判断条件是否满足，若条件不满足则退出循环，若条件满足则执行语句，然后执行条件参数变化规律，再判断执行，直到条件不满足为止，退出循环。

16.12　URL 地址链接语句

getURL 语句用于打开与 URL 地址对应的网站。

URL 语句应用实例：创建一按钮，命名为 URL；选中 URL 按钮，在动作面板中设置为

　　　on(press){

　　　　　getURL("http://网址,"_self ");

　　　}

当点击该按钮时就可打开网址对应的网站页面。URL 语句的参数设置如下：

_self：该参数使网页在当前窗口中打开。

_blank：该参数将另开一个窗口放置打开的网页。

_parrent：该参数将在当前窗口的上一级浏览器窗口中打开网页。

_top：该参数将在当前窗口的顶级浏览器窗口中打开网页。

16.13　应　用　实　例

本实例制作一个简单的电子钟，具体操作步骤如下：

(1) 新建 Flash 文档。

(2) 导入一副风景图片到库中。

(3) 新建两个图层，将图层 1 命名为"背景"，将图层 2 命名为"文本"，将图层 3 命名为"动作"(如图 16.2 所示)，选中背景图层的第 1 帧，从库面板中拖入风景图片，调整好大小(550 px × 400 px)以及位置(0,0)。

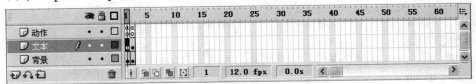

图 16.2　图层设置

(4) 在背景图层的第 2 帧插入帧做延续，在文本图层的第 2 帧插入帧做延续，在动作图层的第 2 帧插入关键帧。

(5) 为动作图层的第 1 帧设置动作代码，如图 16.3 所示。

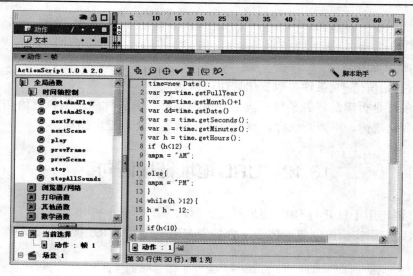

图 16.3　设置动作代码

第 1 帧动作代码如下：

```
time=new Date();
var yy=time.getFullYear()
var mm=time.getMonth()+1
var dd=time.getDate()
var s = time.getSeconds();
var m = time.getMinutes();
var h = time.getHours();
if (h<12) {
ampm = "AM";
}
else{
ampm = "PM";
}
while(h >12){
h = h - 12;
}
if(h<10)
{
h = "0" + h;
}

if(m<10)
{
```

```
m = "0" + m;
}
if(s<10)
{
s = "0" + s;
}
```

clock_txt.text = yy+"年"+mm+"月"+dd+"日"+" "+h + ":" + m + ":" + s +" "+ ampm;

(6) 为动作图层的第 2 帧设置动作代码：

```
gotoAndPlay(1);
```

(7) 保存并测试影片，如图 16.4 所示。

图 16.4　影片测试

应用实例附注：

(1) 获取时间日期代码及注释：

```
time=new Date();            //创建一个时间对象
sec=time.getSeconds();      //得到秒
min=time.getMinutes();      //得到分
hour=time.getHours();       //得到小时
daa=time.getDate();         //得到天数
month=time.getMonth()+1;    //得到月份
years=time.getFullYear();   //得到年份
days=time.getDay();         //得到星期几
```

(2) 显示时间日期代码：

```
time=new Date();
var year = time.getFullYear();
var mon = time.getMonth()+1;
```

```
            var day = time.getDate();
            var week=time.getDay();
            var s = time.getSeconds();
            var m = time.getMinutes();
            var h = time.getHours();
            clock_txt.text = year+"年"+mon+"月"+day+"日"+" "+"星期"+week+" "+h + ":" + m + ":" + s +"
    "+ ampm;
```

第 17 章　Flash 综合实例

通过前面章节的学习，我们已经掌握了 Flash 的基本动画制作技术。下面通过几个综合实例进一步提高 Flash 动画的制作能力。

17.1　制作文字的淡入淡出动画

文字是传递信息的重要工具。Flash 在文字处理上给我们留下了很大的创意空间，在制作文字动画时可以充分发挥想象力，做出自己喜欢的文字效果。本实例制作文字的淡入淡出动画，其操作步骤如下：

(1) 新建 Flash 文档，并修改文档属性背景颜色为黑色(#000000)。

(2) 使用"文本工具"在页面中输入文字，字号为"50"，字体为"宋体"，颜色为"白色"，如图 17.1 所示。

(3) 按两次 Ctrl+B 键将文字打散。

(4) 在图层 1 的第 20 帧处插入关键帧。

(5) 选中图层 1 的第 1 帧，选择窗口菜单中的"变形"命令，在弹出的"变形"对话框中选中"约束"复选框，在文本框中输入缩放数值 350.0%(如图 17.2 所示)，然后回车确认。

图 1 7.1　输入文字

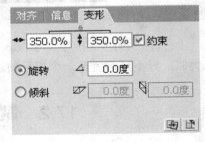

图 17.2　"变形"对话框

(6) 将放大的文字选中，在属性面板中的填充颜色项里修改 Alpha 值为 0%，将文字更改为透明状态，如图 17.3 所示。

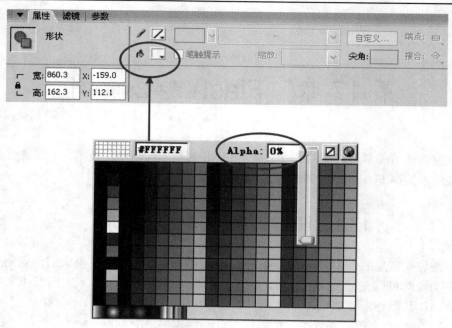

图 17.3　Alpha 值设置

(7) 在图层 1 的第 1 帧到第 20 帧之间的帧上单击鼠标，在属性面板上选择补间类型为"形状"。

(8) 在图层 1 的第 30 帧处单击鼠标右键插入帧，延长文字显示时间。

(9) 保存并测试影片，如图 17.4 所示。

图 17.4　影片测试

上述(1)～(9)步完成了文字淡入效果的动画制作。文字淡出动画和文字淡入动画的制作类似，只不过两者是一个相反的过程，这里不再赘述，读者可以自己动手尝试。

17.2　制作文字逐个缩放动画

本实例制作文字逐个缩放动画，其操作步骤如下：

(1) 新建 Flash 文档，并修改文档属性，尺寸为 550 px × 200 px，背景颜色为#CC9933。

(2) 新建 5 个图层，共形成 6 个图层，图层 1 命名为"文"，图层 2 命名为"字"，图层 3 命名为"逐"，图层 4 命名为"个"，图层 5 命名为"缩"，图层 6 命名为"放"，如

图 17.5 所示。

　　(3) 分别在不同的图层使用"文本工具"输入对应的文字"文"、"字"、"逐"、"个"、
"缩"、"放"，字体为"宋体"，字号为"80"，颜色为"黑色"，并使用"对齐"面板将
文字排列整齐，如图 17.6 所示。

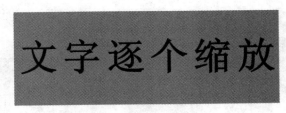

图 17.5　图层设置　　　　　　　　　图 17.6　输入文字

　　(4) 拖动鼠标选中将所有图层的第 12 帧，插入关键帧，如图 17.7 所示。

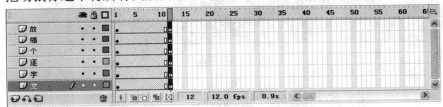

图 17.7　插入关键帧

　　(5) 在"变形"面板中，不选"约束"复选框，将垂直变形比例设置为 0.0%，如图
17.8 所示。

图 17.8　变形

　　(6) 在属性面板中为所有图层设置补间动画。

　　(7) 从"字"图层开始到"放"图层，分别选中第 1～12 帧，相对于前一个图层拖动
鼠标向右移动 6 帧，如图 17.9 所示。

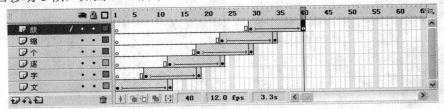

图 17.9　各图层帧的移动

(8) 在所有图层的第 60 帧处插入帧延续播放时间，如图 17.10 所示。

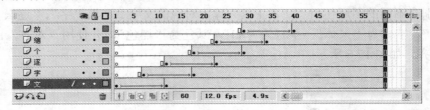

图 17.10　帧延续

(9) 保存并测试影片，如图 17.11 所示。

图 17.11　影片测试

17.3　制作"珍惜时间"动画

本实例制作"珍惜时间"动画，其操作步骤如下：

(1) 新建一个 Flash 文档，设置文档属性，背景颜色为#339999。

(2) 使用"椭圆工具"，笔触颜色为无，填充颜色为#FF9933，绘制椭圆。选中绘制好的椭圆，执行复制命令，点击鼠标右键粘贴到当前位置，使用键盘上的箭头键向上移动少许位置，设置填充颜色为#FF6633，如图 17.12 所示。然后使用"选择工具"选中绘制好的两个椭圆，按键盘上的 F8 键，将其转换为影片剪辑元件，命名为"沙漏底"。

(3) 使用"矩形工具"，笔触颜色为无，填充颜色为#990000，绘制沙漏柱子。然后使用"选择工具"选中绘制的矩形(如图 17.13 所示)，按键盘上的 F8 键，将其转换为影片剪辑，命名为"柱子"。

图 17.12　沙漏底

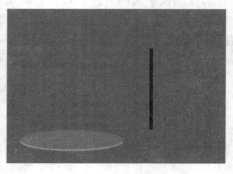

图 17.13　沙漏柱子

(4) 使用"矩形工具"，笔触颜色为无，填充颜色为白色，Alpha 值设置为 30%，按照沙漏盖子的宽度绘制矩形(如图 17.14 所示)，使用"任意变形工具"的"封套"选项将其调整成沙漏玻璃容器(如图 17.15 所示)，注意玻璃容器底部要与"沙漏底"元件的边缘匹配(如图 17.16 所示)。然后使用"选择工具"选中绘制的矩形，按键盘上的 F8 键，将其转换为影片剪辑，命名为"沙漏玻璃容器"。

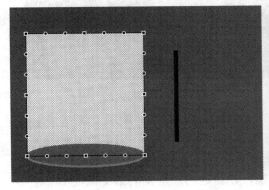
图 17.14　沙漏玻璃容器绘制 1

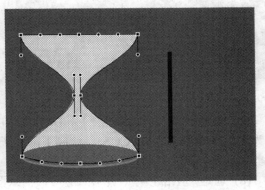
图 17.15　沙漏玻璃容器绘制 2

图 17.16　沙漏玻璃容器绘制 3

(5) 使用"任意变形工具"将"柱子"缩小一些，并复制一个作为沙漏后排的柱子，放在防漏底上，再使用"任意变形工具"进行调整，使其边缘和沙漏底的边缘结合，然后拖出两个"柱子"元件作为沙漏的前柱子，最后拖出"沙漏盖"元件作为沙漏顶盖，调整好位置、大小以及排列层次，如图 17.17 所示。完成后将制作好的沙漏元件全部选中，按 F8 键将其转换为影片剪辑元件，命名为"沙漏"。

(6) 新建图层 2，锁定图层 1，在图层 2 的第 1 帧使用"刷子工具"，笔触颜色为无，填充颜色为#FFCC33，绘制上部沙子图形(如图 17.18 所示)，然后将其转换为影片剪辑元件，命名为"上部沙子"。

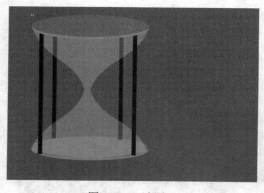

图 17.17 沙漏

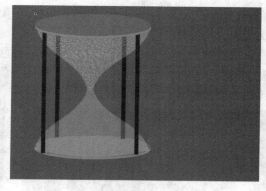

图 17.18 上部沙子

(7) 新建图层 3，锁定图层 1 和图层 2，在图层 3 的第 1 帧使用 "刷子工具"，笔触颜色为无，填充颜色为#FFCC33，绘制下部沙子图形(如图 17.19 所示)，然后将其转换为影片剪辑元件，命名为 "下部沙子"。

(8) 选定 "上部沙子" 所在图层 2，插入图层，在新建的图层 4 的第 1 帧使用 "矩形工具"，笔触颜色为无，填充色为绿色，绘制矩形遮住 "上部沙子"，并使用 "任意变形工具" 对绿色矩形的上部做弧度微调，如图 17.20 所示。

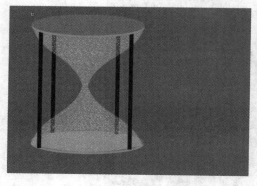

图 17.19 下部沙子

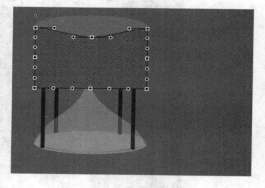

图 17.20 上部沙子遮罩图层

(9) 选定 "下部沙子" 所在图层 3，插入图层，在新建的图层 5 的第 1 帧使用 "矩形工具"，笔触颜色为无，填充色为红色，绘制矩形遮住 "下部沙子"，并使用 "任意变形工具" 对绿色矩形的上部做弧度微调，如图 17.21 所示。

(10) 在图层 1、图层 2、图层 3 的第 60 帧处插入帧做延续，在图层 4 的第 60 帧处插入关键帧，在图层 4 的第 60 帧位置将绿色矩形向下方移动，完全露出 "上部沙子" 元件，在第 1～60 帧设置形状补间动画，并将图层 4 设置为遮罩层，如图 17.22 所示。

(11) 在图层 5 的第 60 帧处插入关键帧，在图层 5 的第 60 帧位置将红色色矩形向上方移动，完全遮住 "下部沙子" 元件，在第 1～60 帧设置形状补间动画，并将图层 5 设置为遮罩层，如图 17.22 所示。

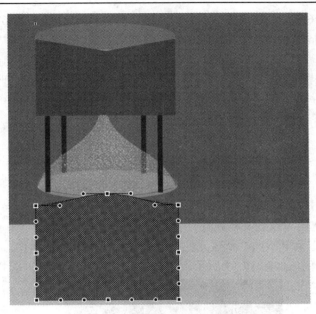

图 17.21　下部沙子遮罩图形

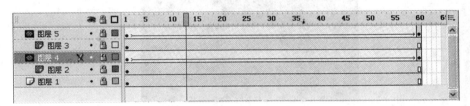

图 17.22　图层设置

(12) 选中图层 5，插入新图层，在新建图层 6 的第 60 帧处插入关键帧，使用"文本工具"输入"时光会倒流吗？"，颜色为黄色，竖排，字体为宋体，字号为 50，如图 17.23 所示。

图 17.23　动画文字

(13) 在图层 1~6 的第 80 帧处插入帧做延续，分别在图层 6 的第 63 帧、66 帧、69 帧、72 帧、75 帧处插入关键帧，在第 60 帧删除其它文字，只保留"时"，在第 63 帧删除其它文字，只保留"时光"，在第 66 帧删除其它文字，只保留"时光会"，在第 69 帧删除其它文字，只保留"时光会倒"，在第 72 帧删除其它文字，保留"时光会倒流"，在第 75 帧删除其它文字，保留"时光会倒流吗"，制作文字动画。

(14) 保存并测试影片。

17.4　制作"爱护树木"动画

本实例制作"爱护树木"动画，其操作步骤如下：

(1) 新建 Flash 文档，设置文档属性，背景颜色为黑色。

(2) 单击"插入"菜单下的"新建元件"命令，新建一个图形元件，命名为"斧头"，绘制斧头并填充为红色，如图 17.24 所示。

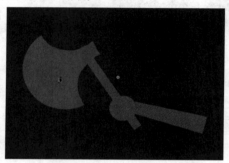

图 17.24　绘制斧头

(3) 分别在第 10 帧和第 20 帧处插入关键帧，在第 10 帧旋转斧头图形，制作斧头砍下的情形，分别在第 1~10 帧和第 10~20 帧设置形状补间动画。

(4) 单击工具栏上的"场景 1"图标，返回主场景窗口，在图层 1 的第 1、20、40、60 帧处插入关键帧，分别绘制树木被砍深的画面(如图 17.25~图 17.28 所示)，树木颜色填充为深绿色。

图 17.25　绘制树木 1

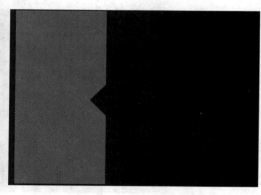

图 17.26　绘制树木 2

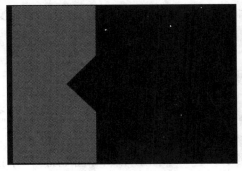

图 17.27 绘制树木 3

图 17.28 绘制树木 4

(5) 新建图层 2，在第 10 帧处插入关键帧，从库中拖入"斧头"元件，调整好位置和方向(如图 17.29 所示)，在第 60 帧处插入普通帧。

(6) 单击"插入"菜单下的"新建元件"命令，新建一个图形元件，命名为"人形"，绘制人形并填充为深绿色，如图 17.30 所示。

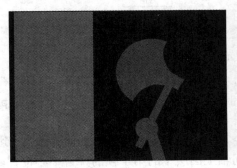

图 17.29 拖入斧头元件制作斧头砍树

图 17.30 绘制人形

(7) 在第 10 帧处插入关键帧，绘制倒下的人形(如图 17.31 所示)，为第 1～10 帧设置形状补间动画，并在第 20 帧处插入帧做延续。

(8) 单击工具栏上的"场景 1"图标，返回主场景窗口，在图层 1 的第 61 帧处插入关键帧，从库面板中拖入"人形"元件，调整大小后放置在适当的位置，并在第 80 帧处插入帧做延续。

(9) 保存并测试影片，如图 17.32 所示。

图 17.31 绘制被砍倒的人

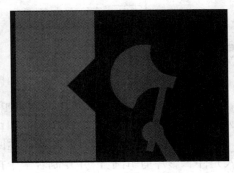

图 17.32 影片测试

在短片的结尾还可以再新建一个图层，添加文字"爱护树木，人人有责"，并设定文字动画效果。

17.5　制作鼠标跟随特效动画

本实例制作鼠标跟随特效动画，其操作步骤如下：

(1) 新建 Flash 文档，设置文档属性，背景颜色为黑色。

(2) 单击"插入"菜单下的"新建元件"命令，新建一个图形元件(如图 17.33 所示)，命名为"图形圆"，用"椭圆工具"在舞台中心位置绘制一个笔触颜色为无填充颜色为黄色、大小为 25 px × 25 px 的圆。

图 17.33　新建元件

(3) 单击"插入"菜单下的"新建元件"命令，新建一个按钮元件，命名为"按钮圆"，在"指针经过"帧插入关键帧，在舞台中心位置绘制一个颜色为黄色、大小为 25 px × 25 px 的圆。

(4) 单击"插入"菜单下的"新建元件"命令，新建一个影片剪辑元件，命名为"影片剪辑圆"，从库中拖入元件"按钮圆"放在时间轴上图层 1 的第 1 帧的舞台中心位置。

(5) 新建图层 2，在图层 2 的第 2 帧处插入关键帧，从库中拖入"图形圆"元件放在舞台的中心位置。

(6) 在图层 2 的第 15 帧处插入关键帧，使用"任意变形工具"将 "图形圆"元件适当放大，使用"箭头工具"选取被放大的"图形圆"元件，在属性面板中将其 Alpha 值设置为 20%(如图 17.34 所示)，并为图层 2 的第 2～15 帧设置形状补间动画。

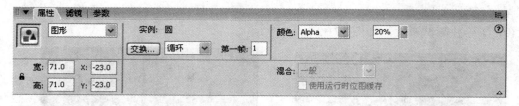

图 17.34　在属性面板中设置 Alpha 值

(7) 为图层 1 的第 1 帧设置动作语句 stop( )(如图 17.35 所示)，接着选中图层 1 上的"按钮圆"元件，设置动作语句 on(rollover){play( );}，如图 17.36 所示。

(8) 单击工具栏上的"场景 1"图标，返回主场景窗口，单击时间轴上图层 1 的第 1 帧，放入元件"影片剪辑圆"，并复制若干个排列满整个窗口，如图 17.37 所示。

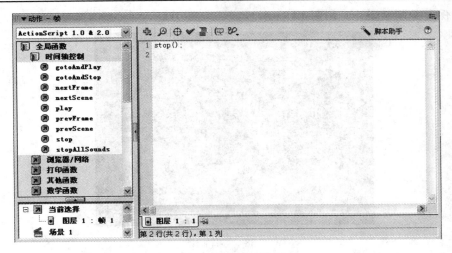

图 17.35　设置帧动作语句

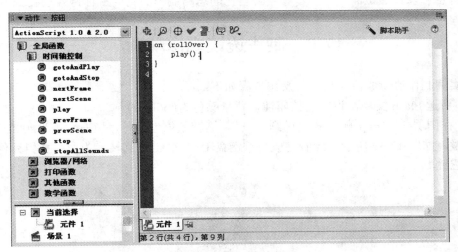

图 17.36　设置按钮元件动作语句

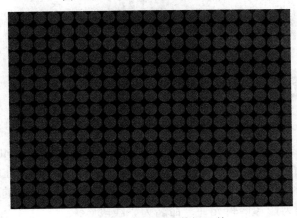

图 17.37　排列影片剪辑元件

(9) 保存并测试影片,如图 17.38 所示。

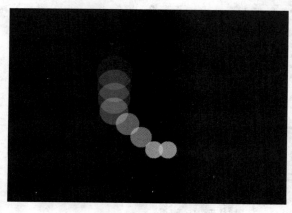

图 17.38 影片测试

读者也可以按照上面介绍的步骤结合自己的思路制作其它的鼠标特效动画。

17.6 制作透镜成像动画

本实例制作透镜成像动画,其操作步骤如下:

(1) 新建 Flash 文档,设置文档属性,背景颜色为#66FF99。

(2) 在图层 1 的第 1 帧选择"椭圆工具",笔触颜色为黑色,填充颜色为#00CCFF,绘制透镜,如图 17.39 所示。绘制完成后按键盘上的 F8 键将其转换为影片剪辑元件,命名为"透镜"。

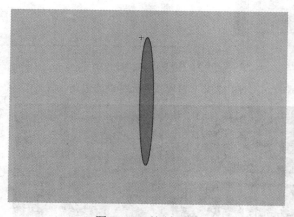

图 17.39 绘制透镜

(3) 使用"线条工具",笔触颜色为黑色,线条宽度为 3(如图 17.40 所示),绘制一条水平直线。使用"刷子工具",笔触颜色为黑色,填充颜色为黑色,在水平直线的两端点绘制两个小圆点,如图 17.41 所示。然后使用"选择工具"选中绘制的圆点和直线,在键盘上按 F8 键将其转换为影片剪辑元件,命名为"线段"。

图 17.40　线条属性设置

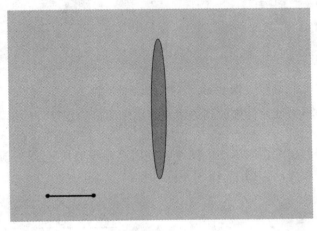

图 17.41　线段制作

（4）拖动刚才绘制的线段并复制五份，做成透镜主轴，如图 17.42 所示。

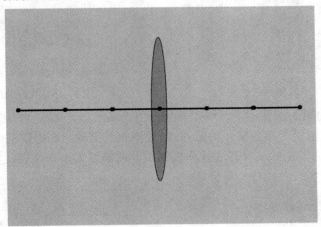

图 17.42　透镜与主轴线

（5）单击"插入"菜单下的"新建元件"命令，新建一个影片剪辑元件，命名为"蜡烛"。在第 1 帧的舞台中心位置，使用"矩形工具"，笔触颜色为无，填充颜色为红色，绘制一个矩形。使用"任意变形工具"将红色矩形调整成蜡烛体形状，使用"铅笔工具"绘制蜡烛的火苗，填充成黄色，在第 3 帧处插入关键帧，使用"任意变形工具"调整火苗的形状，如图 17.43 所示。

图 17.43　蜡烛和火苗的绘制

(6) 从库面板中将蜡烛元件拖放到透镜左侧主轴两倍焦距以外的位置，调整好大小，如图 17.44 所示。

(7) 插入 4 个新图层，在图层 2 的第 1 帧使用"直线工具"，笔触颜色为黑色，线条宽度为 3，画出两条线段，如图 17.45 所示。

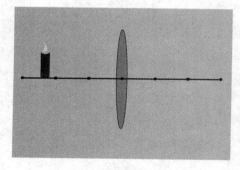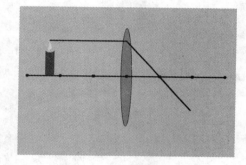

图 17.44　放置蜡烛的位置　　　　　　　　图 17.45　线段的绘制 1

(8) 在图层 4 的第 1 帧使用"直线工具"画出一条线段，如图 17.46 所示。

(9) 在图层 1、图层 2 和图层 4 的第 60 帧处插入关键帧，单击图层 1 的第 60 帧，从库面板中拖入"蜡烛"元件，对齐进行垂直翻转，调整好大小和位置，如图 17.47 所示。

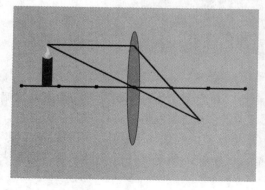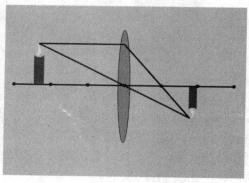

图 17.46　线段的绘制 2　　　　　　　　图 17.47　放入透镜成像的蜡烛

(10) 将图层 1、图层 2、图层 4 锁定，在图层 3 的第 1 帧，使用"矩形工具"，笔触颜色为无，填充颜色为#006600，绘制竖长条形，并复制多个组成竖状斑马线，使用"选择工具"选中所有竖条，按 Ctrl+G 键将其组合，如图 17.48 所示。

(11) 在图层 3 的第 30 帧处插入关键帧，在第 1 帧将斑马线移动到左边蜡烛的左侧，为第 1 帧到第 30 帧设置补间动画，如图 17.49 所示。

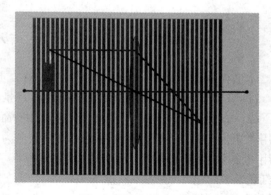

图 17.48　绘制斑马线

(12) 单击图层 4 的第 1 帧，将其拖动到第 30 帧的位置，如图 17.49 所示。

(13) 将图层 3 的第 1～30 帧选中并复制帧，在图层 5 的第 30 帧处插入关键帧，并粘贴帧，如图 17.49 所示。

(14) 将图层 3 和图层 5 设置为遮罩层，在所有图层的第 80 帧处插入帧做延续，如图 17.49 所示。

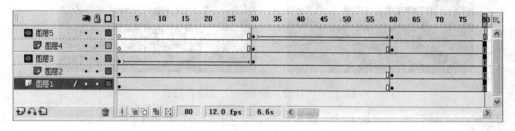

图 17.49　图层设置

(15) 保存并测试影片，如图 17.50 所示。

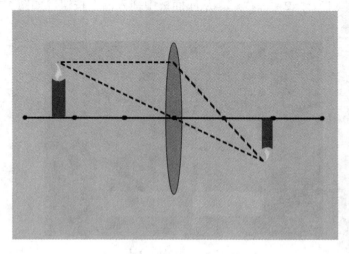

图 17.50　影片测试

17.7   制作"计算一元二次方程"动画

本实例制作"计算一元二次方程"动画，其操作步骤如下：

(1) 新建 Flash 文档，设置文档属性，背景颜色为黑色。

(2) 单击"插入"菜单下的"新建元件"命令，新建一个按钮元件，命名为"计算"，使用"矩形工具"，笔触颜色为无，填充颜色为黄色，边角半径为 15 点，绘制一个按钮。使用"文本工具"在按钮上输入文字"计算"，字体为宋体，字号为 20，字形加粗，颜色为红色。在"指针经过"帧插入关键帧，更改按钮填充颜色为紫色；在"按下"帧插入关键帧，更改按钮填充颜色为绿色，使用同样的方法制作"清除"按钮，如图 17.51 所示。

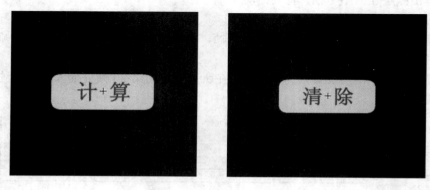

图 17.51   "计算"按钮和"清除"按钮

(3) 单击工具栏上的"场景 1"图标，返回主场景，在图层 1 的第 1 帧使用"文本工具"制作界面，其中"A="、"B="和"C="对应的文本设置为"输入文本"，实例名称分别设为"a"、"b"和"c"，"X1="、"X2="以及其上方的文本设置为"动态文本"，实例名称分别设为"x1"、"x2"和"x"，从库面板中拖入两个按钮，如图 17.52 和图 17.53 所示。

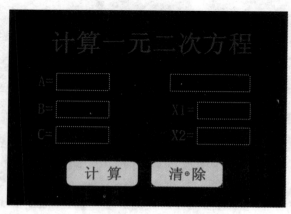

图 17.52   主界面设计

图 17.53　文本设置

(4) 在图层 1 的第 1 帧添加动作语句 stop( );。

(5) 选中"清除"按钮并添加如下动作语句：

```
on (press) {
    a.text="";
    b.text="";
    c.text="";
    x1.text="";
    x2.text="";
    x.text="";
}
```

(6) 选中"计算"按钮并添加如下语句：

```
on (press) {
    a=a.text;
    b=b.text;
    c=c.text;
    d=(b*b)-(4*a*c);
    if(d<0)
    {
        x.text="无解";
    }
    if(d>=0)
    {
        x.text="有解！";
        x1.text=(-b+Math.sqrt(d))/(2*a);
        x2.text=(-b-Math.sqrt(d))/(2*a);
    }
}
```

(7) 保存并测试影片，如图 17.54 所示。输入 A、B 和 C 的值，点击"计算"按钮可进行计算。

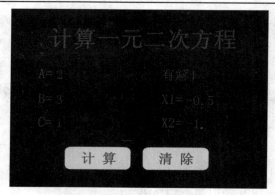

图 17.54　影片测试

17.8　制作"放大镜"动画

本实例制作"放大镜"动画，其操作步骤如下：

(1) 新建 Flash 文档，设置文档属性，背景颜色为#009933。

(2) 下载一副"枫叶"图片，在 Photoshop 中将其背景去除为透明，保存成 png 文件，在 Flash 中导入到库。

(3) 单击"插入"菜单下的"新建元件"命令，新建一个图形元件，命名为"枫叶"，将库中的枫叶拖动到舞台中央，调整好大小。

(4) 单击工具栏上的"场景 1"图标，返回主场景窗口，插入 3 个新图层，在图层 1 的第 1 帧将枫叶元件拖到舞台中部，调整好位置。

(5) 使用"文本工具"输入"秋天的枫叶"，颜色为白色，字体为宋体，字号为 30，如图 17.55 所示。

(6) 在图层 2 的第 1 帧将枫叶元件拖到舞台中部，使其和图层 1 的图形重合，然后将其适当放大，如图 17.56 所示。

图 17.55　枫叶与文字

图 17.56　放大的枫叶与文字

(7) 在图层 3 的第 1 帧使用"椭圆工具"，笔触颜色为白色，填充颜色为黑色，在枫叶右下角绘制一个圆，在键盘上按 Ctrl+G 键将其组合，如图 17.57 所示。

图 17.57　绘制圆

(8) 复制刚才绘制的圆，在图层 4 的第 1 帧粘贴到当前位置，在键盘上按 Ctrl+B 键，取消组合，删除圆的填充部分，再在键盘上按 Ctrl+G 键将刚才得到的白色圆圈组合。

(9) 在图层 3 的第 35 帧处插入关键帧，将圆移动到枫叶的左上角，设置动作补间动画。

(10) 将图层 3 设置为遮罩层。

(11) 在图层 4 的第 35 帧处插入关键帧，将白色圆圈移动到枫叶的左上角，和图层 3 的黑色圆重合，设置动作补间动画。

(12) 按照相同的方法可以在后续位置插入关键帧，制作由左下角到右上角的动画或其它方向的动画。

(13) 保存并测试影片，如图 17.58 所示。

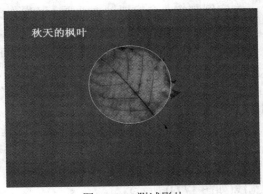

图 17.58　测试影片

17.9　制作电影胶片动画

本实例制作一段电影胶片动画，其操作步骤如下：

(1) 新建一个 Flash 文档。

(2) 用"矩形工具"，边线为无，填充颜色为黑色，绘制一个大长方形。

(3) 用"矩形工具"，边线为无，填充颜色为红色，绘制一个小正方形，并按住 Shift+Ctrl 键水平方向复制多个。

(4) 将绘制的所有正方形选中，水平平均分布并对齐。

(5) 使用"箭头工具"将所有正方形选中，放置到黑色矩形靠上方边界的内部位置，再按住 Alt 键拖动到黑色矩形下方边界的内部位置。

(6) 移动黑色矩形到其它位置，删除红色正方形。

(7) 使用"箭头工具"选中胶片中间部分，更改颜色为深红色。

(8) 导入反相图片(反相图片可以使用光影魔术手转换)，放置到胶片中间部分，如图 17.59 所示。

图 17.59　胶片效果

(9) 选择时长，移动创建补间动画。

(10) 保存并测试影片。

17.10　制作模拟钟表动画

本实例制作一个模拟钟表动画，其操作步骤如下：

(1) 新建 Flash 文档，设置文档属性，尺寸为 400 px × 400 px。

(2) 用 Photoshop 或 Flash 绘制表盘作为背景。

(3) 新建 3 个影片剪辑元件，命名为 "s"、"m" 和 "h"，画法分别如下：

● 秒针 "s" 元件画法：使用 "矩形工具" 从中心下方一点处向上画一条红色细线(如图 17.60 所示)；

● 分针 "m" 元件画法：使用 "矩形工具" 从中心处向上画一条比秒针 s 略宽略短的蓝色细线(如图 17.60 所示)；

● 时针 "h" 元件画法：使用 "矩形工具" 从中心处向上画一条比分针略宽略短的黑色宽线(如图 17.60 所示)。

秒针 "s"、分针 "m" 和时针 "h" 的绘制长度根据表盘来定。

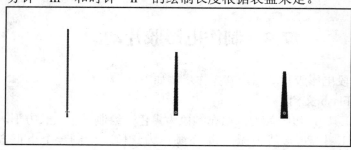

图 17.60　秒针、分针和时针的绘制

(4) 新建 4 个图层，从上到下命名为 "动作"、 "S"、"M"、"H"、"背景"(如图 17.61 所示)，具体设置含义如下：

● "动作" 图层：放入动作代码；

● "S" 图层：放入影片剪辑元件秒针 "s"；

● "M" 图层：放入影片剪辑元件分针 "m"；

- "H"图层：放入影片剪辑元件时针"h"；
- "背景"图层：放入绘制好的表盘。

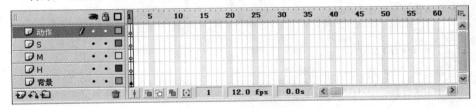

图 17.61　图层设置

时针、分针、秒针的放置位置如图 17.62 所示。

图 17.62　指针的放置

(5) 添加"动作"图层代码。

① 右键点击"动作"图层的第 1 帧，在弹出的快捷菜单中选择"动作"命令，添加如下代码：

```
Stage.showMenu=false;
_root.onEnterFrame = function() {
    var
    time = new Date();
    h = time.getHours();
    m = time.getMinutes();
    s = time.getSeconds();
    if (h>12) {
        h = h-12;
    }                          //转换为 12 小时制
    if (h<1) {
        h = 12;
    }                          //零点表示为 12 点
```

```
h = time.getHours();
m = time.getMinutes();
s = time.getSeconds();
if (h>12) {
        h = h-12;
}                           //转换为 12 小时制
if (h<1) {
        h = 12;
}                           //零点表示为 12 点
h = h*30+int(m/2);          //将小时转换为度数，12 小时 360 度
m = m*6+int(s/10);          //将分钟转换为度数，60 分钟 360 度
s = s*6;                    //将秒转换为度数，60 秒 360 度
}
```

② 在"动作"图层的第 2 帧处插入空白关键帧，其它各图层插入帧，右键点击"动作"图层的第 2 帧，在弹出的快捷菜单中选择"动作"命令，添加如下代码：

```
gotoAndPlay(1);
stop();
```

(6) 用右键分别点击时针元件 h、分针元件 m 和秒针元件 s，在弹出的快捷菜单中选择"动作"命令，添加如下动作代码。

① 时针：

```
onClipEvent (enterFrame) {setProperty(this, _rotation, _root.h);}    //按小时度数旋转时针
```

② 分针：

```
onClipEvent (enterFrame) { setProperty(this, _rotation, _root.m);}    //按分钟度数旋转分针
```

③ 秒针：

```
onClipEvent (enterFrame) { setProperty(this, _rotation, _root.s); }    //按秒度数旋转秒针
```

(7) 保存并测试影片，如图 17.63 所示。

图 17.63　影片测试显示当前时间

第四篇 Dreamweaver 网页设计

  Dreamweaver 是一个著名的可视化的网页设计和网站管理开发工具，它使用所见即所得的接口，支持最新的 Web 技术，包含 HTML 检查、 HTML 格式控制、HTML 格式化选项、HomeSite/BBEdit 捆绑、可视化网页设计、图像编辑、全局查找替换、全 FTP 功能、处理 Flash 与 Shockwave 等媒体格式和动态 HTML 以及基于团队的 Web 创作。在编辑上可以选择可视化方式或者源码编辑方式进行网页设计开发。

第 18 章　初识 Dreamweaver 8

Dreamweaver 8 是美国 Adobe 公司出品的一款流行的可视化网页编辑软件，它是针对网页设计而开发的一个开发工具，可用于 Web 站点、Web 网页和 Web 应用程序的设计与开发。Dreamweaver 8 提供了可视化编辑功能，不但能够进行页面编辑，而且能够利用代码编辑功能编辑 HTML 源代码、层叠样式表(CSS)、JavaScript、ColdFusion 标记语言(CFML)、Microsoft Active Server Pages(ASP)以及 Java Server Pages(JSP)等。

18.1　Dreamweaver 8 的安装和启动

18.1.1　Dreamweaver 8 的安装

Dreamweaver 8 的安装根据安装向导的提示进行操作，其具体操作步骤如下：

(1) 双击 setup.exe 文件。

(2) 完成后弹出一个对话框，单击"下一步"按钮，弹出"许可证协议"对话框，选中"我接受该许可证协议中的条款"单选按钮，如图 18.1 所示。

(3) 单击"下一步"按钮，弹出"目标文件夹和快捷方式"对话框，选中"创建快速启动栏快捷方式(仅限当前用户)"和"在桌面上创建快捷方式(针对所有用户)"复选框，如图 18.2 所示。

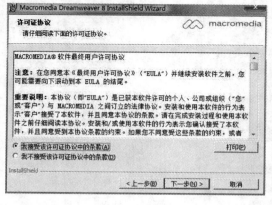

图 18.1　"许可证协议"对话框

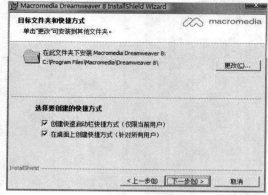

图 18.2　"目标文件夹和快捷方式"对话框

(4) 单击"更改"按钮，在弹出的"更改当前目的地文件夹"对话框的"文件夹名称"文本框中选择需要安装的路径，如图 18.3 所示，单击"确定"按钮返回"目标文件夹和快捷方式"对话框。

(5) 单击"下一步"按钮，弹出如图 18.4 所示的"默认编辑器"对话框，选中 Dreamweaver 8 默认编辑的文件类型复选框。

图 18.3 "更改当前目的地文件夹"对话框

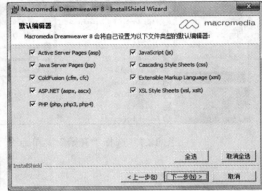

图 18.4 "默认编辑器"对话框

(6) 单击"下一步"按钮，弹出如图 18.5 所示的"已做好安装程序的准备"对话框。

(7) 单击"安装"按钮，开始安装软件。安装完毕后弹出如图 18.6 所示的"InstallShield Wizard 完成"对话框，单击"完成"按钮结束安装。

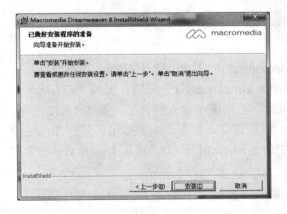

图 18.5 "已做好安装程序的准备"对话框

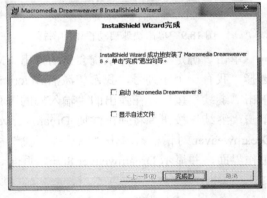

图 18.6 Dreamweaver 8 安装完成

18.1.2 Dreamweaver 8 的打开

使用 Dreamweaver 8 之前，应该先打开它，其方法主要有以下几种：

(1) 选择"开始"→"所有程序"→"Macromedia"→"Macromedia Dreamweaver 8"命令，如图 18.7 所示。

(2) 双击桌面上的 Dreamweaver 8 快捷方式，如图 18.8 所示。

(3) 单击快速启动栏中的 Dreamweaver 8 快捷方式，如图 18.9 所示。

第一次打开 Dreamweaver 8 时，系统会自动弹出一个"工作区设置"对话框，在对话框中可选择工作区布局，在此选中"设计器"单选按钮，如图 18.10 所示。

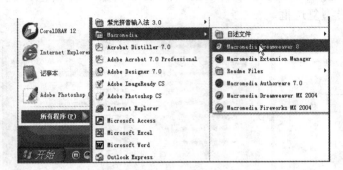

图 18.7　选择"开始"菜单命令　　　　　　　　图 18.8　双击桌面上的图标

图 18.9　单击快速启动栏中的图标　　　　　　图 18.10　"工作区设置"对话框

单击"确定"按钮，系统会自动弹出"Macromedia 产品激活"对话框，在该对话框中
选择"我有一个序列号，我希望激活 Macromedia Dreamweaver"按钮，如图 18.11 所示。
单击"继续"按钮，在弹出的"输入您的序列号"对话框中输入序列号，如图 18.12 所示。
单击"继续"按钮，将弹出注册 Dreamweaver 信息窗口，如图 18.13 所示。然后弹出注册
Dreamweaver 对话框，单击"以后提醒我"按钮(如图 18.14 所示)，进入 Dreamweaver 8 的
工作界面，并显示 Dreamweaver 8 开始页面。

图 18.11　注册选择　　　　　　　　　　　　图 18.12　输入序列号

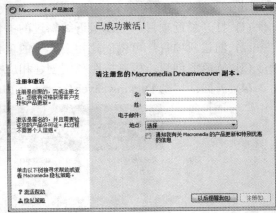

图 18.13　注册 Dreamweaver 信息窗口　　　　图 18.14　注册 Dreamweaver 对话框

18.1.3　Dreamweaver 8 的退出

选择"文件"→"退出"命令或单击窗口右上角的 ⊠ 按钮，可退出 Dreamweaver 8。

18.2　Dreamweaver 8 的界面

打开 Dreamweaver 8 后显示一个开始页，新建或打开一个网页后将打开网页编辑窗口，如图 18.15 所示。

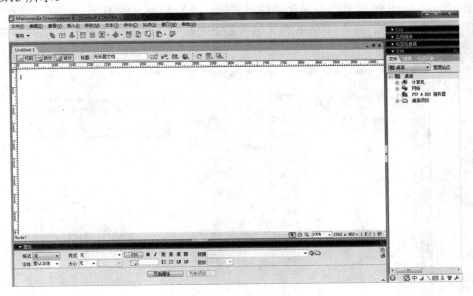

图 18.15　Dreamweaver 8 的界面

1. 开始页

在开始页中可以进行新建网页、打开网页以及查看帮助等操作，其界面如图 18.16 所示。其中各部分的作用如下：

(1) 打开最近项目：显示最近编辑过的文件，单击即可打开相应的文件。

(2) 创建新项目：可以创建相应类型的项目文件。

(3) 从范例创建：可以按照范例创建相应类型的项目文件。

(4) 扩展：启动 Dreamweaver Exchange Manager，管理 Dreamweaver 的扩展插件。

图 18.16 开始页

2. 菜单栏

Dreamweaver 8 的菜单栏中包含文件、编辑、查看和插入等 10 个菜单项。每个菜单项下面有一个下拉菜单，每个菜单下面又包含若干个命令，这些命令都有自己的形式，如图 18.17 所示。

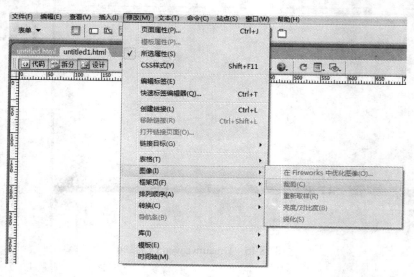

图 18.17 菜单命令的表现形式

具体含义分别如下:

(1) 黑色命令:表示当前该命令是可用的。

(2) 灰色命令:表示当前该命令是不可用的。

(3) 标有复选标记"✔"的命令:表示该命令是一种可选择命令。若前面出现"✔"标记,表示该命令正在使用;若没有"✔"标记,则表示该命令不能使用。

(4) 标有三角形"▶"的命令:表示在该命令下还有下一级子菜单命令。

(5) 标有省略号"..."的命令:表示选择该命令后会弹出一个相关的对话框。

(6) 标有快捷键的命令:表示该命令有一个快捷键,当按下该快捷键时,即可执行该命令。

3. 插入栏

插入栏用于在页面中插入各种类型的网页元素,如链接、表格和图片等,如图 18.18 所示。单击"常用"按钮,在弹出的下拉菜单中可以选择要插入的网页元素的类型,如图 18.19 所示。

图 18.18 插入栏   图 18.19 选择插入类型

4. "属性"面板

通过"属性"面板可以查看和更改当前对象的属性,如图 18.20 所示。根据选择对象的不同,"属性"面板中的设置项目也不同。

图 18.20 "属性"面板

5. 浮动面板组

浮动面板组停靠在 Dreamweaver 8 主界面的右侧,如图 18.21 所示。单击浮动面板名称左侧的 ▶ 图标即可显示该浮动面板的内容,再单击 ▼ 图标可以合拢面板,此时只显示该浮动面板的名称。在 Dreamweaver 8 中有许多浮动面板,可以在"窗口"菜单项中选择相应的命令打开某个浮动面板。

图 18.21　浮动面板组

6. 编辑窗口

编辑窗口由项目选择标签、文档工具栏、水平标尺、垂直标尺、编辑区域、状态栏、垂直扩展按钮和水平扩展按钮构成。当新建或打开一个网页时，会显示如图 18.22 所示的窗口。

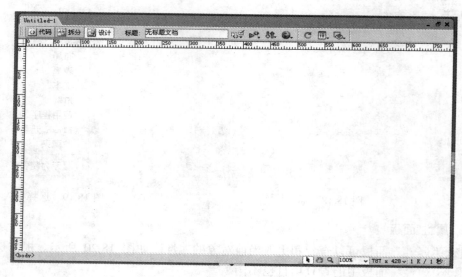

图 18.22　编辑窗口

1) 项目选择标签

编辑窗口的左上角是项目选择标签，当打开多个网页文件时，每个文件显示一个标签，如图 18.23 所示。单击其中的一个标签会在编辑区域中显示该文件的内容。

图 18.23　项目选择标签

2) 文档工具栏

文档工具栏用于切换编辑区视图模式、设置网页标题、进行标签验证以及在浏览器中浏览网页，如图 18.24 所示。

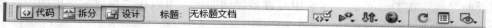

图 18.24　文档工具栏

文档工具栏中各选项的功能和含义如下：

(1) "代码"按钮：显示代码，并且可以在编辑窗口中输入 HTML 代码。

(2) "拆分"按钮：显示代码和设计视图。

(3) "设计"按钮：显示设计视图，可以在编辑窗口中对页面进行设计。

(4) "标题"文本框：设置网页标题。

(5) 按钮：浏览器检查错误。

(6) 按钮：验证标签。

(7) 按钮：管理文件。

(8) 按钮：预览和调试网页。

(9) 按钮：刷新视图。

(10) 按钮：隐藏或显示内容、标尺、网格和辅助线等对象。

(11) 按钮：隐藏或显示可视化助理对象。

3) 水平标尺和垂直标尺

编辑区域的上方和左侧分别有水平标尺和垂直标尺，用户在编辑网页时可以查看网页中项目的位置，并可为编辑区域添加辅助线，其操作步骤如下：

(1) 把鼠标移动到水平或垂直标尺上，按住鼠标左键不放，向下或向右拖动鼠标。

(2) 此时会显示一条绿色的辅助线，并随着鼠标移动，在鼠标指针右下方会显示辅助线的坐标位置，当到达需要的位置时释放鼠标左键即可添加一条辅助线，如图 18.25 所示。

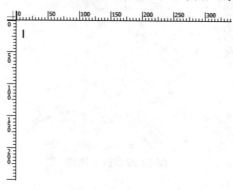

图 18.25　添加辅助线

4) 编辑区域

编辑区域是编辑网页和编写网页代码的区域，该区域有设计、代码和拆分三种视图模式。

(1) 设计视图：单击文档工具栏中的"设计"按钮，可将视图模式切换到设计视图模式，在该模式下可以编辑网页。

(2) 代码视图：单击文档工具栏中的"代码"按钮，可将视图模式切换到代码模式，在该模式下可以编写或修改网页代码，如图 18.26 所示。

(3) 拆分视图：单击文档工具栏中的"拆分"按钮，可将视图模式切换到拆分视图模式，在该模式下整个编辑区域分为上、下两个部分，上边是代码视图，下边是设计视图，如图 18.27 所示。

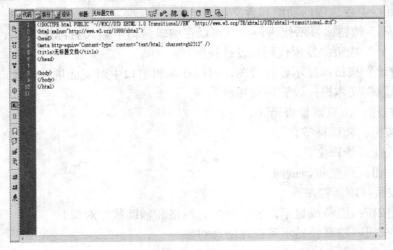

图 18.26　代码视图

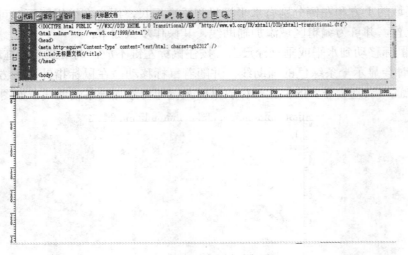

图 18.27　拆分视图

5）状态栏

编辑区域的下方是状态栏，包含标签选择器、选取工具、手形工具、缩放工具、设置缩放比例下拉列表框、窗口大小栏和文件大小栏等项目，如图 18.28 所示。

图 18.28　状态栏

（1）标签选择器：在标签选择器中显示了常用的 HTML 标签，运用这些标签可以快速地选择编辑区域中的某些项目。例如，要选择表格中的一行，可使用鼠标指针定位到该行中的任意一个单元格中，然后单击标签选择器中的<tr>。

（2）选取工具 ▶：单击该图标，鼠标变为 ▶ 形状，可以选择各种对象。

（3）手形工具 ✋：单击该图标，鼠标变为 ✋ 形状，按住鼠标左键拖动鼠标，可以移动整个设计视图中网页的位置，显示隐藏的内容。

（4）缩放工具 🔍：单击该图标，鼠标变为 ⊕ 形状，在设计视图中单击鼠标左键可以放大显示的内容；按住 Alt 键，鼠标将变为 ⊖ 形状，在设计视图中单击鼠标左键可以缩小显示的内容。

（5）设置缩放比例下拉列表框：设置设计视图的缩放比例，可以直接输入缩放比例或单击右侧的 ⌄ 按钮，选择其中的一个缩放比例。

（6）窗口大小栏：用于显示当前设置视图的尺寸。

（7）文件大小栏：显示当前网页文件的大小和下载需要的时间。

6）垂直扩展按钮和水平扩展按钮

编辑区域的右侧是垂直扩展按钮，可显示或隐藏编辑窗口右侧的浮动面板，扩展编辑窗口的宽度。水平扩展按钮位于编辑区域的下方，显示或隐藏编辑窗口下方的属性面板，扩展编辑窗口的高度。

18.3　网页的基本操作

有了对 Dreamweaver 8 的初步认识后，下面介绍新建网页、设置网页属性、保存网页、打开网页和预览网页等基本操作。

18.3.1　新建网页

新建网页的方法有两种：新建空白网页和通过模板创建有格式的网页文档。这里只介绍创建空白网页的方法，具体操作步骤如下：

（1）选择"文件"→"新建"命令，弹出"新建文档"对话框，如图 18.29 所示。

（2）在"类别"列表框中选择网页类别，如选择"动态页"选项，此时在右侧的列表框中将显示动态网页的类型。

（3）单击"创建"按钮，即可新建指定类型的空白网页。

图 18.29　"新建文档"对话框

18.3.2　设置网页属性

新建网页之后，还要对网页的属性进行设置。选择"修改"→"页面属性"命令，弹出"页面属性"对话框，在"分类"列表框中有"外观"、"链接"、"标题"、"标题/编码"和"跟踪图像" 5 个选项。

1．外观设置

在"分类"列表框中选择"外观"选项，对话框右侧将显示相应的参数设置选项，如图 18.30 所示。其中各参数的含义如下：

(1) 页面字体：设置网页中文字的字体，**B** 和 *I* 按钮分别设置文本为加粗和斜体格式。

(2) 大小：设置文字的大小。

(3) 文本颜色：设置文字的颜色，可以单击■按钮，在弹出的颜色列表中选择需要的颜色或直接在后面的文本框中输入颜色的值。

(4) 背景颜色：设置网页中的背景颜色，可以单击■按钮，在弹出的颜色列表中选择需要的颜色或直接在后面的文本框中输入颜色的值。

(5) 背景图像：设置网页中的背景图像，可以指定或选择输入背景图片的路径。

(6) 重复：设置背景图像的重复方式。

(7) 左边距：设置网页内容与浏览器左边界的距离。

(8) 右边距：设置网页内容与浏览器右边界的距离。

(9) 上边距：设置网页内容与浏览器上边界的距离。

(10) 下边距：设置网页内容与浏览器下边界的距离。

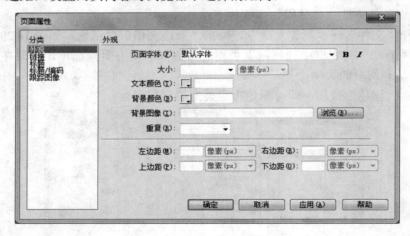

图 18.30　"外观"设置选项

2．标题设置

在"分类"列表框中选择"标题"选项，对话框右侧将显示相应的参数设置选项，如图 18.31 所示，其中各参数的含义如下：

(1) 标题字体：设置页面标题的字体。

(2) 标题 1～标题 6：设置 1 级标题至 6 级标题的字体、大小和颜色。

图 18.31   "标题"设置选项

3. 标题和编码设置

在"分类"列表框中选择"标题/编码"选项，对话框右侧将显示相应的参数设置选项，如图 18.32 所示，其中各参数的含义如下：

(1) 标题：设置网页标题。

(2) 文档类型：设置新建的网页类型。

(3) 编码：设置页面字体编码类型。

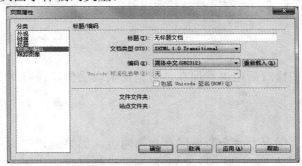

图 18.32   "标题/编码"设置选项

4. 跟踪图像设置

在"分类"列表框中选择"跟踪图像"选项，对话框右侧将显示相应的参数设置选项，如图 18.33 所示，其中各参数的含义如下：

(1) 跟踪图像：指定一幅图像作为设计网页时的参考图像。

(2) 透明度：设置跟踪图像的透明度。

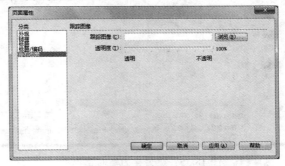

图 18.33   "跟踪图像"设置选项

5. 超级链接设置

在"分类"列表框中选择"链接"选项，对话框右侧将显示相应的参数设置选项，如图 18.34 所示，其中各参数的含义如下：

图 18.34　"链接"设置选项

(1) 链接字体：设置网页中超级链接的字体，**B** 和 *I* 按钮分别可以设置超级链接的字体为加粗和斜体格式。

(2) 大小：设置超级链接字体的大小。

(3) 链接颜色：设置超级链接的颜色。

(4) 变换图像链接：设置鼠标指针移动到超级链接上时超级链接的颜色。

(5) 已访问链接：设置访问后的超级链接颜色。

(6) 活动链接：设置正在访问的超级链接颜色。

(7) 下划线样式：设置超级链接的下划线类型。

18.3.3　保存网页

对网页进行编辑或修改后应进行保存，否则网页会丢失。保存网页的方法有直接保存和另存为两种。

1. 直接保存

选择"文件"→"保存"命令即可保存当前网页。如果为新建的文档，则执行保存操作后会弹出"另存为"对话框，如图 18.35 所示。选择保存的位置，在"文件名"文本框中输入名称，单击"保存"即可。

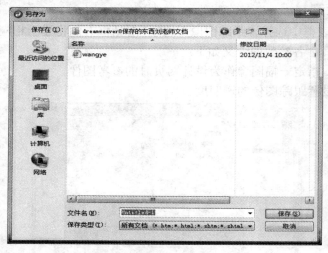

图 18.35　"另存为"对话框

2．另存网页

对于打开的网页，如果想保存为另外的名称或保存在其它位置，就需要对网页进行另存为操作。其方法是：选择"文件"→"另存为"命令，弹出"另存为"对话框，然后设置新的文件名或保存位置，再单击"保存"按钮即可。

18.3.4　打开网页

要对已有的网页进行修改，在修改之前必须打开该网页文件。打开网页的方法主要有以下三种：

(1) 选择"文件"→"打开"命令或在开始页中单击"打开最近项目"栏中的"打开"超级链接，在弹出的"打开"对话框中选择要打开的网页文件，再单击"打开"按钮即可打开该网页。

(2) 在"文件"→"打开最近的文件"命令的子菜单中选择一个最近打开的网页，或在开始页的"打开最近项目"栏中单击一个最近使用过的网页，即可打开该网页。

(3) 在"我的电脑"窗口中找到需要打开的网页文件后单击鼠标右键，在弹出的快捷菜单中选择"使用 Dreamweaver 8 编辑"命令，即可打开该文件。

18.3.5　预览网页

选择"文件"→"在浏览器中预览"→"IExplore 8.0"命令或单击文档工具栏中的 按钮，可以对制作的网页在浏览器中进行预览，在弹出的下拉菜单中选择"预览在 IExplore 8.0 F12"命令即可打开 IE 浏览器预览网页。

18.4　站点的规划和创建

制作网页前，首先要对网站的站点进行认真的规划，然后利用站点管理功能对站点进行管理。

18.4.1　规划站点

Dreamweaver 8 提供了三种站点：本地站点、远程站点和测试站点。本地站点和远程站点可以实现在本地磁盘和 Web 服务器之间进行文件传输，通过测试站点可以测试动态站点。

(1) 本地站点：是用户工作的目录，存放用户网页、素材等。在制作一般网页时只需建立本地站点即可。

(2) 远程站点：若不通过连接 Internet 就能对所建的站点进行测试，可以在自己的计算机上创建远程站点以模拟真实的 Web 服务器环境。

(3) 测试站点：主要在测试动态页面时使用，是 Dreamweaver 处理动态页面的文件夹。Dreamweaver 用该文件夹生成动态内容，在工作时连接到数据库。

建立站点前需要做以下准备工作：

(1) 规划站点结构：将不同的网页内容分别存在不同的文件夹中，这样可更加合理地组织站点结构，从而大大提高工作效率。

一般情况下，在本地磁盘上创建一个文件夹，将该文件夹作为站点的根目录，在设计过程中将所有的网页都保存在该文件夹中。在站点发布时，只需将此文件夹中的所有内容上传到 Web 服务器上即可。如果站点结构复杂，内容较多，则还需建立子文件夹，以存放不同内容的网页。

对文件和文件夹的命名也非常重要，好的名称容易理解，能够表达出网页的内容。对于文件和文件夹，可以采用相对应的英文或拼音来命名，这样看到其名字就大概知道其功能和作用。

(2) 制作导航流程：完成站点规划后，根据规划的站点，可直接在纸上粗略地绘出导航流程图，然后再仔细思考、修改。

(3) 绘制页面草图：完成导航流程图后，可以确定整个站点的页面风格，即设计站点的样式和版面草图。

18.4.2　创建和管理站点

当所有的准备工作完成后，就可以开始创建站点。在 Dreamweaver 8 中可以通过"管理站点"对话框对站点进行创建和管理。

1. 创建站点

Dreamweaver 8 具有站点创建和管理功能，使用此功能不仅可以创建单个文档，还可以创建完整的 Web 站点。只有完成站点创建后，才可以在此基础上制作网站，其具体操作步骤如下：

(1) 进入 Dreamweaver 8 工作界面后，选择"站点"→"管理站点"命令，弹出"管理站点"对话框。

(2) 选择"新建"→"站点"命令，如图 18.36 所示。

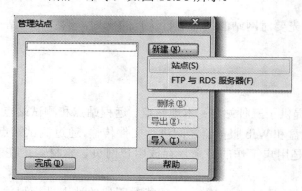

图 18.36　"管理站点"对话框

(3) 弹出"站点定义"对话框，在"您打算为您的站点起什么名字？"文本框中输入站点名称，如"dreamweaver"，如图 18.37 所示。

(4) 单击"下一步"按钮，在弹出的对话框中选中"否，我不想使用服务器技术"单选按钮，如图 18.38 所示。

图 18.37　输入站点名称　　　　　　　　　　图 18.38　选择是否使用服务器技术

（5）单击"下一步"按钮，选择在开发过程中如何使用文件，这里选中"编辑我的计算机上的本地副本，完成后再上传到服务器(推荐)"单选按钮，在"您将把文件存储在计算机上的什么位置？"文本框中输入本地站点存储的位置，如"F:\"，如图 18.39 所示。

（6）单击"下一步"按钮，在弹出的对话框中的"您如何连接到远程服务器？"下拉列表框中选择"无"选项，如图 18.40 所示。

图 18.39　选择文件放置位置　　　　　　　　图 18.40　选择如何连接到服务器

（7）单击"下一步"按钮，弹出如图 18.41 所示的对话框，单击"完成"按钮，完成本地站点的定义。

（8）弹出"管理站点"对话框，在其左侧列表框中将显示名为"dreamweaver"的站点，如图 18.42 所示。单击"完成"按钮完成本地站点的创建。

图 18.41　完成站点定义

图 18.42　"管理站点"对话框

2. 管理站点

站点创建完成之后，还要管理站点。站点管理主要包括编辑站点、删除站点、管理站点中的文件和文件夹等操作。

1) 编辑站点

站点管理可以对已经创建的站点进行属性编辑，具体操作步骤如下：

(1) 选择"站点"→"管理站点"命令，弹出"管理站点"对话框，选择要编辑的站点，例如选择"dreamweaver"站点，如图 18.43 所示。

(2) 单击"编辑"按钮，弹出"dreamweaver 的站点定义为"对话框，如图 18.44 所示。

(3) 在该对话框中即可编辑站点，其操作过程和站点的创建方法相同，只要按照提示进行操作即可。

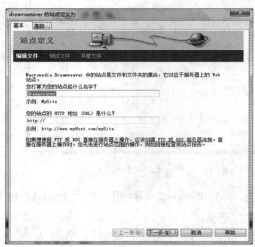

图 18.43　"管理站点"对话框　　　图 18.44　"dreamweaver 的站点定义为"对话框

2) 删除站点

若不需要某个站点，可以从站点列表中将该站点删除，其具体操作步骤如下：

(1) 选择"站点"→"管理站点"命令，弹出"管理站点"对话框，如图 18.45 所示。在该对话框左侧列表框中选择要删除的站点，单击"删除"按钮。

(2) 弹出如图 18.46 所示的警告对话框，提示执行本操作后将不能撤消。单击"是"按钮返回"管理站点"对话框，站点被删除，如图 18.47 所示。

(3) 单击"完成"按钮即可删除所选的站点。

图 18.45 "管理站点"对话框　　图 18.46 警告窗口　　图 18.47 站点已被删除

3) 管理站点中的文件和文件夹

创建站点后，在"文件"面板中可以管理站点中的文件和文件夹，如添加、删除、重命名及编辑文件或文件夹，下面逐一介绍。

(1) 添加文件或文件夹。通过"文件"面板在站点中可以添加文件或文件夹，如在站点"dreamweaver"中添加一个名为 imageFile 的新文件夹，其具体操作步骤如下：

① 单击"文件"面板左侧的▶图标后会显示该浮动面板的内容。

② 在根目录图标上单击鼠标右键，在弹出的菜单中选择"新建文件夹"命令，如图 18.48 所示。

③ 系统将自动在根目录下创建一个名为 untitled 的文件夹，如图 18.49 所示。

④ 改写文件夹的名称，此处将文件夹命名为 imageFile，按 Enter 键确认，如图 18.50 所示。

图 18.48 选择"新建文件夹"命令　图 18.49 新建的文件夹　图 18.50 已输入名称的文件夹

新建文件与新建文件夹相同，只需在图 18.48 所示的右键菜单中选择"新建文件"命令即可，其余操作和新建文件夹相同。

(2) 删除文件或文件夹。若要删除文件或文件夹，首先选择需要删除的文件或文件夹并单击鼠标右键，在弹出的菜单中选择"编辑"→"删除"命令，如图 18.51 所示；或直接按 Del 键，在弹出的确认对话框中单击"是"按钮即可，如图 18.52 所示。

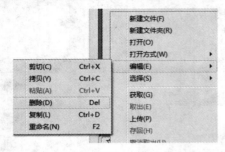
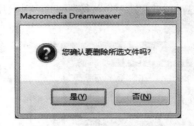

图 18.51　删除文件或文件夹过程　　　　图 18.52　确认删除文件或文件夹对话框

(3) 重命名文件或文件夹。若要重命名文件或文件夹，首先选择需重命名的文件或文件夹并单击鼠标右键，在弹出的菜单中选择"编辑"→"重命名"命令(如图 18.53 所示)，然后输入新的文件或文件夹名称，按 Enter 键进行确认，如图 18.54 所示。

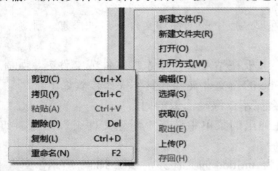

图 18.53　重命名文件或文件夹过程　　　　图 18.54　输入新的文件或文件夹名称

(4) 编辑文件。如果需要编辑站点中的文件，可以使用前面介绍的打开文件的方法，还可以直接在"文件"面板中双击该文件，进入编辑窗口编辑文件。

第 19 章　表　格

表格是网页中非常重要的元素之一，使用表格可以制作常用的表格，同时，还可以布局网页、设计页面分栏、对文本或图像进行定位等。

19.1　创 建 表 格

1. 新建表格

在网页中插入表格的具体操作步骤如下：

(1) 将光标移到需要插入表格的位置。

(2) 选择"插入"→"表格"命令，或单击"常用"插入栏中的 按钮，弹出"表格"对话框。

(3) 在对话框中设置插入表格的行数、列数、表格宽度、边框粗细、单元格边距等属性，如图 19.1 所示。

(4) 单击"确定"按钮即可创建一个表格，如图 19.2 所示。

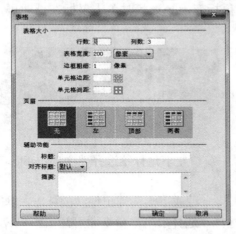

图 19.1　"表格"对话框

图 19.2　创建的表格

2. 输入内容

表格创建后可以向表格中输入内容。输入表格内容的方法很简单，只需将光标移到需要输入内容的单元格中，然后按输入文本或插入图像的方法进行操作即可。如图 19.3 所示为向表格中输入了三幅图像。

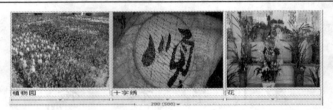

图 19.3　输入表格内容

19.2　编 辑 表 格

刚开始创建的表格有时并不一定符合要求，这时就需要编辑表格，如删除表格、拆分与合并某些单元格等。

19.2.1　选择表格

对表格进行操作之前要先选择表格，既可以选择整个表格，也可以只选择某行或某列或某个单元格。

1. 选择整个表格

选择整个表格的方法有以下几种：

(1) 将鼠标移到表格内部的边框上，当鼠标变为 ⇻ 或 ⊪ 形状时单击鼠标即可，如图 19.4 所示。

(2) 将鼠标移到表格的外边框线上，当鼠标变为 ⊫ 形状时单击鼠标左键即可，如图 19.5 所示。

<table>
<tr><td align="center">图 19.4　选择表格方法(1)</td><td align="center">图 19.5　选择表格方法(2)</td></tr>
</table>

(3) 将光标移到表格的任一单元格中，单击窗口左下角标签选择器中的 <table> 标签即可，如图 19.6 所示。

(4) 将光标移到表格的任一单元格中，表格上端或下端将弹出绿线的标志，单击最上端标有表格宽度的 ▾ 按钮，在弹出的菜单中选择"选择表格"命令即可，如图 19.7 所示。

<table>
<tr><td align="center">图 19.6　选择表格方法(3)</td><td align="center">图 19.7　选择表格方法(4)</td></tr>
</table>

2. 选择整行

选择整行有以下两种方法：

(1) 将鼠标移到需选择行的左侧，当鼠标变为 ➡ 形状且该行的边框线变为红色时，单击鼠标左键即可选择该行，如图 19.8 所示。

(2) 将光标移到需选择行的任一单元格中，单击窗口左下角标签选择器中的<tr>标签即可，如图 19.9 所示。

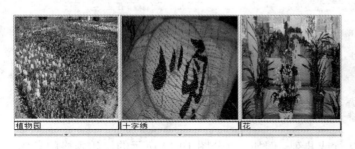

　　图 19.8　选择整行方法(1)　　　　　　　　　　图 19.9　选择整行方法(2)

3. 选择整列

选择整列有以下两种方法：

(1) 将鼠标移到需选择列的上端，当鼠标变为 ⬇ 形状且该列的边框线变为红色时，单击鼠标左键即可，如图 19.10 所示。

(2) 将光标移到表格中任一单元格中，单击需选择的列上端的 ▾ 按钮，在弹出的菜单中选择"选择列"命令即可，如图 19.11 所示。

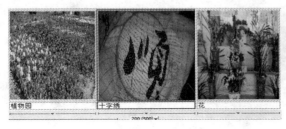
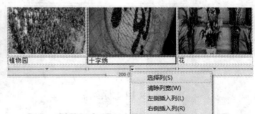

　　图 19.10　选择整列方法(1)　　　　　　　　图 19.11　选择整列方法(2)

4. 选择单元格

选择单元格有选择单个单元格、选择相邻的多个单元格和选择不相邻的多个单元格三种方式。

(1) 选择单个单元格：将鼠标移动到需要选择的单元格中并单击即可。

(2) 选择相邻的多个单元格：首先将鼠标移动到一个单元格中，然后按住鼠标左键不放并拖动，当到达需要的单元格时释放鼠标，即可选择以这两个单元格为对角线的矩形区域中的所有单元格，如图 19.12 所示。

(3) 选择不相邻的多个单元格：按住 Ctrl 键不放，然后单击要选择的单元格即可，如图 19.13 所示。

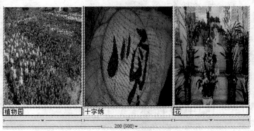

图 19.12　选择相邻的多个单元格　　　　图 19.13　选择不相邻的多个单元格

19.2.2　拆分与合并单元格

在制作表格时，有时需要拆分和合并单元格。

1. 拆分单元格

可以将某个单元格拆分成几行或几列。例如，拆分图 19.14 所示的原始表格的具体步骤如下：

(1) 将光标移到要拆分的单元格中，然后单击"属性"面板左下角"单元格"栏中的 ⼯ 按钮(如图 19.15 所示)，弹出如图 19.16 所示的"拆分单元格"对话框。

(2) 在"把单元格拆分"栏中，若选中"行"按钮，可以将单元格拆分成多行；若选中"列"按钮，则可以将单元格拆分为多列。

(3) 在"行数"或"列数"数值框中输入要拆分的行数或列数。

(4) 单击"确定"按钮，即可得到如图 19.17 所示的拆分结果。

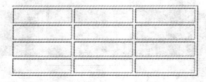

图 19.14　原始表格

图 19.15　点击拆分表格按钮

图 19.16　"拆分单元格"对话框

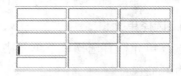

图 19.17　拆分表格结果

2. 合并单元格

单元格合并只能对相邻的两个或多个单元格进行合并。首先要选择相邻的单元格区域(如图 19.18 所示)，然后单击"属性"面板左下角的 ⊞ 按钮(如图 19.19 所示)，即可将它们合并为一个单元格，如图 19.20 所示。

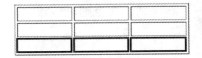
图 19.18 选择相邻的单元格

图 19.19 点击合并表格按钮

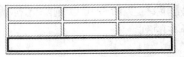
图 19.20 合并结果

19.2.3 插入与删除行(列)

在制作表格时，经常要插入或删除行(列)。

1．插入行(列)

行(列)的插入有单行(列)和多行(列)的插入两种情况。

1) 单行(列)的插入

将光标移到需插入行或列的单元格中，单击鼠标右键，在弹出的快捷菜单中选择"表格"→"插入行"命令，即可在当前单元格上方插入一行，如图 19.21 所示；若在弹出的快捷菜单中选择"表格"→"插入列"命令，则可在当前单元格的左侧插入一列，如图 19.22 所示。

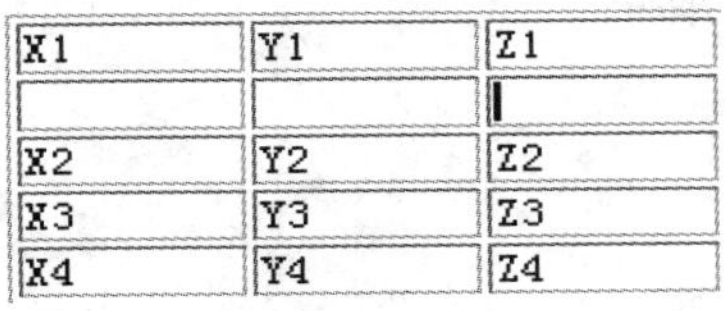

图 19.21 插入单行

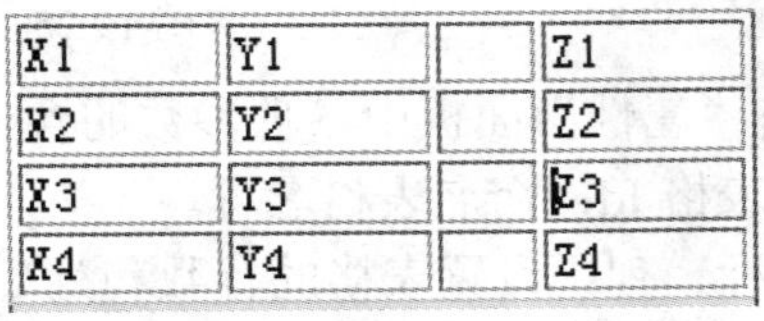

图 19.22 插入单列

2) 多行(列)的插入

插入多行或多列的具体步骤如下：

(1) 将光标插入点定位到需插入多行或多列的单元格中。

(2) 单击鼠标右键，在弹出的快捷菜单中选择"表格"→"插入行或列"命令，弹出"插入行或列"对话框。

(3) 输入行(列)的数值，在"位置"栏选择插入的位置，如图 19.23 所示。

(4) 单击"确定"按钮，关闭对话框完成设置。如图 19.24 所示为表格插入了两行后的效果。

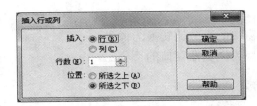
图 19.23 "插入行或列"对话框

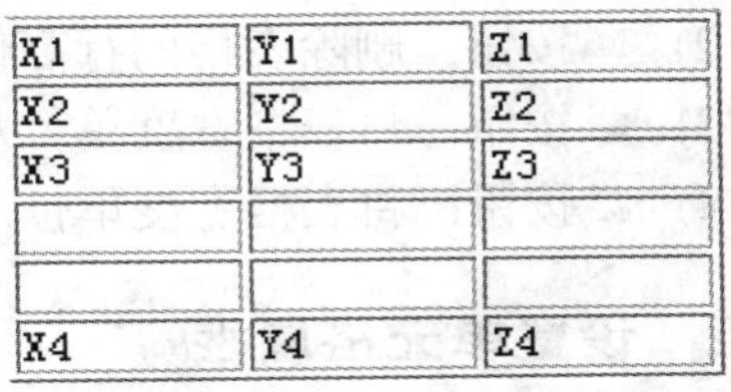

图 19.24 插入两行后的效果

2．删除行(列)

将光标移到需删除的单元格中，单击鼠标右键，在弹出的快捷菜单中选择"表格"→

"删除行"命令可以删除光标所在的行；选择"表格"→"删除列"命令则可删除光标所在的列。

19.3　设　置　表　格

表格创建完成后，可以根据需要对表格或某些单元格宽度、边框粗细、对齐、背景颜色或背景图像等属性进行设置。

19.3.1　设置表格属性

选择某个表格后，单击鼠标右键，在弹出的快捷菜单中选择"属性"命令，弹出如图 19.25 所示的"属性"面板，通过该面板可以对表格的属性进行设置。

图 19.25　表格"属性"面板

表格"属性"面板中各项参数的含义如下：

(1) 表格 Id：命名表格名称。

(2) 行、列：设置表格的行数和列数。

(3) 宽、高：设置表格的宽度和高度。

(4) 填充：设置单元格边界和单元格内容之间的距离。

(5) 间距：设置相邻单元格之间的距离。

(6) 对齐：设置表格与文本或图像等网页元素之间的对齐方式。

(7) 边框：设置边框的粗细。

(8) 边框颜色：设置边框的颜色。

(9) 背景颜色：设置表格的背景颜色。

(10) 背景图像：设置表格的背景图像。单击文本框右侧的 按钮，在弹出的"选择图像源文件"对话框中可以选择图像作为背景。

(11) 按钮：删除表格的列宽值。

(12) 按钮：删除表格的行高值。

(13) 按钮：将表格宽度单位从浏览器窗口的百分比转换为像素。

(14) 按钮：将表格宽度单位从像素转换为浏览器窗口的百分比。

19.3.2　设置单元格属性

Dreamweaver 软件可以设置某个单元格、行或列的属性。选择要设置属性的单元格、行或列，单击鼠标右键，在弹出的快捷菜单中选择"属性"命令，弹出如图 19.26 所示的"属性"面板。

图 19.26 单元格"属性"面板

单元格"属性"面板的上半部分与文本"属性"面板相同，用于设置单元格内容的属性；下半部分用于设置单元格的属性，各项参数的含义如下：

(1) 水平：设置单元格中的文本在水平方向上的对齐方式。

(2) 垂直：设置单元格中的文本在垂直方向上的对齐方式。

(3) 宽、高：设置单元格的宽度和高度。

(4) 背景：设置单元格的背景图像。

(5) 背景颜色：设置单元格的背景颜色。

(6) 边框：设置单元格边框的颜色。

19.4 高 级 操 作

有时，还需要对表格的内容进行排序以及格式化表格等高级操作。

19.4.1 创建嵌套表格

嵌套表格是指表格中的某个单元格又含有表格，但是其宽度受所在单元格宽度的限制。嵌套表格经常用于对表格内部的文字或图像的位置进行控制。

创建嵌套表格和创建表格非常类似，其具体操作步骤如下：

(1) 将光标移到需插入表格的单元格中。

(2) 选择"插入"→"表格"命令，弹出"表格"对话框。

(3) 设置表格的行数、列数、宽度和边框等属性。

(4) 单击"确定"按钮完成表格的添加，如图 19.27 所示。

图 19.27 创建的嵌套表格

19.4.2 排序

Dreamweaver 8 可对表格中的内容进行排序，其具体操作步骤如下：

(1) 选择要进行排序操作的表格，如图 19.28 所示。

姓名	学号	编号
张三	060721	35
李四	060835	42
王五	060712	13
张军	060748	32
王三	060739	21
李明	060836	25
赵梦	060721	10

图 19.28 选择表格

（2）选择"排序表格"命令，弹出"排序表格"对话框。

（3）在"排序按"下拉列表框中选择主关键字序列，这里选择"列 2"作为主关键字排序列。在其下面的"顺序"下拉列表框中选择是按字母还是按数字、是升序还是降序排序。这里分别选择"按字母顺序"选项和"升序"选项。

（4）在"再按"中选择作为子排序列的列，这里选择"列 3"选项。在其下的"顺序"中选择子排序列的排序方式，这里分别选择"按数字顺序"选项和"升序"选项，如图 19.29 所示。

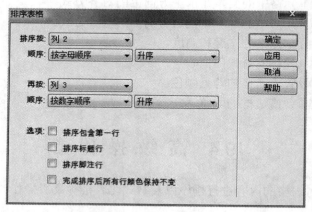

图 19.29　"排序表格"对话框

（5）单击"确定"按钮关闭对话框，对表格的内容进行排序，结果如图 19.30 所示。

在"排序表格"对话框的"选项"栏进行设置，其中各项参数的含义如下：

（1）排序包含第一行：将表格的第一行包括在排序中。

（2）排序标题行：指定使用与 body 行相同的条件对表格 thead 部分中的所有行进行排序，前提是 thead 部分存在。

姓名	学号	编号
王五	060712	13
赵梦	060721	10
张三	060721	35
王三	060739	21
张军	060748	32
李四	060835	42
李明	060836	25

图 19.30　排序后的表格

（3）排序脚注行：指定使用与 body 行相同的条件对表格 tfoot 部分中的所有行进行排序，前提是 tfoot 部分存在。

（4）完成排序后所有行颜色保持不变：指定排序后表格行的属性应该保持与相同内容的关联。

19.4.3　格式化

格式化即设置表格的格式，其具体操作步骤为：选择"格式化表格"命令，弹出"格式化表格"对话框，在其左上角列表框中选择一种表格样式，或在下方的设置区域中对表格进行设置，如图 19.31 所示。设置后单击"确定"按钮，如图 19.32 所示为格式化后的表格。

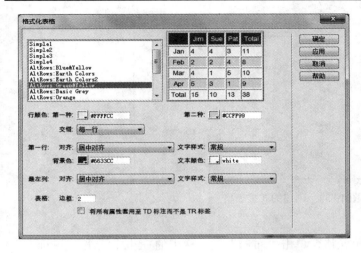

图 19.31　"格式化表格"对话框　　　　　　　　图 19.32　格式化后的表格

19.5　使用布局视图进行网页布局

使用表格除了可以制作表格外，还可以布局网页。用表格布局网页有两种方法：一种是手工添加布局表格，其方法和添加普通表格一样，只要将表格边框的粗细设置为 0，表格的间距设置为 0，根据需要手动设置每个单元格的宽度和高度即可；另一种是在布局视图中创建布局表格和布局单元格，从而对网页进行布局。

19.5.1　创建布局表格和布局单元格

要使用布局表格和布局单元格，首先要将编辑窗口切换到布局模式，然后创建布局表格，再在布局表格中添加布局单元格进行页面布局。

1. 切换到布局视图

将插入栏切换到"布局"插入栏，单击"布局"按钮，将编辑窗口切换到布局模式，此时"布局"插入栏中的"布局表格"按钮和"布局单元格"按钮被激活，如图 19.33 所示。

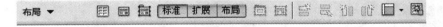

图 19.33　切换到布局视图

2. 创建布局表格

将编辑窗口切换到布局视图后就可以添加布局表格，在"布局"插入栏中单击回按钮，此时鼠标指针变为＋形状，按住鼠标左键不放，拖动到所需位置后释放鼠标即可。如图 19.34 所示为创建的布局表格。

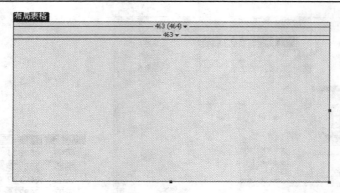

图 19.34　创建的布局表格

3. 创建布局单元格

添加布局表格可以添加布局单元格，单击"布局"插入栏中的 ▣ 按钮，按住鼠标左键不放，从左上角向右下角拖动到适合大小后释放鼠标即可。如图 19.35 所示为在布局表格中创建的布局单元格。

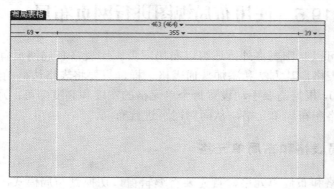

图 19.35　创建的布局单元格

4. 创建嵌套布局表格

在布局表格中还可以创建嵌套的布局表格，单击"布局"插入栏中的 ▣ 按钮，然后在已创建的布局表格中拖动鼠标光标即可创建嵌套布局表格，如图 19.36 所示。

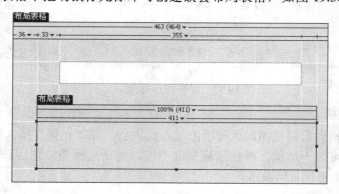

图 19.36　创建的嵌套布局表格

19.5.2 设置布局表格和布局单元格属性

1. 设置布局表格属性

在布局表格的空白位置处单击鼠标，将显示布局表格的"属性"面板，如图 19.37 所示。其中各项含义如下：

(1) 宽：设置表格的宽度，该栏中有"固定"和"自动伸展"两个单选按钮。当选中"固定"单选按钮时，可在后续操作中设置布局表格的宽度；当选中"自动伸展"单选按钮时，表格的宽度将自动伸展到整个窗口的宽度。

(2) 高：设置表格的高度。

(3) 背景颜色：设置表格的背景颜色。

(4) 填充：设置单元格的边框与内容的距离。

(5) 间距：设置每个单元格之间的间距。

图 19.37 布局表格的"属性"面板

2. 设置布局单元格属性

在布局单元格中的边框线上单击鼠标，将显示和布局表格一样的布局单元格"属性"面板，如图 19.38 所示，其中各项的含义和布局表格类似。

图 19.38 布局单元格的"属性"面板

(1) 宽：设置布局单元格的宽度，该栏中有"固定"和"自动伸展"两个单选按钮。当选中"固定"单选按钮时，可在后续操作中设置布局表格的宽度；当选中"自动伸展"单选按钮时，该布局单元格的宽度将自动随着布局表格宽度的变化而变化。

(2) 高：设置布局单元格的高度。

(3) 背景颜色：设置布局单元格的背景颜色。

(4) 水平：设置布局单元格的水平对齐方式。

(5) 垂直：设置布局单元格的垂直对齐方式。

第20章　文本和图像

　　文本和图像是网页中最常见、应用最广的元素，也是网页存在的基础，因此文本和图像的编辑非常重要。

20.1　文本添加

20.1.1　添加文本的方法

　　在网页中添加文本可以采用直接输入文本、从其它文档中复制文本和导入文本三种方法。

　　1. 输入文本

　　最常用的是直接输入文本，其方法只需将光标移动到需添加文本的位置，打开所需的输入法直接输入文本，如图 20.1 所示。

图 20.1　正在输入网页文本

　　2. 复制文本

　　为节省输入文本的时间，提高网页制作速度，有时可从其它文档中复制文本。先选择要复制的文本，如图 20.2 所示，选择"编辑"→"复制"命令或按 Ctrl+C 键复制，然后转到 Dreamweaver 8 中，将光标移到需添加文本的位置，再按 Ctrl+V 键进行粘贴即可，如图 20.3 所示。

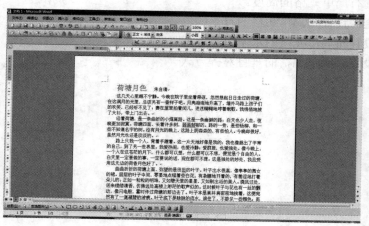

图 20.2　原始文本

图 20.3　复制文本

3．导入文本

使用 Dreamweaver 8 可以导入 XML 模板、表格式数据、Word 及 Excel 等格式的文档，下面以导入 Excel 中的表格数据为例进行介绍，其具体操作步骤如下：

(1) 选择"文件"→"导入"→"Excel 文档"命令，弹出"导入 Excel 文档"对话框。

(2) 在"查找范围"中选择导入文档的路径，选择要导入的文件，这里选择"在校情况统计.xls"文件，再在"格式化"下拉列表框中选择需要保留的格式，这里选择"文本、结构、基本格式(粗体、斜体)"选项，如图 20.4 所示。

(3) 单击"打开"按钮，导入"在校情况统计.xls"文件的内容，如图 20.5 所示。

图 20.4　"导入 Excel 文档"对话框

图 20.5　导入的内容

20.1.2　添加日期

在 Dreamweaver 8 中，可以插入当前系统日期或时间，其具体操作步骤如下：

(1) 将光标移到需要插入的位置，选择"插入"→"日期"命令，弹出如图 20.6 所示的"插入日期"对话框，同时，还可以设置星期格式、日期格式和时间格式。

（2）选中"储存时自动更新"复选框，这样在保存文档时都会自动更新当前的日期。单击"确定"按钮，在网页中可以插入日期和时间，如图 20.7 所示。

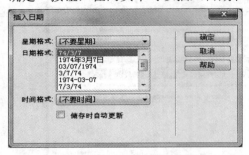

　　　　图 20.6　"插入日期"对话框　　　　　　　图 20.7　在网页中插入日期和时间

20.1.3　添加水平线

在进行网页编辑时，有时需要使用水平线将各种对象分隔开来，如在标题和正文之间添加一条水平线，如图 20.8 所示。

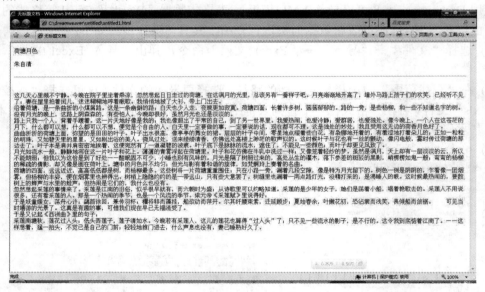

图 20.8　网页中的水平线

1. 添加水平线

在编辑窗口中将光标移到需要插入水平线的位置，选择"插入"→"HTML"→"水平线"命令，即可实现水平线的添加。也可将"插入"栏切换到"HTML"插入栏，单击 按钮添加水平线，如图 20.9 所示。

图 20.9　插入水平线

2. 修改水平线

对于插入的水平线有时还要修改其宽度、高度及对齐方式等属性。其操作方法为：选择要修改的水平线，此时"属性"面板如图 20.10 所示。在"宽"和"高"文本框中可修改水平线的宽度和高度值；在"对齐"下拉列表框中设置水平线的对齐方式，如左对齐、居中对齐、右对齐等；选中"阴影"复选框，水平线会有阴影效果。

图 20.10 "属性"面板

20.1.4 添加特殊字符

编辑文本时，有时需要输入一些特殊字符(如商标符号™)，而这些特殊字符无法通过键盘直接输入，这时就需要手动选择添加特殊字符，其具体操作步骤如下：

(1) 将光标移到所需位置。

(2) 单击"插入"栏右边的 ▼ 按钮，在弹出的菜单中选择"文本"命令，如图 20.11 所示。将"插入"栏切换为"文本"插入栏，如图 20.12 所示。

(3) 单击 按钮右侧的 按钮，弹出如图 20.13 所示的菜单，选择需添加的特殊字符即可。

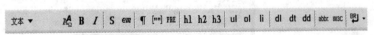

图 20.11 选择"文本"命令   图 20.12 "文本"插入栏

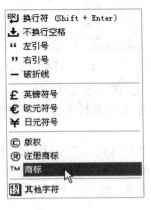

图 20.13 选择特殊字符

20.2　文　本　格　式

文本是网页中最主要的内容，如果网页中的文本样式太单调就会影响网页的视觉效果，因此，需要对文本的格式进行设置，使其更加美观。

文本的格式设置是在文本"属性"面板中进行的。"属性"面板如图 20.14 所示，首先选择要设置的文本，然后设置文本的字体格式和段落格式。

图 20.14　"属性"面板

20.2.1　设置字体格式

文本的字体格式包括设置字体、字号、颜色等。

1. 字体

首先要选择文本，在"字体"下拉列表框中选择需要的字体。在默认情况下，在"字体"下拉列表框中可以选择的字体很少，一般情况下不能满足编辑网页文本的需求，这时可以在"字体"下拉列表框中选择"编辑字体列表"选项，在弹出的"编辑字体列表"对话框中增加需要的字体，其具体操作步骤如下：

(1) 在文本"属性"面板的"字体"下拉列表框中选择"编辑字体列表"选项，弹出"编辑字体列表"对话框，如图 20.15 所示。

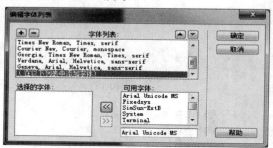

图 20.15　"编辑字体列表"对话框

(2) 在"可用字体"列表框中选择需要添加的字体，单击"《"按钮将其添加到左侧的"选择的字体"列表框中。如果要添加多种字体，重复操作即可；若需取消某种字体，选择该字体后单击"》"按钮即可。

(3) 选择一个字体样式后单击"字体列表"列表框左上角的"+"按钮可将该字体添加到"字体"下拉列表框；如果需删除某个字体样式，选择该样式后单击"–"按钮即可。

(4) 单击"确定"按钮关闭对话框，完成字体的添加。

2. 字号

设置字体大小可在"大小"下拉列框表中选择需要的字号。字号除了用数字表示外，还有"极小"、"极大"等选项，其含义如下：

(1) 较大：在原字号的基础上大一点。

(2) 较小：在原字号的基础上小一点。

(3) 极大：介于 24～36 之间的字号。

(4) 特大：介于 16～18 之间的字号。

(5) 大：介于 14～16 之间的字号。

(6) 中：介于 12～14 之间的字号。

(7) 小：介于 10～12 之间的字号。

(8) 特小：使用比极小大一点的字号。

(9) 极小：使用最小的字号。

3. 颜色

在 Dreamweaver 中，对网页中的文本不但可以进行字体和大小设置，还可对颜色进行修改。修改颜色的具体步骤如下：

(1) 选择要设置颜色的文本，单击"属性"面板中的 ▢ 按钮，弹出颜色列表，如图 20.16 所示。

(2) 此时鼠标指针变为 ✐ 形状，单击需要的颜色，即可将文本设置为该颜色。

(3) 如果列表中没有需要的颜色，可单击 ◉ 按钮，弹出"颜色"对话框，在其中选择需要的颜色，如图 20.17 所示。

(4) 单击"确定"按钮关闭"颜色"对话框，此时即可将文本设置为该颜色。

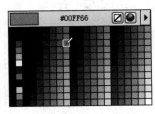
图 20.16　颜色列表

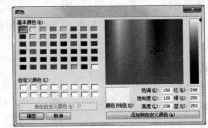
图 20.17　"颜色"对话框

20.2.2　设置段落格式

为了对网页文档进行宏观设置，需要改变网页文档的布局，这时需要设置文本的段落格式。段落格式包括设置段落的缩进、对齐方式和列表项等。

1. 段落的缩进

设置段落缩进包括增加段落的缩进和减少段落的缩进两种。将光标移到需要设置格式的段落中，单击"文本缩进"按钮 ▤ 可增加缩进该段落，单击"文本凸出"按钮 ▤ 可减少段落的缩进。

2. 段落的对齐

可以对文本段落进行居中、左对齐、右对齐、两端对齐等操作。操作的步骤是首先将光标移到需要设置对齐方式的段落中，单击"属性"面板中的"左对齐"按钮，将对齐方式设置为左对齐，效果如图 20.18 所示；单击"属性"面板中的"居中对齐"按钮，将对齐方式设置为居中对齐，效果如图 20.19 所示；单击"右对齐"按钮，将对齐方式设置为右对齐，效果如图 20.20 所示；单击"两端对齐"按钮，将对齐方式设置为两端对齐，效果如图 20.21 所示。

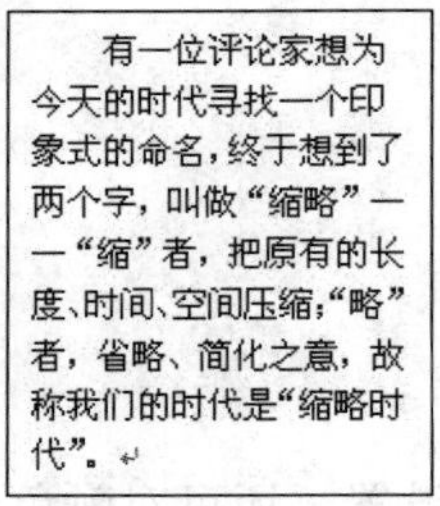

图 20.18　左对齐 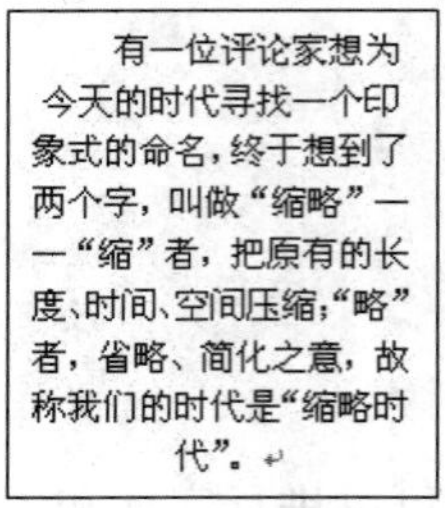　　　图 20.19　居中对齐 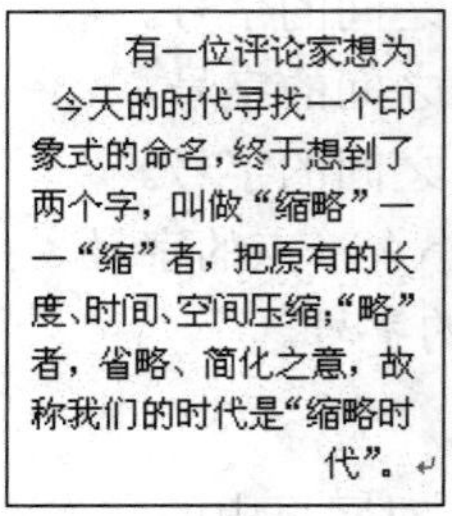　　　图 20.20　右对齐 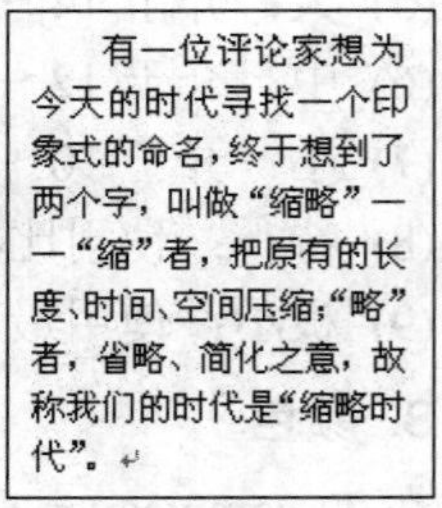　　　图 20.21　两端对齐

20.2.3　创建列表

列表有项目列表和编号列表两种，用列表的方式进行罗列可使内容更直观，它们常应用于条款和列举等类型的文本中。

1. 项目列表

选择所需要设置的文本(如图 20.22 所示)，单击"属性"面板中的"项目列表"按钮(如图 20.23 所示)，即可将文本设置为项目列表样式，如图 20.24 所示。

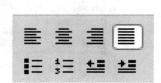

图 20.22　原始图　　　图 20.23　"属性"面板中的按钮 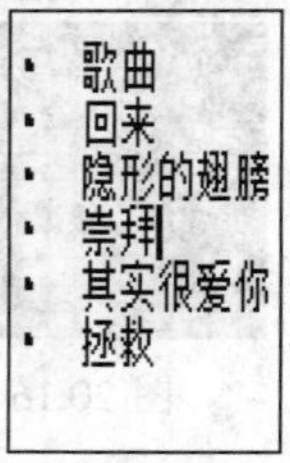　　　图 20.24　应用项目列表后的效果

2. 编号列表

选择所需要设置的文本(如图 20.22 所示)，单击"属性"面板中的"编号列表"按钮(如图 20.23 所示)，即可将文本设置为编号列表样式，如图 20.25 所示。

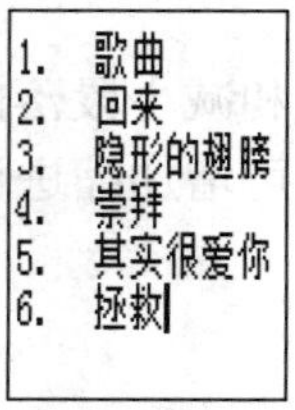

图 20.25　应用编号列表后的效果

20.3　图　　像

图像不但美观，可在网页中起点缀的作用，而且可用于传递一些用文字无法表达的信息。在网页中图像一般作为网页的内容或作为网页及其它对象的背景。图像文件的格式很多，在网页中常用到的有三种，即 GIF、JPEG 和 PNG。网页图像素材的来源很多，主要有自己制作、购买网页素材、从网站中下载三种方式。

20.3.1　直接插入图像

选择"插入"→"图像"命令，可以直接在网页中插入图像，其具体操作步骤如下：

(1) 将光标移到需要插入图像的位置。

(2) 选择"插入"→"图像"命令，弹出"选择图像源文件"对话框。

(3) 在"查找范围"下拉列表框中选择所需图片的位置，并选择需要的文件，如图 20.26 所示。

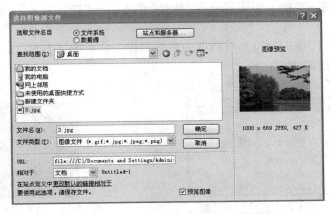

图 20.26　"选择图像源文件"对话框

(4) 单击"确定"按钮，弹出一个提示对话框，询问是否将图像复制到站点的根文件夹中，单击"是"按钮，如图 20.27 所示。

(5) 在弹出的"复制文件为"对话框中单击"保存"按钮，如图 20.28 所示。

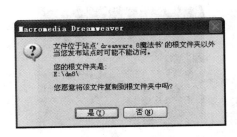

图 20.27　提示是否复制图像文件

图 20.28　"复制文件为"对话框

(6) 在弹出的"图像标签辅助功能属性"对话框中单击"确定"按钮(如图 20.29 所示)，将图像插入到网页中，效果如图 20.30 所示。

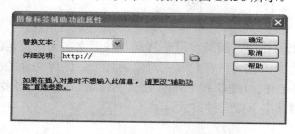

图 20.29　"图像标签辅助功能属性"对话框

图 20.30　插入图像

20.3.2　插入图像占位符

有时候需要在网页的某个位置插入一个图像，但还没有确定插入哪幅图像，此时可以先插入一个图像占位符占据图像的位置，等确定图像后再在占位符中插入图像。其具体操作步骤如下：

(1) 将光标移到需要插入图像的位置，选择"插入"→"图像对象"→"图像占位符"命令。

(2) 在弹出的"图像占位符"对话框中设置图像占位符的"名称"、"宽度"、"高度"和"颜色"，如图 20.31 所示。

(3) 设置完成后单击"确定"按钮，即可插入图像占位符，如图 20.32 所示。

图 20.31　"图像占位符"对话框

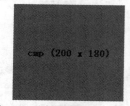

图 20.32　插入的图像占位符

(4) 双击图像占位符，将弹出"选择图像源文件"对话框(如图 20.33 所示)，此后使用直接插入图像的方法即可插入图像，如图 20.34 所示。

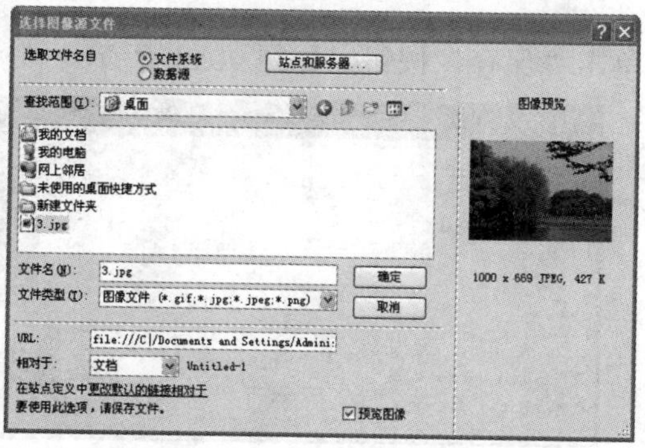

图 20.33　"选择图像源文件"对话框

图 20.34　插入图像

20.3.3　插入鼠标经过图像

鼠标经过图像是指在浏览器中查看网页时，当鼠标指针经过该图像时会显示另外一幅图像的动态效果。插入鼠标经过图像时，需要准备两幅图像——原始图像和鼠标经过图像，默认情况下显示原始图像。当鼠标指针移到图像的范围内时，显示鼠标经过图像；鼠标移出图像范围时则恢复原始图像。插入鼠标经过图像的具体步骤如下：

(1) 在编辑窗口中将光标移到要插入鼠标经过图像的位置。

(2) 单击插入栏中![]按钮右侧的▼按钮，在弹出的下拉菜单中选择"鼠标经过图像"命令，如图 20.35 所示，或选择"插入"→"图像对象"→"鼠标经过图像"命令，弹出"插入鼠标经过图像"对话框，如图 20.36 所示。

图 20.35　选择"鼠标经过图像"命令　　　　图 20.36　"插入鼠标经过图像"对话框

(3) 在"图像名称"文本框中输入图像的名称，单击"原始图像"和"鼠标经过图像"文本框后面的"浏览"按钮，选择相应的图像，在"替换文本"文本框中输入替换文本。

(4) 单击"确定"按钮，关闭"插入鼠标经过图像"对话框，鼠标经过图像插入到编辑窗口中，按 F12 键在 IE 浏览器中进行预览，当鼠标指针经过原始图像时将显示鼠标经过图像，如图 20.37 所示。

图 20.37　插入鼠标经过图像示意图

20.3.4　插入导航条

导航条是由多个按钮组成的，在制作时为每个按钮准备 1～4 张图片，分别对应按钮的不同状态，当鼠标指针经过或单击这些按钮时，会显示相应的按钮图片并跳转到对应的网页。

插入导航条的具体步骤如下：

(1) 将光标移到要插入导航条的位置。

(2) 选择"插入"→"图像对象"→"导航条"命令，弹出"插入导航条"对话框，如图 20.38 所示。

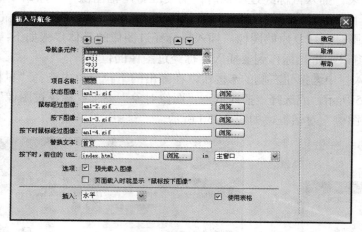

图 20.38　"插入导航条"对话框

(3) 在"项目名称"文本框中输入第一个按钮的名称，该名称显示在"导航条元件"列表框中。

(4) 分别单击"状态图像"、"鼠标经过图像"、"按下图像"和"按下时鼠标经过图像"文本框后的"浏览"按钮，在弹出的对话框中选择第一个按钮的 4 个不同状态的图像文件。

(5) 在"替换文本"文本框中输入当导航条错误显示时所显示的文本内容。

(6) 单击"按下时，前往的 URL"文本框后的"浏览"按钮，在弹出的对话框中选择单击该按钮时跳转的目标文件，然后在"in"下拉列表框中选择打开文件的目标窗口。

(7) 在"选项"栏中选中"预先载入图像"复选框，表示在浏览时浏览器全部下载这些图像到本地站点中；如果选中"页面载入时就显示"鼠标按下图像"复选框，则网页被浏览器载入后，将图像显示为按下状态。

(8) 单击对话框上方的"+"按钮可以添加其它导航元件，重复以上操作即可。

(9) 在"插入"下拉列表框中选择导航条在网页中的放置方向。

(10) 单击"确定"按钮关闭"插入导航条"对话框，完成导航条的添加。如图 20.39 所示为插入导航条的效果。

图 20.39　导航条示意图

20.3.5　设置图像属性

有时候需要对已经插入页面中的图像进行命名、设置大小、修改源文件、设置图像说明、设置对齐方式、设置边距和添加边框等操作，这时可以通过设置图像的属性来完成。选择要设置的图像，选择右键菜单中的"属性"命令，弹出如图 20.40 所示的"属性"面板。

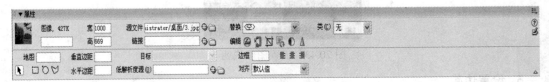

图 20.40　图像的"属性"面板

下面介绍图像"属性"面板中各选项的含义及操作方法。

1．图像命名

在"图像"文本框中可以对图像进行命名，这样在使用行为或编写脚本程序时，可以用该名字来引用该图像。

2．设置源文件

在"源文件"文本框中显示当前图像文件的路径和名称，如果要重新选择一幅图像，可直接输入新图像文件的路径和名称或单击 按钮，在弹出的"选择图像源文件"对话框中进行选择。也可以使用鼠标拖动"源文件"文本框后边的 图标到页面中或"文件"面板中的其它图像上，从而选择该图像，如图 20.41 所示。

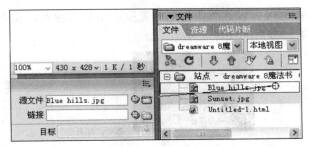

图 20.41　设置源文件

3．设置图像大小

在"宽"和"高"文本框中显示当前图像的大小，单位为像素(dpi)。若要改变图像的宽度和高度，可以在"宽"和"高"文本框中输入新数据，如图 20.42 所示。

图 20.42　设置图像大小

4．设置图像说明

在"替换"下拉列表框中可以输入图像的说明。当浏览该网页时，当鼠标移到该图像上时，鼠标指针右下方会显示该图像的说明；当图像无法显示时，也会在图像的位置上显示该图像的说明，如图 20.43 所示。

图 20.43　设置图像说明

5. 设置边距

在"垂直边距"和"水平边距"文本框中可以设置图像与文本的距离。用"垂直边距"设置图像顶部和底部与文本之间的距离；用"水平边距"设置图像左侧和右侧与文本间隔的距离。如图 20.44 所示为设置不同值时的效果。

图 20.44　不同边距的不同显示效果

6. 设置图像边框

通过"边框"文本框可以设置图像边框的宽度，单位为像素，输入 0 表示无边框。如图 20.45 所示为设置边框后的图像显示效果。

图 20.45　设置图像边框的显示效果

7. 设置对齐方式

在既有图像又有文字的网页中，可以通过"属性"面板的"对齐"下拉列表框设置图像与文本的对齐方式，如图 20.46 所示。

"对齐"下拉列表框中各项的含义如下：

(1) 默认值：取决于浏览器，一般指基线对齐。

(2) 基线：将文本基准线和图像底端对齐，如图 20.47 所示。

(3) 顶端：将文本中最高字符的顶端和图像顶端对齐，如图 20.48 所示。

(4) 居中：将文本基准线和图像的中部对齐，如图 20.49 所示。

(5) 底部：将文本和图像底端对齐，如图 20.50 所示。

(6) 文本上方：将文本行中最高字符和图像的上端对齐，一般和"顶端"对齐的效果没有多大区别，如图 20.51 所示。

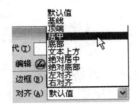

图 20.46　图像与文本的对齐

图 20.47　基线对齐

图 20.48　顶端对齐

图 20.49　居中对齐

图 20.50　底部对齐

图 20.51　文本上方对齐

(7) 绝对居中：将图像的中部和文本中部对齐，如图 20.52 所示。

(8) 绝对底部：将文本的绝对底部和图像对象对齐，如图 20.53 所示。

(9) 左对齐：将图像放置在左边，右边绕排文本，如图 20.54 所示。

(10) 右对齐：将图像放置在右边，左边绕排文本，如图 20.55 所示。

图 20.52　绝对居中

图 20.53　绝对底部对齐

图 20.54　左对齐

图 20.55　右对齐

20.3.6　创建网页相册

网页相册是在一个页面中显示图片的缩略图，用户单击该缩略图时，会打开一个网页并显示该图片。创建网页相册的具体步骤如下：

(1) 选择"创建网站相册"命令，弹出"创建网站相册"对话框。

(2) 在"相册标题"文本框中输入相册的标题，单击"源图像文件夹"和"目标文件夹"文本框后面的"浏览"按钮，在弹出的"选择一个文件夹"对话框中选择保存源图像文件的文件夹和保存目标文件的文件夹，如图 20.56 所示。

(3) 单击"确定"按钮，Dreamweaver 将启动 Fireworks 并创建缩略图和大尺寸图像，当相册建立完成后将弹出一个提示对话框，如图 20.57 所示。

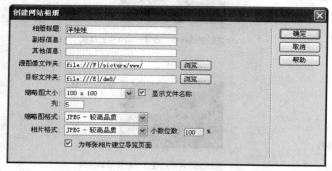

图 20.56　"创建网站相册"对话框　　　　　　　图 20.57　相册建立完成

(4) 单击"确定"按钮，即可看到创建的相册网页，缩略图将会按图像名称字母排序顺序显示，如图 20.58 所示。

(5) 按 F12 键可以在浏览区中进行预览，如图 20.59 所示。单击缩略图，会打开一个网页窗口并显示该图像的放大图像，如图 20.60 所示。

图 20.58　建立的网页相册　　　　图 20.59　在浏览区中预览　　　　图 20.60　显示放大的图像

第 21 章 表 单

表单是在网页中让浏览用户填写信息的网页元素,如用户注册、用户留言及邮箱登录等。表单通常由单选按钮、复选框、文本框以及按钮等多种表单对象组成,如图 21.1 所示。通过表单可以将用户填写的内容上传到网页服务器中,网页服务器对收集的信息进行处理,并做出相应的反应。

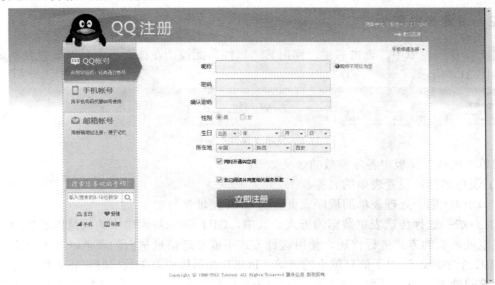

图 21.1 表单页面

例如,用户登录表单,将用户输入的用户名和密码上传到网页服务器,网页服务器判断是否有该用户,以及密码是否正确。如果用户和密码都正确,就让用户跳转到登录后的页面,否则将拒绝登录并给出错误信息。

21.1 表单创建及设置

21.1.1 创建表单

制作表单页面要先创建表单,然后在表单中添加表单对象。

将插入栏切换到"表单"插入栏,如图 21.2 所示,其中最右侧的"表单"按钮用于在页面中载入表单,其它按钮用于在表单中添加表单对象。

图 21.2　"表单"插入栏

创建表单的具体步骤如下：

(1) 将光标移到所需位置。

(2) 单击"表单"插入栏中的"表单"按钮▣或选择"插入"→"表单"→"表单"命令，在编辑窗口中添加表单，如图 21.3 所示。

图 21.3　创建表单

21.1.2　设置表单属性

将光标移到表单中，点击右键，弹出其"属性"面板，在该面板中可以设置表单属性，如图 21.4 所示。

图 21.4　表单"属性"面板

表单"属性"面板中各项参数的含义如下：

(1) 表单名称：设置表单的名称。

(2) 动作：用于处理表单的程序或页面的 URL 地址。

(3) 方法：选择传送表单数据的方式。其中，GET 表示将表单中的信息以追加到处理程序地址后面的方式进行传送，使用这种方式不能发送信息量大的表单，其内容不能超过 8192 个字符，适用于信息量小的表单；POST 表示传送表单数据时它将表单信息嵌入到请求的处理程序中，理论上这种方式对表单的信息量不受限制；"默认"选项表示采用浏览器默认的设置对表单数据进行传送，一般的浏览器默认以 GET 方式传送。

(4) 目标：打开返回信息网页的方式。

(5) MIME 类型：指定提交给服务器进行处理的数据所使用的编码类型。默认为 application/x-www-form-urlencoded，通常与 POST 方法协同使用。

21.2　添加表单对象

表单对象比较多，包括文本字段、字段集、按钮、单选按钮、复选框、列表/菜单、跳转菜单、隐藏域、文件域和图像域等，它们的作用有所不同，下面分别进行介绍。

21.2.1　添加文本字段

文本字段是最常见的表单对象之一，可接受文本内容的输入，有单行、多行和密码三种类型，如图 21.5 所示。

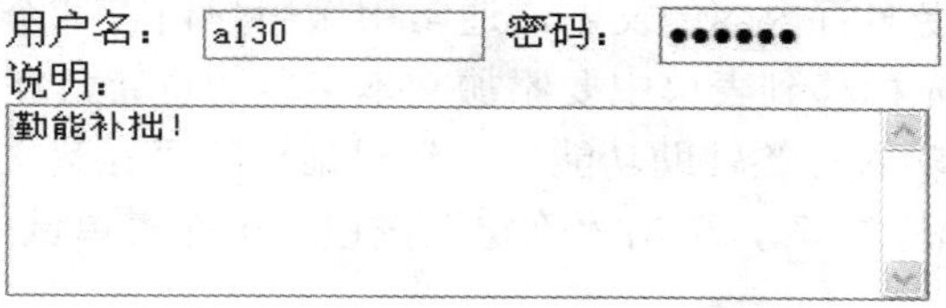

用户名：a130　密码：●●●●●●
说明：
勤能补拙！

图 21.5　文本字段

1．单行文本字段的添加

由于单行文本可接受的文本内容比较少，因此通常用于用户输入姓名、地址、邮箱地址等。插入单行文本字段的步骤为：将光标移到表单中要添加文本字段的位置，在"表单"插入栏中单击 按钮，在弹出的"输入标签辅助功能属性"对话框的"标签文字"文本框中输入文本字段的标签，如"用户名："(如图 21.6 所示)，单击"确定"按钮即可在表单域中添加单行文本字段，如图 21.7 所示。

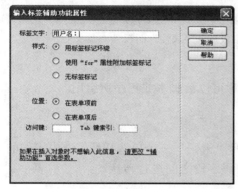

用户名：

图 21.6　"输入标签辅助功能属性"对话框　　　图 21.7　插入的单行文本字段

选择添加的文本字段，点击右键，弹出其"属性"面板，在该面板中将显示单行文本域的各项参数，如图 21.8 所示。

图 21.8　选择文本字段后的"属性"面板

该面板中各项参数的含义如下：

(1) 文本域：输入文本字段的名称，该名称可以被脚本或程序引用。

(2) 字符宽度：设置文本字段的宽度。

(3) 最多字符数：设置单行文本字段中所能输入的最大字符数。

(4) 类型：选中不同的单选按钮可以在单行文本字段、多行文本字段和密码字段之间进行转换。

(5) 初始值：输入文本字段默认的显示内容，如"请输入用户名"，若不输入内容，文本字段默认状态将显示为空白。

2. 多行文本字段的添加

多行文本字段可接受多行内容的文本，通常用做用户留言、个人介绍等。插入多行文本字段的步骤为：将光标移到表单中要添加文本字段的位置，在"表单"插入栏中单击 按钮，在弹出的"输入标签辅助功能属性"对话框的"标签文字"文本框中输入文本字段的标签，如"请留言："，单击"确定"按钮即可在表单域中添加多行文本字段，如图 21.9 所示。

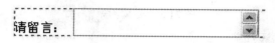

图 21.9　插入的多行文本字段

选择添加的多行文本字段，点击右键，弹出其属性面板，该面板中将显示多行文本域的参数，如图 21.10 所示。

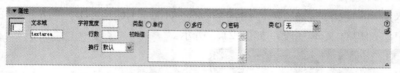

图 21.10　选择多行文本字段后的"属性"面板

该面板中各项参数的含义如下：

(1) 文本域：输入文本字段的名称，该名称可以被脚本或程序所引用。

(2) 字符宽度：设置文本字段的宽度。

(3) 行数：设置多行文本字段中的可见行数。

(4) 类型：其中包含"单行"、"多行"和"密码"三个单选按钮，选中不同的单选按钮可以在单行文本字段、多行文本字段和密码字段之间进行转换。

(5) 初始值：输入文本字段默认的显示内容。

(6) 换行：用于设置当文本字段中的内容超过一行时的换行方式，有"默认"、"关"、"虚拟"和"实体"四种方式。其中，"默认"表示使用访问者浏览器默认的自动换行方式；"关"表示当编辑文本超过了文本域指定的宽度时，自动添加水平滚动条；"虚拟"表示当编辑文本超过了文本字段指定的宽度时，在排满文本域宽度时自动换行；"实体"表示编辑文本超过了文本域指定的宽度时，在排满文本域宽度时也可自动换行，而这里的自动换行是带有回车符的，即强制换行。

21.2.2　添加字段集

使用字段集可以在网页中显示圆角矩形方框，并在方框的右上角显示一个标题文字。这样就可以将一些相关的表单对象放置在一个字段集内，以和其它表单对象进行区分。添加字段集的具体步骤如下：

(1) 单击"表单"插入栏中的 按钮，在弹出的"字段集"对话框的"标签"文本框中输入字段集的标签，如"上传文件"，如图 21.11 所示。

(2) 单击"确定"按钮插入字段集，如图 21.12 所示。

图 21.11　"字段集"对话框　　　　　　　　图 21.12　插入字段集

（3）在字段集中添加其它表单对象，如插入一个文件域和一个按钮，如图 21.13 所示。按 F12 键预览，效果如图 21.14 所示。

图 21.13　插入其它表单对象　　　　　　　图 21.14　插入的字段集效果

21.2.3　添加按钮

表单中的按钮有"提交"、"重置"和编写脚本才能执行相应操作三种类型。"提交"按钮用于将表单的内容提交到服务器；"重置"按钮用于将表单中的内容恢复到初始状态；第三种按钮是需要用户编写脚本才能执行相应操作，否则单击无回应。添加按钮的具体步骤如下：

（1）将光标移到表单中要添加按钮的位置。

（2）单击"表单"插入栏中的 ▢ 按钮，在弹出的"输入标签辅助功能属性"对话框中单击"确定"按钮即可在表单中添加按钮，其中默认添加"提交"按钮，如图 21.15 所示。

图 21.15　添加的按钮

选中添加的按钮，点击右键，弹出其"属性"面板，如图 21.16 所示。

图 21.16　选中按钮后的"属性"面板

该面板中各项参数的含义如下：

（1）按钮名称：设置按钮的名称。

（2）值：设置显示在按钮上的文本。

（3）动作：其中"提交表单"表示单击该按钮可提交表单；"无"表示需手动添加脚本才能执行相应操作，否则单击无回应；"重设表单"表示单击按钮可将表单中的内容恢复到默认状态。

21.2.4　添加单选按钮

在同一组单选按钮中只能选中一个单选按钮，当选中其中一个单选按钮后，再选中其它单选按钮时，则先选中的单选按钮将会取消选中。因此，单选按钮常被用做性别、学历等的选择。添加单选按钮的具体步骤如下：

（1）将光标移到表单中要添加单选按钮的位置。

（2）单击"表单"插入栏中的 ◉ 按钮，在弹出的"输入标签辅助功能属性"对话框的"标签文字"文本框中输入单选按钮的标签，如"男"。

(3) 单击"确定"按钮在表单中添加一个单选按钮，如图 21.17 所示。

(4) 重复上面的操作，添加其它单选按钮，按 F12 键进行预览，这时只能选中一个单选按钮，如图 21.18 所示。

图 21.17　添加的单选按钮 　　　　　图 21.18　只能选中一个单选按钮

选中添加的单选按钮，点击右键，弹出如图 21.19 所示的"属性"面板。

图 21.19　选中单选按钮后的"属性"面板

该面板中各项参数的含义如下：

(1) 单选按钮：输入单选按钮的名称。

(2) 选定值：输入选中单选按钮时发送给服务器的值。

(3) 初始状态：设置在浏览器中首次载入表单时单选按钮是否处于选中状态。

21.2.5　添加复选框

复选框允许在一组选项中选择一个或多个选项。添加复选框的具体步骤如下：

(1) 将光标移到表单中要添加复选框的位置。

(2) 单击"表单"插入栏中的☑按钮，在弹出的"输入标签辅助功能属性"对话框中的"标签文字"文本框中输入复选框的标签，如"听音乐"。

(3) 单击"确定"按钮，可以在表单中添加一个复选框，如图 21.20 所示。

(4) 重复上面的操作，添加其它复选框，按 F12 键进行预览，用户可以同时选中多个复选框，如图 21.21 所示。

图 21.20　添加的复选框 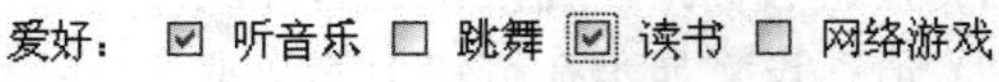　　　　　　图 21.21　多个复选框

选中添加的复选框，点击右键，弹出其"属性"面板，如图 21.22 所示。

图 21.22　选中复选框后的"属性"面板

该面板中各项参数的含义如下：

(1) 复选框名称：输入复选框名称。

(2) 选定值：输入该复选框被选中时发送给服务器的值。

(3) 初始状态：设置浏览器首次载入表单时复选框是否处于选中状态。

21.2.6　添加列表/菜单

列表/菜单以列表框或下拉列表框的形式提供了多个选项。在列表中可以选择多个选项，而菜单只允许选择一项。添加列表/菜单的具体步骤如下：

(1) 将光标移到表单中要添加列表或菜单的位置。

(2) 单击"表单"插入栏中的■按钮，在弹出的"输入标签辅助功能属性"对话框的"标签文字"文本框中输入列表/菜单的标签，如"软件分类"。

(3) 单击"确定"按钮在表单中添加一个菜单，如图 21.23 所示。

(4) 选择添加的列表或菜单，点击右键，弹出其"属性"面板，单击其中的"列表值"按钮，弹出"列表值"对话框，如图 21.24 所示。

(5) 在该对话框中可添加项目标签及相应的值。在列表框的"项目标签"栏中输入项目名称，单击"+"按钮添加下一条项目标签。重复操作直至完成整个项目标签的设置，最后单击"确定"按钮关闭对话框，完成菜单对象的添加。

(6) 按 F12 键进行预览，效果如图 21.25 所示。

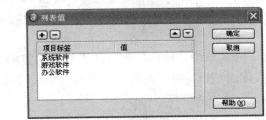 

图 21.23　添加的菜单　　　图 21.24　"列表值"对话框　　　图 21.25　设置后的列表

选择插入的列表/菜单，显示其"属性"面板，如图 21.26 所示。

图 21.26　选择列表/菜单后的"属性"面板

该面板中各项参数的含义如下：

(1) 列表/菜单：输入菜单对象的名称。

(2) 类型：用于在列表和菜单之间进行转换。

(3) 初始化时选定：用于选择在菜单对象中显示的初始项。

如果在"属性"面板的"类型"栏中选中"列表"单选按钮，可以将菜单转换为列表，同时"属性"面板中的"高度"文本框和"允许多选"复选框被激活，如图 21.27 所示。

在"高度"文本框中可设置在列表中显示的选项的行数；选中"允许多选"复选框则允许用户选择多个选项。设置后的列表如图 21.28 所示。

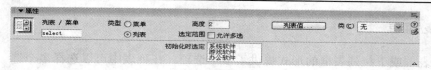

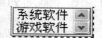

图 21.27　选中"列表"单选按钮　　　　　　　　　图 21.28　列表

21.2.7　添加跳转菜单

跳转菜单是一个特殊的菜单，每一个选项都有一个超级链接与之相对应。使用跳转菜单可以创建 Web 站点内文档的链接、其它 Web 站点上文档的链接、电子邮件链接以及图形链接等。添加跳转菜单的具体步骤如下：

(1) 将光标移到页面中需要添加跳转菜单的位置。

(2) 单击"表单"插入栏中的 按钮，弹出"插入跳转菜单"对话框，如图 21.29 所示。

(3) 在"文本"中输入菜单项的名称。

(4) 在"选择时，转到 URL"中为跳转菜单添加超级链接。

(5) 在"打开 URL 于"选择打开链接的方式，在"菜单名称"文本框中输入该菜单项的名称。

(6) 单击"+"按钮添加一个菜单项，用同样的方法设置其它菜单项。

(7) 单击"确定"按钮关闭对话框，即可在页面中添加一个跳转菜单，按 F12 键进行预览，效果如图 21.30 所示。

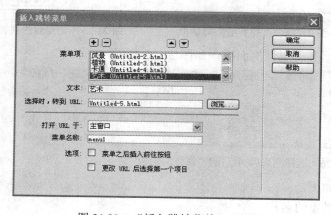

图 21.29　"插入跳转菜单"对话框　　　　　　　图 21.30　跳转菜单

21.2.8　添加隐藏域

隐藏域用于存储需要向服务器提交的信息，但不在页面上显示，如保存一些状态信息，当用户下一次访问该网页时，自动对上一次访问的状态进行显示。添加隐藏域的具体步骤如下：

(1) 将光标移到要添加隐藏域的位置。

(2) 单击"表单"插入栏中的 按钮即可在插入点处添加隐藏域，显示为 图标，如图 21.31 所示。

图 21.31 添加的隐藏域

选择添加的隐藏域图标，点击右键，弹出其"属性"面板，如图 21.32 所示。

图 21.32 选择隐藏域后的"属性"面板

该面板中各项参数的含义如下：

(1) 隐藏区域：输入隐藏域的名称，该名称可以被脚本或程序所引用。

(2) 值：输入隐藏域的值。

21.2.9 添加文件域

文件域可使访问者浏览本地电脑上的某个文件，实现上传文件的功能。添加文件域的具体步骤如下：

(1) 将光标移到表单中要添加文件域的位置。

(2) 单击"表单"插入栏中的■按钮，在弹出的"输入标签辅助功能属性"对话框的"标签文字"文本框中输入文本域的标签，如"上传附件"。

(3) 单击"确定"按钮即可在表单中添加文件域，如图 21.33 所示。

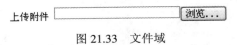

图 21.33 文件域

(4) 选择添加的文件域，可在"属性"面板中对其进行相应设置，各设置参数的含义与选择文字字段的"属性"面板相同，如图 21.34 所示。

图 21.34 选择文件域后的"属性"面板

21.2.10 添加图像域

网页中默认的按钮样式比较单一，如果需要制作一些漂亮的按钮，可以使用图像域插入一副图像来替代默认的按钮。添加图像域的具体步骤如下：

(1) 将光标移到表单中要添加图像域的位置。

(2) 单击"表单"插入栏中的■按钮，在弹出的"选择图像源文件"对话框中选择要使用的图像，效果如图 21.35 所示。

图 21.35　添加的图像

选择添加的图像域，点击右键弹出其"属性"面板，如图 21.36 所示。

图 21.36　选择图像域后的"属性"面板

该面板中各项参数的含义如下：

(1) 图像区域：设置图像区域的名称。

(2) 宽、高：设置图像区域的宽度和高度，直接在文本框中输入所需数值即可。

(3) 源文件：单击文本框后的 按钮，可重新选择图像，也可直接输入图像的路径。

(4) 对齐：设置图像的对齐方式。

(5) 编辑图像：单击该按钮可启动 Fireworks 编辑图像。

第22章 数 据 库

动态网页通过 Web 编程语言并结合数据库制作且在 Web 服务器中动态生成。在制作时相同栏目的网页只需一个网页文件，并将内容保存在数据库中，在浏览时，只需要从数据库中读取所需要的内容，并放置在动态网页的相应位置。当要增加、修改或删除部分内容时，只需修改数据库中的内容即可，而其它的内容保持不变，这样可以大大提高浏览速度，并且降低了数据的存储量。

22.1 数据库基础

数据库可以通俗地理解为存放数据的仓库，是长期存储在计算机内的、有结构的、大量的、可共享的数据集合。数据库管理系统是位于用户与操作系统之间的，帮助用户建立、使用和管理数据库的数据管理软件。用户使用的各种数据库命令以及应用程序的执行，都要通过数据库管理系统来统一管理和控制。数据库管理系统还承担着数据库的维护工作，按照数据库管理员所规定的要求，保证数据库的安全性和完整性。

数据库系统的种类非常多，在网站建设中常用的有 FoxBase、FoxPro、Access、SQL Server、MySQL、Oracle 等，下面分别进行介绍。

22.1.1 FoxBase

FoxBase 为数据库管理系统，其命令与现在时兴的 FoxPro 基本一致。数据库理论的研究在 20 世纪 70 年代后期进入较为成熟的阶段，随着 80 年代初 IBM/PC 及其兼容机的广泛使用，数据库产品的代表作之一———Ashton-Tate 公司开发的 dBASE 很快进入微机世界，成为一个相当普遍而且受欢迎的数据库管理系统。用户只需键入简单的命令，即可轻易完成数据库的建立，增添、修改、查询、索引以及产生报表或标签，或者利用其程序语言开发应用系统程序。由于其易于使用、功能较强，很快成为 80 年代中期的主导数据库系统，极盛时期它在个人计算机数据库管理系统市场上的占有率曾高达 80%～85%。继 dBASE Ⅱ之后，dBASE Ⅲ、dBASE Ⅲ Plus 以及 dBASE Ⅳ相继诞生，其功能逐渐增强。

但是，dBASE 存在的一些缺陷使其应用受到了越来越大的限制。首先，其运行速度慢，这在建立大型数据库时显得尤为突出。其次，早期的 dBASE 不带编译器，仅是解释执行，后来虽然增加了编译器，但编译与解释执行时存在许多差异。再者，由于各版本之间不相兼容，随着 dBASE 增强版本的出现，其标准变得越来越模糊，Ashton-Tate 公司不再定义 dBASE 标准，就连 dBASE Ⅳ本身也未按标准设计。后来，人们常用 Xbase 来表示各种数据库管理系统的程序设计语言。

22.1.2　FoxPro

Visual FoxPro 原名为 FoxBase，最初是由美国 Fox Software 公司于 1988 年推出的数据库产品，在 DOS 上运行，与 xBase 系列兼容。FoxPro 是 FoxBase 的加强版，最高版本为 2.6。1992 年，Fox Software 公司被 Microsoft 公司收购，然后加以发展，使其可以在 Windows 上运行，并且更名为 Visual FoxPro。FoxPro 相比 FoxBase 在功能和性能上又有了很大的改进，主要是引入了窗口、按钮、列表框和文本框等控件，进一步提高了系统的开发能力。

Visual FoxPro 简称 VFP，同 VB、Delphi 一样都是程序开发工具。由于 VFP 自带免费的 DBF 格式的数据库，在国内曾经是非常流行的开发语言，现在许多单位的 MIS 系统都是用 VFP 开发的。VFP 主要用于小规模企业单位的 MIS 系统开发，也可用于工控软件、多媒体软件等的开发。由于 VFP 不支持多线程编程，其 DBF 数据库在大量客户端的网络环境中对数据进行处理比较吃力，加之微软推出了 SQL 数据库，另有 VB、VC 等编程工具，所以对 VFP 的投入逐渐减少，目前微软已经明确表态，VFP9 将是 VFP 的最后一个版本。

22.1.3　Access

Microsoft Office Access 是微软把数据库引擎的图形用户界面和软件开发工具结合在一起的一个数据库管理系统，它是微软 Office 的一个成员。

Microsoft Office Access 以它自己的格式将数据存储在基于 Access Jet 的数据库引擎中。它还可以直接导入或者链接数据(这些数据存储在其它应用程序和数据库中)。Microsoft Access 在很多地方得到了广泛使用，如小型企业、大公司的部门等。

Access 的用途体现在以下两个方面：

(1) 用来进行数据分析。Access 有强大的数据处理、统计分析能力，利用 Access 的查询功能，可以方便地进行各类汇总、平均等统计，并可灵活设置统计的条件。例如，Access 在统计分析上万条记录、十几万条记录及以上的数据时速度快且操作方便，这一点是 Excel 无法与之相比的。因此使用 Access 可大大提高工作效率和工作能力。

(2) 用来开发软件。Access 用来开发生产管理、销售管理、库存管理等各类企业管理软件时，其最大的优点是易学。非计算机专业的人员也能轻松学会软件开发，而且其成本很低，满足了那些从事企业管理工作的人员的管理需要，可通过软件来规范同事、下属的行为，推行其管理思想。相比而言，VB、.NET、C 语言等开发工具对于非计算机专业人员来说是很难的，而 Access 则很容易。这一点体现在：实现了管理人员(非计算机专业毕业)开发软件的"梦想"，从而转型为"懂管理+会编程"的复合型人才。另外，Access 在开发一些小型网站 Web 应用程序时可用来存储数据，例如 ASP+Access。这些应用程序都利用 ASP 技术在 Internet Information Services 运行，比较复杂的 Web 应用程序则使用 PHP/MySQL 或 ASP/Microsoft SQL Server。

22.1.4 SQL Server

SQL 是英文 Structured Query Language 的缩写，意思为结构化查询语言。SQL 是一种标准化的语言，它使得存储、更新和存取信息更容易。例如，用户可用 SQL 语言为一个网站检索产品信息及存储顾客信息。SQL 语言的主要功能就是同各种数据库建立联系，进行沟通。按照 ANSI(美国国家标准协会)的规定，SQL 被作为关系型数据库管理系统的标准语言。SQL 语句可以用来执行各种各样的操作，例如更新数据库中的数据，从数据库中提取数据等。目前，绝大多数流行的关系型数据库管理系统，如 Oracle、Sybase、Microsoft SQL Server、Access 等都采用了 SQL 语言标准。虽然很多数据库都对 SQL 语句进行了再开发和扩展，但是包括 Select、Insert、Update、Delete、Create 以及 Drop 在内的标准的 SQL 命令仍然可以被用来完成几乎所有的数据库操作。

SQL Server 是一个关系数据库管理系统。它最初是由 Microsoft、Sybase 和 Ashton-Tate 三家公司共同开发的，于 1988 年推出了第一个 OS/2 版本。在 Windows NT 推出后，Microsoft 与 Sybase 在 SQL Server 的开发上就分道扬镳了：Microsoft 将 SQL Server 移植到 Windows NT 系统上，专注于开发推广 SQL Server 的 Windows NT 版本；Sybase 则专注于 SQL Server 在 UNIX 操作系统上的应用。

22.1.5 MySQL

MySQL 是一个精巧的 SQL 数据库管理系统，而且是开源的数据管理系统。由于其功能强大、灵活、应用编程接口(API)丰富以及系统结构精巧，因此受到了广大自由软件爱好者甚至是商业软件用户的青睐，特别是与 Apache 和 PHP/Perl 结合，为建立基于数据库的动态网站提供了强大动力。

MySQL 是一个真正的多用户、多线程 SQL 数据库服务器。SQL 是世界上最流行的、标准化的数据库语言。MySQL 是以 C/S 结构实现的，它由一个服务器守护程序 mysqld 和很多不同的客户程序与库组成。同时 MySQL 也足够快和灵活，以允许用户存储记录文件和图像。

MySQL 的主要目标是快速、健壮和易用。最初是因为我们需要这样一个 SQL 服务器，它能处理上千万条记录，提供管理、检查、优化数据库操作。

MySQL 建立的基础是性能高、成本低、可靠性好。尽管 MySQL 仍在开发中，但它已经提供了一个丰富和极其有用的功能集。

22.1.6 Oracle

Oracle 数据库系统是美国 Oracle(甲骨文)公司提供的以分布式数据库为核心的一组软件产品，是目前最流行的 C/S 或 B/S 体系结构的数据库之一。例如，SilverStream 就是基于数据库的一种中间件。Oracle 数据库是目前世界上使用最为广泛的数据库管理系统，作为一个通用的数据库系统，它具有完整的数据管理功能；作为一个关系数据库，它是一个完备关系的产品；作为分布式数据库它实现了分布式处理功能。

22.2　动态网页开发语言

Web 开发语言有 Java、PHP、ASP、JSP 等，下面分别对这几种语言进行简要介绍。

22.2.1　Java

Java 是印度尼西亚爪哇岛的英文名称，因盛产咖啡而闻名。Java 语言中的许多库类名称多与咖啡有关，如 JavaBeans(咖啡豆)、NetBeans(网络豆)、ObjectBeans (对象豆)等。Sun 和 Java 的标识就是一杯正冒着热气的咖啡。

Java 是由 Sun Microsystems 公司于 1995 年 5 月推出的 Java 面向对象程序设计语言(以下简称 Java 语言)和 Java 平台的总称，由 James Gosling 及其同事们共同研发，并在 1995 年正式推出。用 Java 实现的 HotJava 浏览器(支持 Java applet)显示了 Java 的魅力：跨平台、动态的 Web、Internet 计算。从此，Java 被广泛接受并推动了 Web 的迅速发展，常用的浏览器现在均支持 Java applet。另一方面，Java 技术也不断更新。

Java 平台由 Java 虚拟机(Java Virtual Machine，JVM)和 Java 应用编程接口(Application Programming Interface，API)构成。Java 应用编程接口为 Java 应用提供了一个独立于操作系统的标准接口，可分为基本部分和扩展部分。在硬件或操作系统平台上安装一个 Java 平台之后，Java 应用程序就可运行。现在 Java 平台已经嵌入了几乎所有的操作系统。这样 Java 程序只需编译一次，就可以在各种系统中运行。Java 应用编程接口已经从 1.1x 版发展到 1.2 版。目前常用的 Java 平台基于 Java 6，最新版本为 Java 7。

Java 分为三个体系：JavaSE(Java2 Platform Standard Edition，Java 平台标准版)、JavaEE(Java 2 Platform，Enterprise Edition，Java 平台企业版)和 JavaME(Java 2 Platform Micro Edition，Java 平台微型版)。

22.2.2　PHP

PHP 是 Hypertext Preprocessor(超文本预处理语言)的缩写。PHP 是一种 HTML 内嵌式的语言，它是在服务器端执行的嵌入 HTML 文档的脚本语言，其语言风格类似于 C 语言，目前被广泛地运用。PHP 独特的语法混合了 C、Java、Perl 以及 PHP 自创的语法。

PHP 可以比 CGI 或者 Perl 更快速地执行动态网页。用 PHP 与用其它编程语言做出的网页相比，PHP 是将程序嵌入到 HTML 文档中去执行，执行效率比完全生成 HTML 标记的 CGI 要高许多；PHP 还可以执行编译后代码，编译可以达到加密和优化代码运行，使代码运行更快。PHP 具有非常强大的功能，所有 CGI 的功能 PHP 都能实现，而且支持几乎所有流行的数据库以及操作系统。最重要的是 PHP 可以用 C、C++进行程序的扩展。

PHP 于 1994 年由 Rasmus Lerdorf 创建，刚开始是 Rasmus Lerdorf 为了维护个人网页而制作的一个简单的用 Perl 语言编写的程序。最初这些工具程序用来显示 Rasmus Lerdorf 的个人履历以及统计网页流量，后来又用 C 语言重新编写。它将这些程序和一些表单直译器整合起来，称为 PHP/FI。PHP/FI 可以和数据库连接，产生简单的动态网页程序。

在 1995 年年初，Rasmus Lerdorf 编写了一些介绍 PHP 程序的文档，并发布了 PHP 1.0版本。在早期的版本中，提供了访客留言本、访客计数器等简单的功能。以后越来越多的网站使用了 PHP，并且强烈要求增加一些特性，如循环语句和数组变量等。在新的成员加入开发行列之后，Rasmus Lerdorf 于 1995 年 6 月 8 日公开发布了 PHP/FI，希望可以通过社群加速程序开发与寻找错误。这个公开发布的版本命名为 PHP 2，已经有今日 PHP的一些雏形，如类似 Perl 的变量命名方式、表单处理功能以及嵌入到 HTML 中执行的能力。程序语法上也类似 Perl，有较多的限制，不过更简单、更有弹性。PHP/FI 加入了对 MySQL 的支持，从此建立了 PHP 在动态网页开发上的地位。到 1996 年年底，共有15 000 个网站使用了 PHP/FI。

1997 年，任职于 Technion IIT 公司的两个以色列程序设计师 Zeev Suraski 和 Andi Gutmans 重写了 PHP 的剖析器，成为 PHP 3 的基础。经过几个月的测试，开发团队于 1997年 11 月发布了 PHP/FI 2。随后开始了 PHP 3 的测试，最后在 1998 年 6 月正式发布了 PHP 3。Zeev Suraski 和 Andi Gutmans 在 PHP 3 发布后开始改写 PHP。

1999 年，Zeev Suraski 和 Andi Gutmans 发布一个称为 Zend Engine 的剖析器，它是PHP 的核心，同时 Zeev Suraski 和 Andi Gutmans 在以色列的 Ramat Gan 成立了 Zend Technologies 来管理 PHP 的开发。

2000 年 5 月 22 日，以 Zend Engine 1.0 为基础的 PHP 4 正式发布，2004 年 7 月 13 日又发布了 PHP 5，PHP 5 使用了第二代的 Zend Engine。PHP 包含了许多新特色，如强化的面向对象功能、引入 PDO(PHP Data Objects，一个存取数据库的延伸函数库)以及许多效能上的增强。目前，PHP 4 已不再继续更新，以鼓励用户转移到 PHP 5。

PHP 具有以下特性：

(1) 开放的源代码：所有的 PHP 源代码事实上都可以得到。

(2) 免费：和其它技术相比，PHP 本身免费且是开源代码。

(3) 快捷：程序开发快、运行快。

(4) 嵌入于 HTML：因为 PHP 可以嵌入 HTML 语言，相对于其它语言，它编辑简单、实用性强，更适合于初学者。

(5) 跨平台性强：由于 PHP 是运行在服务器端的脚本，因此可以运行在 UNIX、Linux、Windows 下。

(6) 效率高：PHP 仅消耗相当少的系统资源。

(7) 具有图像处理功能：用 PHP 可动态创建图像。

(8) 面向对象：在 PHP4、PHP5 中，面向对象方面都有了很大的改进，现在 PHP 完全可以用来开发大型商业程序。

(9) 专业专注：PHP 支持脚本语言为主，同为类 C 语言。

22.2.3 ASP

ASP 是 Active Server Page 的缩写，意为"动态服务器页面"。ASP 是微软公司开发的代替 CGI 脚本程序的一种应用，它可以与数据库和其它程序进行交互，是一种简单、方便的编程工具。ASP 网页文件的格式是 .asp，现在常用于各种动态网站中。

　　从 1996 年 ASP 诞生到现在已经过去了 16 年。在这短短的 16 年中，ASP 发生了重大变化，直到现在的 ASP。

　　ASP 的第一版是 0.9 测试版，1996 年 ASP 1.0 诞生，它给 Web 开发界带来了福音。早期的 Web 程序开发是十分繁琐的，以至于要制作一个简单的动态页面需要编写大量的 C 代码才能完成，这对于普通的程序员来说有点难。而 ASP 却允许使用 VBScript 这种简单的脚本语言编写嵌入在 HTML 网页中的代码，在进行程序设计时可以使用它的内部组件来实现一些高级功能(如 Cookie)。ASP 最大的贡献在于其 ADO(ActiveX Data Object)，这个组件使得程序对数据库的操作十分简单，所以进行动态网页设计也变成了一件轻松的事情。

　　1998 年，微软发布了 ASP 2.0，它是 Windows NT4 Option Pack 的一部分，作为 IIS 4.0 的外接式附件。它与 ASP 1.0 的主要区别在于其外部组件是可以初始化的，这样，在 ASP 程序内部的所有组件都有了独立的内存空间，并且可以进行事务处理。

　　2000 年，随着 Windows 2000 的成功发布，这个操作系统的 IIS 5.0 所附带的 ASP 3.0 也开始流行。与 ASP 2.0 相比，ASP 3.0 的优势在于它使用了 COM+，因而其效率比前面的版本要好，并且更稳定。

　　2001 年，ASP.NET 出现了。在刚开始开发的时候，它的名字是 ASP+，但是，为了与微软的 .NET 计划相匹配，并且要表明这个 ASP 版本并不是对 ASP 3.0 的补充，微软将其命名为 ASP.NET。ASP.NET 在结构上与前面的版本大相径庭，它几乎完全是基于组件和模块化的，Web 应用程序的开发人员使用这个开发环境可以实现模块化、功能化的应用程序。

　　ASP 是一种服务器端脚本编写环境，可以用来创建和运行动态网页或 Web 应用程序。ASP 网页可以包含 HTML 标记、普通文本、脚本命令以及 COM 组件等。利用 ASP 可以向网页中添加交互式内容(如在线表单)，也可以创建使用 HTML 网页作为用户界面的 Web 应用程序。与 HTML 相比，ASP 网页具有以下特点：

　　(1) 利用 ASP 可以突破静态网页的一些功能限制，实现动态网页技术。

　　(2) ASP 文件包含在 HTML 代码所组成的文件中，易于修改和测试。

　　(3) 服务器上的 ASP 解释程序会在服务器端执行 ASP 程序，并将结果以 HTML 格式传送到客户端浏览器上，因此使用各种浏览器都可以正常浏览 ASP 所编写的网页。

　　(4) ASP 提供了一些内置对象，使用这些对象可以使服务器端脚本功能更强。例如可以从 Web 浏览器中获取用户通过 HTML 表单提交的信息，并在脚本中对这些信息进行处理，然后向 Web 浏览器发送信息。

　　(5) ASP 可以使用服务器端 ActiveX 组件来执行各种各样的任务，例如存取数据库、发送 E-mail 或访问文件系统等。

　　(6) 由于服务器是将 ASP 程序执行的结果以 HTML 格式传回客户端浏览器的，因此使用者不会看到 ASP 所编写的原始程序代码，可防止 ASP 程序代码被窃取。

(7) 方便连接 Access 与 SQL 数据库。

(8) 开发需要有丰富的经验，否则会留出漏洞，容易被黑客(hacker)利用而进行攻击。

ASP 不仅仅局限于与 HTML 结合制作 Web 网站，还可以与 XHTML 和 WML 语言结合制作 WAP 手机网站。

22.2.4　JSP

JSP(Java Server Pages)是由 Sun Microsystems 公司倡导、许多公司参与一起建立的一种动态网页技术标准。JSP 技术类似于 ASP 技术，它在传统的网页 HTML 文件(*.htm、*.html)中插入 Java 程序段(Scriptlet)和 JSP 标记(Tag)，从而形成了 JSP 文件(*.jsp)。用 JSP 开发的 Web 应用是跨平台的，既能在 Linux 下运行，也能在其它操作系统下运行。

JSP 技术使用 Java 编程语言编写类 XML 的标记和程序段，来封装产生动态网页的处理逻辑。网页还能通过标记和程序段访问存在于服务端的资源的应用逻辑。JSP 将网页逻辑与网页设计和显示分离，支持可重用的基于组件的设计，使基于 Web 的应用程序的开发变得迅速而容易。

Web 服务器在遇到访问 JSP 网页的请求时，首先执行其中的程序段，然后将执行结果连同 JSP 文件中的 HTML 代码一起返回给客户。插入的 Java 程序段可以操作数据库、重新定向网页等，以实现建立动态网页所需要的功能。

JSP 与 JavaServlet 一样，是在服务器端执行的，通常返回给客户端的就是一个 HTML 文本，因此客户端只要有浏览器就能浏览。

JSP 1.0 规范的最后版本是于 1999 年 9 月推出的，12 月又推出了 1.1 规范。目前较新的是 JSP 2.1 规范。

JSP 页面由 HTML 代码和嵌入其中的 Java 代码所组成。服务器在页面被客户端请求以后对这些 Java 代码进行处理，然后将生成的 HTML 页面返回给客户端的浏览器。Java Servlet 是 JSP 的技术基础，而且大型的 Web 应用程序的开发需要 Java Servlet 和 JSP 配合才能完成。JSP 具备了 Java 技术的简单易用、完全面向对象、具有平台无关性且安全可靠、主要面向因特网等所有特点。

自 JSP 推出后，众多大公司都支持 JSP 技术的服务器，如 IBM、Oracle、Bea 公司等，所以 JSP 迅速成为商业应用的服务器端语言。JSP 可用一种简单易懂的等式表示为：HTML+Java+JSP 标记=JSP。

JSP 具有以下优势：

(1) 网页表现形式和服务器端代码逻辑分开：作为服务器进程的 JSP 页面，首先被转换成 Servlet。

(2) 适应平台更广：基本上所有平台都支持 Java，JSP+JavaBean 可以在所有平台下畅通无阻地运行。

(3) 动态页面与静态页面分离：可以摆脱硬件平台以及编译后运行等方式的束缚，极大地提高了其执行效率。

(4) 以"<%"和"%>"作为标识符：JSP 和 ASP 在结构上非常相似，不同的是在标识符之间的代码。其中 ASP 为 JavaScript 或 VBScript 脚本，而 JSP 为 Java 代码。

(5) 组件方式很方便：JSP 通过 JavaBean 实现了功能扩充。

(6) 高效率：JSP 在执行以前先被编译成字节码，由 Java 虚拟机解释执行，比源码解释的效率高；服务器上还有字节码的 Cache 机制，可以提高字节码的访问效率。但第一次调用 JSP 网页可能比较慢，因为它被编译成 Cache。

(7) 移植性好：可以从一个平台移植到另外一个平台，由于 Java 字节码都是标准的，与平台无关，所以 JSP 和 JavaBean 甚至不用重新编译，在 NT 下的 JSP 网页不做任何修改就可在 Linux 下运行。

(8) 安全性高：JSP 源程序被下载的可能性比较小，特别是 JavaBean 程序可以放在完全不对外的目录中。

JSP 也具有以下弱势：

(1) 与 ASP 一样，Java 的一些优势正是它致命的问题所在。正是由于为了跨平台的功能，为了极度的伸缩能力，所以极大地增加了产品的复杂性。

(2) Java 的运行速度是用 class 常驻内存来完成的，所以它在一些情况下所使用的内存比起用户数量来说确实是"最低性能价格比"了。另一方面，它还需要硬盘空间来储存一系列的.java 文件和.class 文件以及对应的版本文件。

22.3　IIS 安装及配置

要运行动态网页,还需要安装 Web 服务器。Web 服务器也称为 WWW(World Wide Web) 服务器，主要功能是提供网上信息浏览服务。 WWW 是 Internet 的多媒体信息查询工具，是 Internet 上近年才发展起来的服务，也是发展最快和目前使用最广泛的服务。正是因为有了 WWW 工具，才使得近年来 Internet 迅速发展。常见的 Web 服务器主要有 Microsoft Internet Information Server(IIS)、Netscape Enterprise Server、Sun ONE Web Server 和 Apache HTTP Server 等。

目前大多数用户都使用的操作系统是 Windows 2000、Windows XP 或 Windows 2003，在这些操作系统下都以 Internet Information Services(IIS，互联网信息服务)作为 Web 服务器。它是由 Microsoft 推出的使用最广泛的 Web 服务器之一，它与操作系统具有亲和性，并继承了 Microsoft 产品一贯的界面风格，是一种功能强大、使用方便的 Web 服务器。

下面以 Windows XP 为例，讲解 IIS 的安装与配置。

22.3.1　IIS 的安装

IIS 是 Windows XP 自带的程序组件，其具体安装步骤如下：

(1) 把 Windows XP 的安装光盘放入光盘驱动器中。

(2) 光盘将自动运行，并弹出如图 22.1 所示的"欢迎使用 Microsoft Windows XP"窗口。

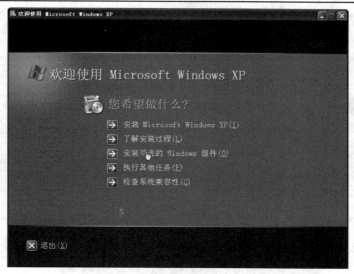

图 22.1　　"欢迎使用 Microsoft Windows XP"窗口

（3）单击"安装可选的 Windows 组件"链接，弹出"Windows 组件向导"对话框。

（4）在"组件"列表框中选中"Internet 信息服务(IIS)"复选框，如图 22.2 所示，单击"下一步"开始安装。

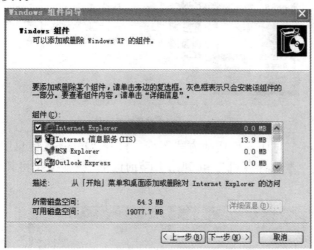

图 22.2　　"Windows 组件向导"对话框

22.3.2　IIS 的配置

安装完 IIS 后，还要对 IIS 进行配置，其具体操作步骤如下：

（1）在操作系统中选择"开始"→"控制面板"命令，弹出如图 22.3 所示的"控制面板"窗口，单击其中的"性能和维护"图标，打开"性能和维护"窗口，如图 22.4 所示。

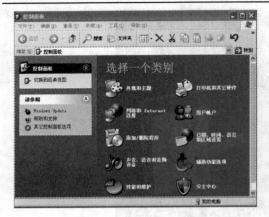

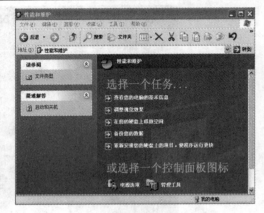

图 22.3　"控制面板"窗口　　　　　　　　　图 22.4　"性能和维护"窗口

(2) 单击"管理工具"图标，打开如图 22.5 所示的"管理工具"窗口。

图 22.5　"管理工具"窗口

(3) 双击"Internet 信息服务"快捷方式图标，打开"Internet 信息服务"窗口，单击左侧的树形列表框中"本地计算机"和 ⊞ 📁 网站前面的"+"按钮将其展开，如图 22.6 所示。

图 22.6　"Internet 信息服务"窗口

(4) 在"默认网站"选项上单击鼠标右键，在弹出的快捷菜单中选择"属性"命令，弹出"默认网站 属性"对话框。

(5) 在"网站"选项卡的"网站标识"栏中的"描述"文本框中输入关于站点的名称或描述，如输入"hxy"。在"IP 地址"下拉列表框中选择该服务器在网络中的 IP 地址，也可在其中直接输入 IP 地址，如图 22.7 所示。

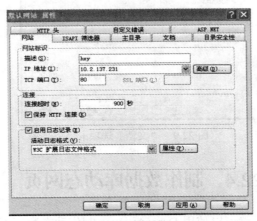

图 22.7 "网站"选项卡

(6) 选择"主目录"选项卡，在"连接到资源时的内容来源"栏中选中"此计算机上的目录"单选按钮；在"本地路径"文本框中显示网站的物理地址，单击文本框后的"浏览"按钮，可在弹出的对话框中重新选择地址，如图 22.8 所示。

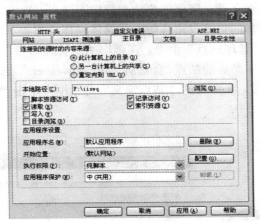

图 22.8 "主目录"选项卡

(7) 选择"文档"选项卡，选中"雇用默认文档"复选框，在下面的列表框中显示将被服务器用作网站首页的页面，如图 22.9 所示。

(8) 单击"添加"按钮，在弹出的对话框中选择其它需添加到列表中的首页文件。单击 t 和 ↓ 按钮可调整文件的排列顺序。

(9) 单击"确定"按钮关闭对话框，完成设置。

(10) 在浏览器的地址栏中输入网页的 URL 即可浏览本地网页。

图 22.9　"文档"选项卡

22.4　制作数据库动态网页

安装并设置完 IIS 后，就可以使用 Dreamweaver 制作动态数据库网页。在制作之前还需要在 Dreamweaver 中创建动态数据库站点和创建数据库连接。

22.4.1　创建动态数据库站点

在制作动态数据库页面之前，需要创建动态数据库站点，指定本地站点、测试站点、远程站点以及要使用的动态网页开发语言等，其具体操作步骤如下：

(1) 选择"站点"→"管理站点"命令，在弹出的"管理站点"对话框右侧的列表框中选择要设置为动态数据库站点的站点，如选择"dreamweaver"选项，如图 22.10 所示。

(2) 单击"编辑"按钮，在弹出的"站点定义"对话框中单击"下一步"按钮，如图 22.11 所示。

图 22.10　"管理站点"对话框

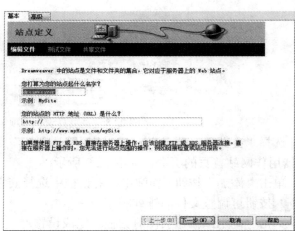

图 22.11　"站点定义"对话框

(3) 在弹出的对话框中选中"是，我想使用服务器技术"单选按钮，在"哪种服务器技术？"下拉列表框中选择要使用的服务器技术(如 JSP)，单击"下一步"按钮，如图 22.12 所示。

(4) 在弹出的对话框中选中"在本地进行编辑和测试(我的测试服务器是这台计算机)"单选按钮，并在"您将把文件存储在计算机上的什么位置？"文本框中输入保存网页文件的路径，如"D:\360data\"，单击"下一步"按钮，如图 22.13 所示。

图 22.12　选择服务器技术

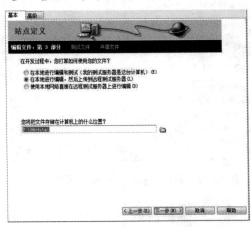

图 22.13　设置保存网页的路径

(5) 在弹出的对话框的"您应该使用什么 URL 来浏览站点的根目录？"文本框中输入 URL，如输入"http://192.168.0.5/"，单击"下一步"按钮，如图 22.14 所示。

(6) 在弹出的对话框中选中"是的，我要使用远程服务器"单选按钮，单击"下一步"按钮，如图 22.15 所示。

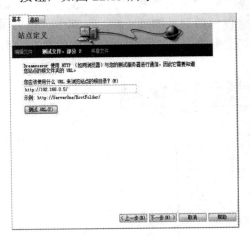

图 22.14　设置 URL

图 22.15　设置要使用的远程服务器

(7) 在弹出的对话框的"您如何连接到测试服务器？"下拉列表框中选择链接到测试服务器的方式，如选择 FTP，将出现 FTP 的相关选项，如图 22.16 所示，设置完成后单击"下一步"按钮。

（8）在弹出的对话框中单击"完成"按钮，如图 22.17 所示，即可完成动态数据库站点的创建。

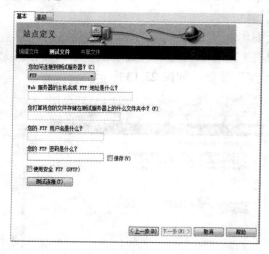

图 22.16　设置链接到远程服务器的方式　　　　　图 22.17　完成站点设置

22.4.2　创建数据库

要制作数据库动态网页，就必须先创建一个数据库。假设我们已经创建了一个 Access 数据库 db1.mdb，并且在该数据库中包含"产品"和"用户"两个表，下面分别对这两个表的结构进行分析。

1. 产品表

产品表中包含"ID"、"类别"、"产品名称"、"价格"和"说明"5 个字段，如图 22.18 所示。其中"ID"字段是关键字段，可确保每条记录的唯一性，在制作动态页面时经常需要使用该字段来确定应操作的记录。其它 4 个字段用于保存相应的信息，没有特别之处，只是它们的类型不同。

ID	类别	产品名称	价格	说明
1	数码相机	BenQ DC E300	￥700.00	
2	数码相机	BenQ DC X300	￥2,600.00	
3	数码相机	BenQ DC E600	￥2,150.00	
4	数码相机	PH Photosmart R507	￥1,400.00	
5	数码相机	PH Photosmart R707	￥1,600.00	
6	数码相机	SONY DSC-H2	￥3,800.00	
7	数码相机	TCL DC800	￥1,500.00	
9	MP3	爱国者 半岛铁盒P880（2G）	￥4,999.00	
10	MP3	苹果 Ipod photo（60G）	￥5,199.00	
11	MP3	三星 YH-925	￥3,000.00	
12	MP3	奥林巴斯 m:robe MR-100	￥1,900.00	
13	MP3	联想 F312	￥1,480.00	
14	MP3	夏新 u-008 (456M)	￥1,300.00	
15	MP3	朗科 音乐精灵C670（256M）	￥1,000.00	
（自动编号）			￥0.00	

图 22.18　产品表

2. 用户表

用户表中包含"ID"、"用户名"、"密码"和"级别"4 个字段，如图 22.19 所示。

其中"ID"字段的作用和产品表中"ID"字段相同，"用户名"、"密码"和"级别"3
个字段分别存放用户的用户名、密码和级别信息。

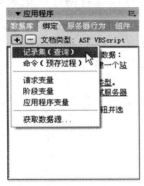

图 22.19　用户表

22.4.3　记录集

记录集是对数据库进行记录查询后得到的查询结果，在 Dreamweaver 8 中有简单记
录集和高级记录集两种。

1. 创建简单记录集

简单记录集的创建不需要编写或修改 SQL 语句，但它只能对一个表进行查询，并且
只能设置一个查询条件，其具体操作步骤如下：

(1) 选择"应用程序"中的"绑定"选项卡，打开"绑定"面板，单击"+"按钮，
在弹出的菜单中选择"记录集(查询)"命令，如图 22.20 所示。

(2) 弹出"记录集"对话框，如图 22.21 所示。

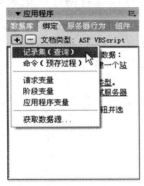

图 22.20　选择"记录集(查询)"命令　　　图 22.21　"记录集"对话框

(3) 在"名称"中输入记录集的名称。

(4) 在"连接"中选择一个数据库连接选项，如果没有创建数据库连接，可以单击
"定义"创建一个数据库连接。

(5) 在"表格"中会显示选择的数据库所连接的数据库中的所有表，选择需要使用
的表。

(6) 选中"全部"单选按钮，则表示选择该表中的所有字段；选中"选定的"单选按
钮，则可以在列表中选择部分字段。

(7) 在"筛选"中，可以通过一个条件来进行筛选，以得到符合条件的部分记录来创
建记录集。

(8) 在"排序"中选择要排序的字段和升序或降序。

(9) 单击"测试"，在弹出的"测试 SQL 指令"中可以查看使用该设置所产生的记录集的数据，如图 22.22 所示，单击"确定"按钮关闭该对话框。

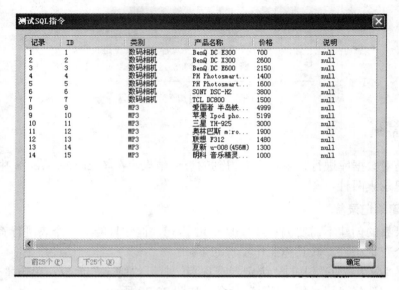

图 22.22　"测试 SQL 指令"对话框

(10) 单击"确定"按钮创建记录集，单击"绑定"可以查看创建的记录集，如图 22.23 所示。

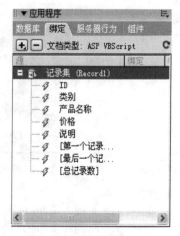

图 22.23　创建的记录集

2. 创建高级记录集

使用简单记录集只能设置一个条件，而且只能对一个表进行查询，在许多情况下，简单记录集不能满足需要，这时可以通过 SQL 语句来创建高级记录集，其具体操作步骤如下：

(1) 在"记录集"对话框中单击"高级"按钮，弹出如图 22.24 所示的"记录集"对话框。

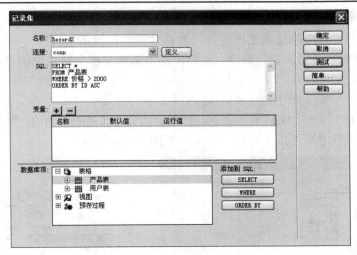

图 22.24　"记录集"对话框

(2) 在"名称"中输入记录集的名称。

(3) 在"连接"中选择一个数据库连接。

(4) 在 SQL 列表框中输入 SQL 语句。

(5) 用对话框底部的数据库对象树来减少输入的字符数量，单击⊞按钮展开数据库项，找到需要的数据库对象，单击"SELECT"、"WHERE"或"ORDER BY"按钮之一将它增加到 SQL 语句中。

(6) 在"变量"栏中单击"+"按钮，设置变量的名称以及默认值等。

(7) 单击"确定"按钮，高级记录集创建完毕。

22.4.4　创建数据库连接

制作动态页面前必须创建数据库连接，连接数据库有通过连接字符串来创建连接或使用数据源(DSN)进行连接两种方式，但采用数据源(DSN)进行连接需要在 Web 服务器上创建数据源，对于一般用户来说都不可能对服务器进行操作，所以下面只介绍通过连接字符串创建数据库连接的方法。

1. 设置连接 Access 数据库的连接字符串

连接 Access 数据库的连接字符串的格式为：

"Driver={Microsoft Access Driver (*.mdb)};DBQ＝数据库路径; UID=用户名; PWD＝用户密码"

数据库路径为数据库的物理路径，如"E:\dm8\db1.mdb"。而在网页上传到服务器上时，一般情况我们不知道数据库的物理路径，只知道相对的虚拟路径，如"/db1.mdb"，这时就需要使用 server.mappath()函数将虚拟路径转换为物理路径。

2. 设置连接 SQL Server 数据库的连接字符串

连接 SQL Server 数据库的连接字符串的表达式为：

"Provider=SQLOLEDB;Server=SQL SERVER 服务器名称;Database=数据库名称;UID=用户名;PWD=密码"

3. 创建数据库连接

连接字符串后，可以创建数据库连接，其具体操作步骤如下：

(1) 选择"文件"→"新建"命令，在弹出的"新建文档"对话框的"类别"列表框中选择"动态页"选项，在"动态页"列表框中选择"ASP VBScript"选项，如图 22.25 所示，单击"创建"按钮新建一个 ASP 动态网页。

(2) 选择"窗口"→"数据库"命令，打开"数据库"面板，单击"+"按钮，在弹出的菜单中选择"自定义连接字符串"命令，如图 22.26 所示。

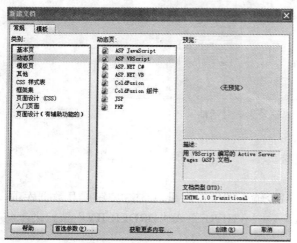

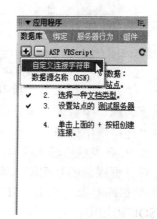

　图 22.25　"新建文档"对话框　　　　　　图 22.26　选择"自定义连接字符串"命令

(3) 在弹出的"自定义连接字符串"对话框的"连接名称"文本框中输入连接名，在"连接字符串"文本框中输入连接字符串，如""Driver={Microsoft Access Driver (*.mdb)};DBQ="& server.mappath("\db1.mdb")"，再选中"使用测试服务器上的驱动程序"单选按钮，如图 22.27 所示。

(4) 单击"测试"按钮，如果链接成功，则弹出如图 22.28 所示的对话框，单击"确定"按钮。

(5) 返回"自定义连接字符串"对话框，单击"确定"按钮，创建的数据库连接就出现在"数据库"面板中，如图 22.29 所示。

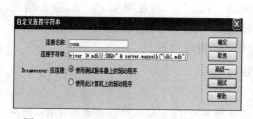

　图 22.27　"自定义连接字符串"对话框　　　图 22.28　连接成功　　图 22.29　"数据库"面板

第23章　页面及框架

当创建完记录集后，可以制作动态页面，使用"应用程序"插入栏中的工具，可以制作出功能强大的动态页面。

23.1　静态和动态页面

在网页设计中，HTML 格式的网页通常被称为"静态网页"。静态网页没有后台数据库，不含程序，不可交互。ASP、PHP 等格式的网页通常被称为"动态网页"。动态网页能与后台数据库交互，进行数据传递。

在地址栏里有一些网址特别长，而且还带有"？"，这样的链接一般是动态链接，其所对应的页面就是动态页面。

动态页面具有以下优点：

(1) 动态页面是以 ASP、PHP、JSP、Perl 或 CGI 等编程语言制作的。

(2) 动态页面实际上并不是独立存在于服务器上的网页文件，只有当用户请求时服务器才返回一个完整的网页。

(3) 动态页面上的内容存在于数据库中，根据用户发出的不同请求，其会提供个性化的网页内容。

(4) 动态页面内容不是存在于页面上，而是在数据库中，从而可大大降低网站维护的工作量。

(5) 采用动态网页技术的网站可以实现更多的功能，如用户注册、用户登录、在线调查、用户管理、订单管理等；静态页面则无法实现这些功能。

动态页面具有以下不足：

(1) 由于动态页面的生成采用的是数据库的内容，所以网页内容主题的永恒性不能保证。这样造成了搜索引擎的阅读困难，即搜索引擎抓不住一个永恒的主题，因此不能输入到搜索引擎的缓存(Cache)中。

(2) 动态网页里往往包含"？"和很多参数，这对目前技术条件下的搜索引擎在判断和识别时造成了很大的困难。

(3) 动态链接存在一个信任问题，用户和搜索引擎都无法确定这个页面会一直存在。

(4) 搜索引擎对于静态链接更友好，因此，对动态网址进行 URL 重写优化使其静态化，是一个非常重要的 SEO(Search Engine Optimization，搜索引擎优化)技巧。

动态页面与静态页面有以下区别：

(1) 程序是否在服务器端运行，这是判断网页是否属于动态网页的重要标志。

(2) 在服务器端运行的程序、网页、组件属于动态网页，它们会随不同客户、不同时间返回不同的网页，例如 ASP、PHP、JSP、ASP、.NET、CGI 等。

(3) 运行于客户端的程序、网页、插件、组件属于静态网页，例如 HTML 页、Flash、JavaScript、VBScript 等都是永远不变的。

(4) 在网站设计中，纯粹 HTML 格式的网页通常被称为静态网页，早期的网站一般都是由静态网页制作的。静态网页的网址形式通常以.htm、.html 等为后后缀的。在 HTML 格式的网页上，也可以出现各种动态的效果，如.GIF 格式的动画、Flash、滚动字幕等，这些"动态效果"只是视觉上的，与我们常说的动态网页是不同的概念。静态网页是实实在在保存在服务器上的文件，每个网页都是一个独立的文件等。

(5) 动态网页与网页上的各种动画、滚动新闻等视觉上的"动态效果"没有直接关系，动态网页可以是纯文字内容的，也可以是包含各种动画的内容，这些只是网页具体内容的表现形式，无论网页是否具有动态效果，采用动态网站技术生成的网页都称为动态网页。

Web 应用通过动态页(Dynamic Pages)向浏览器提供输出。动态页面的产生基于客户端的请求，例如用户在网上查询股票价格和交易量时，就需要生成动态页以反映当时的交易情况。比起生成静态页，生成动态页时 Web 服务器要做更多的工作。支持动态页面的主要技术有：

(1) CGI(Common Gateway Interface)：它是 Web 服务器生成动态页面最初采用的方法。在 CGI 模型中，为每一个浏览器请求生成一个进程。这种方法易于实现也被多种 Web 服务器支持。但是，其性能很差，原因是每一个访问 CGI 程序的 HTTP 请求都要生成一个进程，这限制了服务器处理并发请求的能力；同时，CGI 程序运行时不能与 Web 服务器交互，因为它是以一个独立的进程而运行的。

(2) 脚本语言(Scripting Languages)：几个公司共同创建了服务器端的脚本执行环境，如 IBM 的 Net.Data、Microsoft 的 Active Server Pages(ASP)、Allaire 的 ColdFusion 等。网站开发者可以将动态内容以脚本的形式嵌入到 Web 页中，脚本由服务器端解释执行。这种方法的缺点是脚本语言往往依赖于特定的产品和操作系统，而开发者必须学习特定平台的脚本语言。

(3) 服务器插件技术：几种插件技术分别为几种不同的 Web 服务器所支持。它们与特定的 Web 服务器结合会有很好的性能，但是要依赖于特定 Web 服务器且不易编程使用。插件技术主要包括 Netscape 的 NSAPI 和 Microsoft 的 ISAPI。

(4) Servlet：Servlet 是生成动态页面的 Java 解决方案。它具有如下特点：

① 移植性好：Servlet 以 Java 写成，在服务器端执行，拥有良好的跨平台特性，适应于各种 Web 服务器。Servlet API 在 Servlet 和 Web 服务器之间定义了标准接口。

② 良好的一致性和性能：Servlet 代码被 Web 服务器一次装入，为每一个客户端的请求而激活。不同的请求间可以共享系统资源(如数据库连接)，因此不存在为每一个请求初始化新的 Servlet 程序的额外开销。Servlet 既可以动态装入，也可以在 Web 服务器启动时装入。

③ 基于 Java 语言：Servlet 采用 Java 编写，它继承了 Java 语言的所有优点。通过垃

圾内存清理机制而且不使用指针，使得 Servlet 避免了内存管理的大多数问题。

(5) JSP(JavaServer Pages)：JSP 是一种基于 Java 的脚本语言，其特征如下：

① 内容表示和生成相分离：内容的产生由服务器端的组件完成。JSP 提取数据内容并将数据内容与 HTML 文档相结合。

② 更好的模型/视图/控制结构：在网络应用中，JSP 比 Servlet 提供更好的 M/V/C(模型/视图/控制)支持。Servlet 负责控制逻辑和内容的动态生成。这种 Controller 和 View 的双重角色使得应用程序难于维护。

③ 清晰的角色划分：控制逻辑由 Servlet 处理而动态页内容由 JSP 处理，这样就很容易在应用开发小组中划分角色。JSP 是一个独立的文件，可由 HTML 编辑者维护。编程者维护 Servlet 和 JavaBean，HTML 编辑者通过使用标签可与 Servlet 和 JavaBean 进行交互。

④ 移植性好：采用 Java 作为脚本语言以及 JavaBean 的组件结构，以与 HTML 相类似的标准用于数据表示。JSP 有良好的跨平台性和适应 Web 服务器的能力，同时它也拥有 Java 所具有的各种优点，如强类型系统、面向对象、安全的内存管理机制等。

23.2 框 架

利用框架可以将浏览器窗口划分成若干个区域，每个区域是一个框架，在其中分别显示不同的网页，同时还需要一个文件记录框架的数量、布局、链接和属性等信息，这个文件就是框架集。框架集与框架之间的关系是包含与被包含的关系，如图 23.1 所示。

图 23.1 含有框架的页面

23.2.1 创建预定义框架集

Dreamweaver 8 可以采用预定义框架集功能创建框架集，如果在预定义框架集中未找到合适的框架集，可以手动创建框架集。

1. 预定义框架集的类型

创建预定义框架集是直接新建具有预定义框架集的文件或在一个普通网页文件中加载预定义框架集。

Dreamweaver 8 预定义框架集的种类较多，如图 23.2 所示为各种框架集的样式，用户可以随意进行选择。

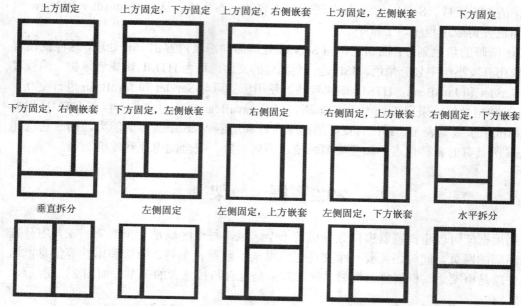

图 23.2　Dreamweaver 8 预定义框架集

2. 直接新建预定义框架集文件

可以直接创建预定义框架集，其具体操作步骤如下：

(1) 启动 Dreamweaver 8，选择"文件"→"新建"命令，弹出"新建文档"对话框。

(2) 在"类别"列表框中选择"框架集"选项，右侧将显示系统预定义的框架集类型，在其中选择所需的类型，如选择"上方固定，左侧嵌套"选项，如图 23.3 所示。

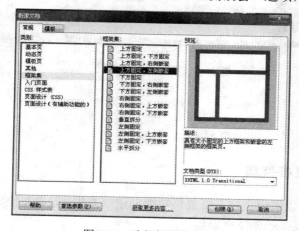

图 23.3　选择框架集类型

(3) 单击"创建"按钮,弹出"框架标签辅助功能属性"对话框,如图 23.4 所示,为每个框架进行命名。

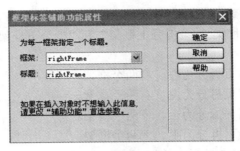

图 23.4 "框架标签辅助功能属性"对话框

(4) 单击"确定"按钮,关闭对话框完成框架集的创建,如图 23.5 所示。

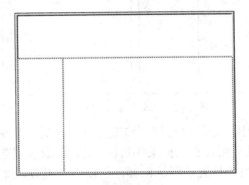

图 23.5 创建的框架集

3. 加载预定义框架集

将插入栏切换到"布局"插入栏,单击 □▼ 后的 ▼ 按钮,在弹出的下拉菜单中选择所需的命令,选择"上方和下方框架"命令,弹出"框架标签辅助功能属性"对话框,单击"确定",完成加载预定义框架集,如图 23.6 所示。

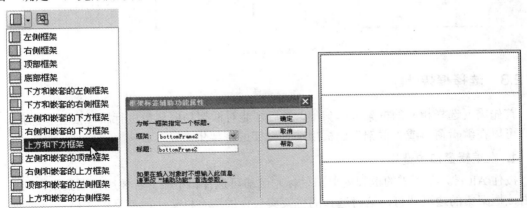

图 23.6 加载预定义框架集

23.2.2　手动创建框架集

手动创建框架集的步骤为：选择"修改"→"框架页"命令，在弹出的子菜单中有"拆分左框架"、"拆分右框架"、"拆分上框架"和"拆分下框架"4 个命令，它们的作用分别如下：

(1) 拆分左框架：将网页拆分为左、右两个框架。

(2) 拆分右框架：将网页拆分为左、右两个框架。

(3) 拆分上框架：将网页拆分为上、下两个框架。

(4) 拆分下框架：将网页拆分为上、下两个框架。

各个命令的效果如图 23.7 所示。

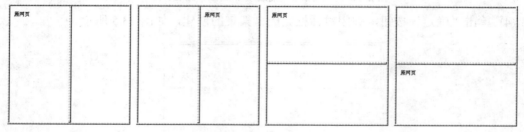

图 23.7　拆分框架后的结果

在已具有框架的页面中，除了可选择"修改"→"框架页"命令中的子命令拆分框架外，还可按住 Alt 键将鼠标指针移至框架的边框，这时鼠标指针变为 ↕ 形状或 ↔ 形状，按住鼠标左键拖动边框到所需位置后释放鼠标，可以进行拆分，如图 23.8 所示。

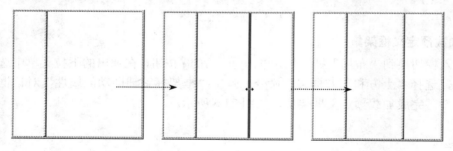

图 23.8　拖动鼠标分割框架

23.2.3　选择框架(集)

首先需要选择相应的框架或框架集，然后才能对框架和框架集进行属性设置和操作。用户可以在编辑窗口或"框架"面板中选择框架或框架集。

1. 在编辑窗口中选择

按住 Alt 键，在所需的框架内单击鼠标左键即可选择该框架。若要选择框架集，只需单击该框架集的边框即可，这时选择的框架集包含的所有框架边框都呈虚线显示。

2. 在"框架"面板中选择

选择"窗口"→"框架"命令，在浮动面板组中显示"框架"面板，如图23.9所示。在框架面板中显示了框架集的结构、每个框架的名称等信息。

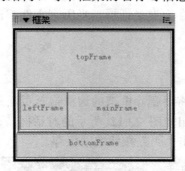

图 23.9 "框架"面板

若要在"框架"面板中选择框架，直接在面板中单击需要选择的框架即可，选中的框架以粗黑框显示，如图23.10所示。

若要在"框架"面板中选择框架集，则在面板中单击该框架集的边框即可，如图23.11所示。

图 23.10 在"框架"面板中选择框架

图 23.11 在"框架"面板中选择框架集

23.2.4 保存框架

框架集页面中不只一个文件，所以与一般网页文件保存有所不同，用户既可以单独保存某个框架中的网页文件，也可以单独保存框架集文件，还可同时保存框架集和所有框架中的网页文件。

1. 保存框架中的网页文件

将光标移到需保存的框架中，选择"文件"→"保存框架"命令，在弹出的对话框中指定保存路径和文件名后，单击"保存"按钮，其方法与保存普通网页文件相同。

2. 保存框架集文件

选择需保存的框架集，选择"文件"→"保存框架"命令，在弹出的对话框中指定保存路径和文件名后，单击"保存"按钮即可。

3. 保存框架集和所有框架中的文件

选择"文件"→"保存全部"命令即可保存框架集中的所有文件。如果框架集中有框架文件未保存，则会弹出"另存为"对话框，提示保存该文件。如果有多个文件都未保存，则会依次弹出多个"另存为"对话框。当所有文件都已保存后，将直接以原先保存的框架名保存文件。

23.2.5　删除框架

要删除某个框架，用鼠标将要删除框架的边框拖至页面外即可。如果被删除的框架中的网页文件没有保存，将弹出如图 23.12 所示的对话框，询问是否保存该文件，单击"是"按钮对其进行保存，单击"否"按钮取消保存。

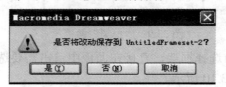

图 23.12　选择是否保存框架

23.2.6　设置框架(集)属性

在选择框架和框架集后，可以在"属性"面板中进行属性设置，下面分别介绍设置框架和框架集属性的方法。

1. 设置框架的属性

选择需要设置属性的框架，显示其"属性"面板，如图 23.13 所示。

图 23.13　框架的"属性"面板

该面板中各项参数的含义如下：

(1) 框架名称：为选择的框架命名。

(2) 源文件：显示框架源文件的 URL 地址，单击文本框后的▢按钮，可在弹出的对话框中重新指定框架源文件的地址。

(3) 滚动：设置框架显示滚动条的方式，有"是"、"否"、"自动"和"默认"4个选项。选择"是"选项表示在任何情况下都显示滚动条；选择"否"选项表示在任何情况下都不显示滚动条；选择"自动"选项表示当框架中的内容超出了框架大小时显示滚动条，否则不显示滚动条；选择"默认"选项表示采用浏览器的默认方式。

(4) 不能调整大小：选中该复选框则不能在浏览器中通过拖动框架边框来改变框架大小。

(5) 边框：设置是否显示框架的边框。

(6) 边框颜色：设置框架边框的颜色。

(7) 边界宽度：输入当前框架中的内容距左右边框间的距离。

(8) 边界高度：输入当前框架中的内容距上下边框间的距离。

2. 设置框架集的属性

选择需要设置属性的框架集，显示其"属性"面板，如图 23.14 所示。

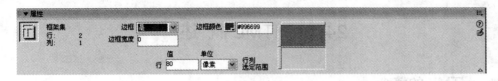

图 23.14　框架集的"属性"面板

该面板中各项参数的含义如下：

(1) 边框：设置是否显示边框。

(2) 边框颜色：用于设置边框颜色。

(3) 边框宽度：用于设置边框宽度。

(4) 列(或行)：用于设置列(或行)的宽度(或高度)。

第 24 章　HTML 语言

24.1　HTML 概述

24.1.1　HTML 的概念

　　网站的开发离不开网页，而网页的核心技术就是 HTML 语言。尽管在网站开发者们看来，HTML 语言可能是众多 Web 技术中最微不足道的部分，但是，HTML 是精彩的 Web 世界里必不可少的基石。下面先用一个实验来快速了解什么是网页和 HTML 语言。用记事本程序创建一个 test.txt 文本文件，文件内容如下：

　　　　`<marquee behavior ="alternate"><font size=30 color='red'>www.snnu.edu.cn </font></marquee>`

　　编写完上述代码后，将它存盘并将文件名改为 test.htm。然后用 IE 浏览器打开这个文件，可以看到在浏览器中显示的效果是：字体大小为 30 个像素，颜色为红色，内容为 "www.snnu.edu.cn" 的文本串在不停地水平移动。但放在尖括号对(< >)中的字符序列，如`<marquee behavior= 'alternate'>`、`<font size=30 Color='red'>`并没有在浏览器中显示出来，它们指定了 "www.snnu.edu.cn" 文本串的显示效果。这些尖括号对(< >)与其中的字符序列就是 HTML 标签，一个 HTML 标签必须由 "<" 开头，由 ">" 结尾。HTML 是 HyperText Markup Language 的缩写，中文意思是 "超文本标签语言"。使用 HTML 语言编写的文件的扩展名是 .html 或 .htm，这就是网页文件。可以使用记事本程序来编写网页文件，也可以使用 FrontPage Editor 等专门的工具软件来编写 HTML 文件。HTML 语言中的标签通常是成对使用的，它使用一个开始标签和一个结束标签来标识文本，结束标签是在标签名称前加一个 "/"，也就是以 "<标签名>" 表示标签的开始，以 "</标签名>" 表示标签的结束。一对标签中还可以嵌套其它的标签，所以，成对标签又称为容器。HTML 中也有单独标签，单独标签不需要与之配对的结束标签，它们可以单独使用，又称之为空标签。空标签只能单独使用，不能用于格式化文本(如
)。一个 HTML 标签及标签中嵌套的内容形成了网页中的一个元素，很多人喜欢直接用 "HTML 元素" 来等同 "HTML 标签"，这本身并不是一个非常严谨的问题，读者也不必严格区分两者的概念。

　　许多 HTML 标签都可以设置一个或多个属性来控制标签的显示效果。例如，`<marquee>`标签中的 behavior、`<font>`标签中的 size 和 color 就是 HTML 标签属性。属性设置的一般格式为：属性名＝属性值，属性值部分可以用英文的双引号(" ")或单引号(' ')引起来，也可以不使用任何引号。对于有些只有两种状态(有或无)的属性不用设置属性值，写上该属性名表示启用该属性，不写则表示不使用该属性。每个属性的位置必须跟在起始标签名的后面，且位于尖括号之内。标签名与属性之间以及属性与属性之间必须用空格分隔。有些属性是公共的，这些属性的名称和作用在每个 HTML 标签中都完全相同；有些属性是某个 HTML 标签专用的。HTML 标签、属性名与属性值都是大小写不敏感的，即<font color=red>、<FONT Color=RED>以及<Font COLOR=red>的效果是一样的，但网页文档编写者应该养成大小写统一的习惯，不要随心所欲、忽大忽小。

　　浏览器打开网页文件的过程与用记事本程序打开文本文件的过程是一样的，只是浏览器会对网页文件中的内容用特殊的方式显示。浏览器除了从本地硬盘上打开网页文件外，还可以使用 HTTP 网络协议从网络上的 WWW 服务器(也叫 Web 服务器)中获取网页文件的内容。

　　网页文件就是一个普通的文本文件，这个文本文件里的一些特殊字符序列被当做一种 HTML 标记，当浏览器打开网页文件时，不是像记事本程序那样简单地显示文本文件里的内容，而是根据其中的标记来控制文件内容的显示效果和执行某种功能。单击 IE 浏览器上的"查看"→"源文件"菜单，可以看到 test.htm 中的原始文本内容，可见，浏览器的基本功能就是根据 HTML 标签的含义，用特殊的效果去显示和控制一对 HTML 标签之间所引用的文本内容，HTML 标签的作用就是告诉浏览器应该如何显示有关的文本。有各种各样的 HTML 标签，它们定义了网页中文字的大小、颜色和效果，段落的排版方式，以及用户如何通过一个网页导航到另外的网页等各方面的内容，这些 HTML 标签的组合就是 HTML 语言。HTML 不是程序设计语言，而是一种标记语言，也就是用一些标记来说明文本的显示效果。要建立网站和制作网页，就必须对 HTML 语言有所了解。

24.1.2　HTML 规范与版本

　　目前使用得较多的浏览器软件是 Microsoft(微软公司)的 Internet Explorer 和 Netscape(网景公司)的 Navigator，这两种浏览器或者同一种浏览器的不同版本之间存在着不兼容问题，其原因需要从计算机软件开发和运行的原理上来解释和说明。浏览器是人们开发的应用软件，有多个公司都开发了这种软件，它根据网页文件中的 HTML 标签来决定在它的窗口中绘制(对用户来说就是显示)什么样的信息和执行什么样的动作。有些浏览器软件的开发人员为了实现一些特殊的效果，让该浏览器可以接受网页中引入的一些特殊标签和标签属性，然后对这些特殊的标签和标签属性做一些特殊的处理，这些特殊的标签和标签属性就成了这个浏览器的"方言"。而另外的浏览器软件并不知道这些特殊的标签和标签属性是什么含义，也就是它并不知道有这些"方言"，所以它就不能对这些特殊的标签和标签属性进行处理，这就导致不同的浏览器打开一个使用了特殊标签和标签属性的网页文件时，会有不兼容的问题。

　　为了解决兼容性和互用性问题，需要一些组织和机构来制定 HTML 规范与标准。这些组织和机构根据当时的需求和应用情况，定义了许多 HTML 标签，这些标签就是某一版本的 HTML 规范。但随着情况的变化和时间的推移，又出现了更多新的需求和应用。例如，我们以后可能要在网页中嵌入一段电影片断，而不再仅仅是一张图片，这就需要定义一个告诉浏览器播放电影片断的标签。标准化过程必须随着新技术的发展和应用而不断发展。因此，标准化组织必须不断地在以前的 HTML 规范的基础上定义一些新的标签和新的内容，这就形成了新版本的 HTML 规范。

早期的 HTML 是非常简单的，被称之为 HTML 1.0，后来由 IETF(Internet Engineering Task Force，Internet 工程任务组)进一步扩展，并制定出对常用的 HTML 标签进行了详细说明的 HTML 规范——HTML 2.0。IETF 最终将负责 HTML 规范制定的权力移交给了一个比它后成立的、专门制定 Web 领域技术规范的组织，即 W3C(World Wide Web Consortium，习惯称之为 WWW 联盟)，因为主要的厂商，如 Microsoft 和 Netscape 公司倾向于通过 W3C 工作。

HTML 4.01 是 HTML 规范的最终版本，不可能再有更新的 HTML 规范了，HTML 将被 XHTML 所取代。虽然如此，但人们在相当长的一段时间内还得使用 HTML，并且 HTML 是 XHTML 的基础，因此，学习 HTML 还是非常有必要的。

24.1.3　IETF 与 W3C 组织

Internet 最大的特点是管理上的开放性，它被每个用户所共同拥有，没有人和组织对 Internet 拥有实际的绝对控制权。Internet 没有集中的管理机构，但是为了促进 Internet 运行所需的标准兼容性，并确保 Internet 的持续发展，先后成立了一些机构和组织，它们自愿承担 Internet 的管理职责。

了解这些 Internet 组织及它们所制定的标准化文档，对于一个要掌握 Internet 网络应用细节，特别是要编写 Internet 网络应用程序的人来说，是很有必要的。目前主要由两个组织负责制定 Web 网站管理和开发相关的规范，这两个组织是 IETF 和 W3C，它们的主要职责是制定 Internet 网络连接和应用的协议标准，下面分别对这两个组织和它们所制定的相关文档进行介绍。

IETF 是由网络设计人员、操作员、厂商、专家组成的民间组织，主要负责有关 Internet 的各种技术标准及接口规范的制定，其网址为 http://www.ietf.org。参加 IETF 会议的人员都是个人代表，他们不代表任何组织、公司、学校、政府部门等。IETF 主要负责 8 个功能领域的规范和标准的制定，分别是应用、Internet、网络管理、运行要求、路由、安全、传输与用户服务，每个领域都设有多个工作小组来开展相关工作。IETF 以 RFC(Requests for Comments，请求注解文档)定名所发布的各类标准与协议，RFC 实际上就是 Internet 有关服务的一些技术标准文档，是用于发布 Internet 标准和 Internet 其它正式出版物的一种网络文件或工作报告。RFC 的名字来源是历史原因造成的，现在看来，它的名字和实际上的内容并不一致。RFC 文档虽然是民间机构而不是官方制定的，但大多 RFC 都已成为业界的事实标准。

RFC 产生的过程是一种从下往上的过程，而不是从上往下的过程。它不是一个由主席或者由工作组负责人下令做出来的，而是由下面的任何人自发地提出，然后在工作组里进行讨论，讨论了以后再交给有关组织进行审查通过后形成的。任何一个用户都可以对 Internet 某一领域的问题提出自己的解决方案或规范，作为 Internet 草案(Internet Drafts，ID)提交给 Internet 工程任务组(IETF)，草案存放在美国、欧洲和亚太地区的工作文件站点上，供来自世界上多个国家的、自愿参加的 IETF 成员进行讨论、测试和审查。如果一个 Internet 草案被 IESG 确定为 Internet 的正式工作文件，则被提交给 Internet 体系架构委员会(IAB)，并形成具有顺序编号的 RFC 文档，由 Internet 协会(ISOC)通过 Internet 向全世界颁布。TCP/IP 协议的一系列标准都是通过这种方式以 RFC 文档格式公布的。RFC 文档必须被分配 RFC 编号后才能在网络上发布。例如，RFC2616 是 HTTP/1.1 协议规范的文档，RFC1521 是 MIME 格式规范的文档。最初的 RFC 一直保留而从来不会被更新，如果修改了该文档，则该文档必须以一个新号码公布，用户可以通过遍布全世界的数个联机站点获得 RFC 文档。

　　W3C 于 1994 年成立，是与 Web 有关的企业机构成立的业界同盟，该组织是国际性的，在世界各地的许多研究机构中都设有办事处，其网址为 http://www.w3c.org。W3C 目前的成员仅限于团体或组织，只要交纳一定的费用，并签署一份保证遵守规则的成员协议，任何公司均可加入。W3C 对 Web 的标准握有生杀大权，负责研究、审定、发布、管理有关 Web 的标准，如 HTML、CSS 等。该组织致力于开发促进 Web 发展和确保其互操作性的基础性协议，引导进一步发掘 Web 的潜能，它还开发体现和推动标准的参考代码以及各类展示新技术应用的源程序范例。W3C 不从事网络传输协议规范的制定，它将重点放在人们从 Web 上所看到的东西，如字体、图形和 3D 动画等。实际上，W3C 不具备强制执行能力，它的标准仅是建议，不具备任何法律效力，人们不必非得遵照执行。但是，如果电源插座厂家不按业界公认的标准来生产，其它电器产品就无法插接到这个厂家生产的插座上，这样的插座肯定卖不出去。显然，如果一个厂商不按公认的标准来制作相关产品，那肯定是没有出路的。所以，相关厂商都非常愿意与 W3C 合作，大多数加入 W3C 的成员都是为了在决定协议的未来内容时发表自己的意见，以便在标准制定过程中处于有利地位。IT 领域内的一些大公司，如 Hewlett Packard、Netscape、Sun Microsystems、Microsoft 等都是 W3C 的成员。

　　当 W3C 工作组对即将准备制定的某个规范的初期成果感到相当满意时，他们就会在 W3C 的 Web 站点上以一份工作草案的形式发表供公众查阅。在对最初的反映进行评估之后，该工作组就将此草案作为所提出的建议发表在 Web 站点上，W3C 咨询委员会有一个月的时间投票决定它是否应成为一项实际建议。

24.2　HTML 的语法

24.2.1　架构标签

　　一个网页文件中的标签有一定的组成结构，不能随意颠倒和弄乱这种关系，下面这段内容说明了一个最基本的网页文件的组成结构。

```
<html>
<head>
<title>显示在浏览器左上方的标题</title>
</head>
```

```
<body bgcolor="red" text="blue">
<p>红色背景、蓝色文本</p>
</body>
</html>
```

粗略阅读一下上面这段内容，将它们保存在一个.html 或.htm 文件中，然后用浏览器打开保存的文件并观察显示效果，结合下面的内容，就很容易了解其中各个标签对在一个 HTML 文档组成结构中的位置及其自身的作用。

1. 基本标签对

1) <html></html>

<html>标签用于 HTML 文档的最前边，用来标识 HTML 文档的开始。而</html>标签恰恰相反，它放在 HTML 文档的最后边，用来标识 HTML 文档的结束。两个标签必须成对使用，网页中所有其它的内容都要放在<html>和</html>之间。

2) <head></head>

一个网页文档从总体上可分为头和主体两部分。<head>和</head>定义了 HTML 文档的头部分，必须是结束标签与起始标签成对使用。在此标签对之间可以使用<title></title>、<script></script>等标签对，这些标签对都是描述 HTML 文档相关信息的。<head></head>标签对之间的内容是不会在浏览器的文档窗口中显示出来的。

3) <title></title>

使用过浏览器的人可能都会注意到浏览器窗口的标题栏上显示的文本信息，那些信息一般是网页的"主题"。要将网页的主题显示到浏览器的顶部其实很简单，只要在<title></title>标签对之间加入主题文本即可。

4) <body></body>

<body></body>定义了 HTML 文档的主体部分，必须是结束标签与起始标签成对使用。在<body>和</body>之间放置的是实际要显示的文本内容和其它用于控制文本显示方式的标签，如<p>、</p>、<h1>、</h1>、
、<hr>等，它们中间所定义的文本、图像等将会在浏览器的窗口内显示出来。对于<body>标签，有以下主要属性：

(1) text 用于设定整个网页中的文字颜色，关于颜色的取值，在稍后部分会有详细讲解。

(2) link 用于设定一般超链接文本的显示颜色。

(3) alink 用于设定鼠标移动到超链接上并按下鼠标时，超链接文本的显示颜色。

(4) vlink 用于设定访问过的超链接文本的显示颜色。

(5) background 用于设定背景墙纸所用的图像文件，可以是 GIF 或 JPEG 文件的绝对或相对路径。

(6) bgcolor 用于设定背景颜色，当已设定背景墙纸时，这个属性会失去作用，除非墙纸具有透明部分。

(7) leftmargin 设定网页显示画面与浏览器窗口左边沿的间隙，单位为像素。

(8) topmargin 设定网页显示画面与浏览器窗口上边沿的间隙，单位为像素。

<body>标签还有一些其它的公共属性，如 class、name、id、style 等。

2. 网页文档的产生

如果使用专门的 HTML 编辑软件来编写 HTML 文件，上面这些基本的 HTML 标签都可以自动生成。例如，在 Microsoft Visual Studio .NET 中，单击"文件" → "新建" → "文件"命令后，从弹出的"新建文件"对话框中单击"HTML 页"图标(如图 24.1 所示)，就可以创建一个 HTML 文件。

图 24.1 "新建文件"对话框

文件创建完成，将网页文件编辑窗口切换到"HTML"视图，就可看到如图 24.2 所示的内容。

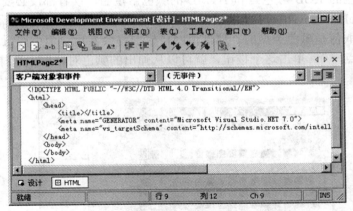

图 24.2 "HTML"视图

另外，对于每个标签到底有哪些属性，以及与这些属性相关的设置选项，读者也不必死记硬背，只要使用各种网页开发工具软件，就可以直接在它们提供的属性窗口中查看和操作。例如，在 Microsoft Visual Studio .NET 中，单击"视图" → "属性窗口"命令，打开属性窗口，然后将网页文件编辑窗口切换到"HTML"视图，用鼠标单击<body>标签中的任何部位，属性窗口中就会列出<body>标签的所有属性。对其中的属性进行设置的结果会自动插入到 HTML 文件中，如图 24.3 所示。

图 24.3 对属性进行设置的结果

在 HTML 中，许多属性都是与颜色有关，颜色的取值可以是一个十六进制 RGB 颜色码或 HTML 语言中给定的颜色常量名。任何颜色都可以由红、绿、蓝三个基本颜色进行调色而成，红、绿、蓝所占的比例不同，调出的颜色也就不同。十六进制 RGB 颜色码使用一个 # 号后跟六位十六进制数据。例如 #FF0000，最前面两位代表组成该颜色的红色的比例，中间两位代表绿色的比例，最后两位代表蓝色的比例。每个基色的比例取值范围为 0~255，对应十六进制的 00~FF，也就是该取值在一个字节所表示的数值范围之间。对于每种颜色的 RGB 颜色码和 HTML 的颜色常量名，读者都没必要记忆，可以使用 Microsoft Visual Studio .NET 来帮助设置。在属性窗口中单击某个属性的属性值网格栏，如果这个属性的取值是颜色类型的，属性值网格栏中将会显示一个小按钮，该按钮上显示的文本为三个点(…)，单击这个按钮，就可以从弹出的颜色对话框中选择想要的颜色，如图 24.4 所示。

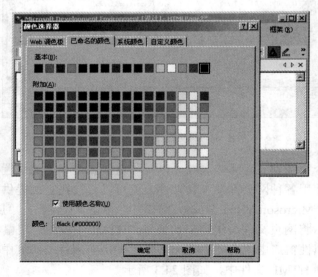

图 24.4 颜色设置

3. 文档类型定义

在图 24.2 中显示的 HTML 内容的开头处有一个文档类型标签(<!DOCTYPE>)，这是文档类型定义(Document Type Definition，DTD)标签。查看一些网站的网页原文件时，会发现许多 HTML 文档中都有这个标签。

文档类型定义标签指定了另外一个称为 HTML 规范的定义文件，该规范文件中说明了一个网页文件所能使用的 HTML 标签及标签之间的嵌套关系。如果把 HTML 文件比喻成我们起草的一份合同文件，那么 DTD 声明就是合同中所引述的"依据国家 xxx 法"这样的说明，DTD 文件就是"国家 xxx 法"的定义文件。比合同文件中的引述更好的一点是，HTML 的 DTD 声明中还指定了"国家 xxx 法"的原始文案的存档位置，使用者可以很方便地依据这个位置来查询最权威、最可靠的相关"法律条文"。简单地说，文档类型定义标签就是指定了当前网页文件所使用的 HTML 语言版本及定义该语言版本的规范文件的位置。这个信息对于浏览器以及其它用于网站设计与规划的软件程序具有重要意义，若能准确地知道创建此网页文件的 HTML 语言版本，将有助于浏览器和其它软件程序更精确地对网页内容进行显示。事实上，W3C 认为一个不以<!DOCTYPE>标签开头的网页文件，在 HTML 4 语言中是无效的。DTD 位于 HTML 文档的开头，在<html>标签之前。以下是一个典型 DTD 的正确格式：

　　<!DOCTYPE HTML PUBLIC "version name" "url">

其中，各部分的意义和作用如下：

① HTML 指定文档类型的名称。

② PUBLIC 表明所依据的 DTD 文件可对任何人公开访问，而不是某个公司内部的规范文件。

③ version name 指定该 HTML 版本的标识名称。例如，HTML 4.0 的标识名称为"-//W3C//DTD HTML 4.01 Transitional//EN"。这种用作 DTD 标识的名称符合一些标准的规定。对于 ISO 标准的 DTD 以 ISO 三个字母开头；被改进的非 ISO 标准的 DTD 以加号"+"开头；未被改进的非 ISO 标准的 DTD 以减号"-"开头。紧跟着开始部分后面的是双斜杠"//"及 DTD 所有者的名称，在这个名称之后又是双斜杠"//"，然后是 DTD 所描述的文件类型，最后在双斜杠"//"之后是语言的种类。

④ url 指定该 HTML 语言的定义规范文件在 Internet 上的位置，如 http://www.w3.org/TR/html4/loose.dtd。其中的 loose.dtd 文件名说明该文档可能含有 HTML 4 "严格"标准和附加描述属性中允许的所有元素，并有可能包含"不提倡"的元素。反之，如果使用 strict.dtd 文件名则表明该文档严格符合 HTML 4 标准。HTML 4.01 的严格标准强调的是 HTML 文档本身，而不是网页在浏览器中的显示。但是这并不意味着 HTML 4.01 的严格标准忽视网页的显示，它只是着重于 HTML 标签代码的结构。诸如框架(frame)和链接目标(link target)等不提倡的标记和元素在 HTML 严格标准中是不允许的。如果使用 frameset.dtd 文件名，则表明在 HTML 文档中可以包含与框架(frame)相关的标签和元素。

目前，Netscape Navigator 和 Internet Explorer 都不要求在网页的 HTML 开始处包含一个 DTD 说明。不过，应该在任何使用 HTML 4.0 或更新版本编写的网页开始处包含一个 DTD。W3C 认为，今天的可选项可能就是明天的必选项。因此，应该保持先进性，现在就要在所有的网页中使用 DTD。

一个标准的网页文件中都应该有这些基本的全局架构标签，但笔者在本书中编写的许多网页例子文件都省略了这些基本的标签。这主要是为了节省篇幅和简化程序的复杂性，不让这些内容干扰读者的学习，力求用最少的内容说明笔者的意图，让读者把注意力集中在与所讲问题紧密相关的内容上。

24.2.2　HTML 注释

在 HTML 网页文档中可以使用"<!--注释-->"这种格式加入注释，注释的内容将被浏览器忽略。可以使用注释来解释文档中某些部分的作用和功能，也可以使用注释的形式在网页的文档中插入制作者的姓名、地址和电话号码等个人信息。此外，还可以使用注释来暂时屏蔽某些 HTML 语句，让浏览器暂时不要理会这些语句，等到需要时，只需简单地取消注释标签，这些 HTML 语句又可以发挥作用了。例如，下面的代码在网页的头部插入三行注释：

```
<head>
<title>关于文档注释的演示</title>
<!--
Author          王二小
Company         陕西师范大学
Contact Info    www.snnu.edu.cn
-->
</head>
```

虽然浏览器不在屏幕上显示位于起始和结束注释标签之间的信息，但网站访问者仍然可以通过查看网页源代码的方法来阅读注释。除了使用注释来标识个人信息之外，在培训环境中，也可以使用注释来向学生解释具体的 HTML 标签和属性的用途。

24.2.3　HTML 符号

当要在网页上显示那些用作 HTML 标签的特殊字符(如<、>等)以及被浏览器忽略的空格字符时，如果在网页源文件中直接使用这些字符，就会遇到问题。这是因为，当浏览器读到这样的字符串时，会试图把它们作为标签进行解释或忽略，所以在源文件中需要用某种特殊的方式来表示这些特殊的字符，例如用"<"表示"<"。表示这些特殊字符的方式就叫 HTML 编码，对于一些无法通过键盘输入的符号，例如版权符号(©)，也需要使用 HTML 编码来表示。

HTML 编码使用一个连续的字符序列来代表一个特殊的字符，这个连续的字符序列以字符&开头，以分号(;)结尾。假设在创建的网页中，需要显示一个版权符号(©)来表示页面上的某些内容或全部设计受到版权法律的保护，版权符在计算机内存中对应的数值码是 169，为了让浏览器显示数值码 169 所代表的字符，可在字符的数字码前加上"&#"，并以分号(;)结尾，即"©"。对于更为常用的符号，HTML 简化了这一过程，可以

使用一个代表该符号的文本代码，而不是一个数值。例如，版权符号的字符记号为
"©"，这种表示特殊字符的文本代码称为特殊字符的引用实体。如果需要有关特
殊字符代码及其对应数值的清单，请访问网址 http://www.htmlhelp.com/reference/ charset/。

常用的特殊字符和符号的 HTML 编码如表 24.1 所示。

<div align="center">表 24.1　HTML 编码表</div>

HTML 编码	显示或处理结果
&lt;	<
&gt;	>
&amp;	&
&quot;	"
&reg;	®
&copy;	©
&trade;	™
	空格字符

有了一些专用的网页制作工具软件的帮助，网页制作者就不用刻意去记住这些特殊
字符的 HTML 编码了，这些工具软件能够自动产生特殊字符和符号的 HTML 编码。在
Microsoft Visual Studio .NET 的网页编辑窗口的"设计"视图下，直接输入空格、<、>、
&字符，在 HTML 源文件中就可以看到它们对应的 HTML 编码。在属性值设置中，同时
输入单引号和双引号，Microsoft Visual Studio .NET 将在 HTML 源文件中生成双引号的
HTML 编码。巧妙地使用工具软件，在很多时候，都可以免除对许多具体细节的记忆
之苦。

24.2.4　格式标签

前面介绍了一些 HTML 文档的基本标签，那么如何利用 HTML 标签在浏览器中控制
文本的显示呢？这正是本节要讲到的知识。在学习之前必须强调的是，这节所讲的格式
标签全部都是嵌套在<body></body>标签对之间的。

1) <p></p>

<p></p>标签对是用来创建一个段落，在此标签对之间加入的文本将按照段落的格式
显示在浏览器上。另外，<p>标签还可以使用 align 属性，它用来说明对齐方式，语法是：
<p align="属性值"></p>。align 的属性值可以是 Left(左对齐)、Center(居中)和 Right(右对
齐)三个值中的任何一个。如<p align="Center"></p>表示标签对中的文本使用居中的对齐
方式。

2)

是一个很简单的标签，它没有结束标签，因为它只用来在网页中显示一个换行。

3) <nobr></nobr>

<nobr></nobr>标签对用于防止浏览器将标签对中过长的内容自动换行显示。它对住址、数学算式、一行数字、程序代码等尤为有用。

4) <blockquote></blockquote>

在<blockquote></blockquote>标签对之间加入的文本将会在浏览器中按缩进的效果显示，与在普通的文本文件中使用 Tab 键进行缩进的效果一样。

5)

标签对之间嵌套的图形或文本元素在页面的水平方向居中显示。

6)

标签对通知浏览器移动显示嵌套在其中的图形和文本元素。<marquee>标签的一个主要属性是 direction，用于指定其中的图形和文本移动的方向，direction 属性的设置值可以是 left、right、down、up。<marquee>标签的另一个重要的属性是 behavior，用于指定其中的图形和文本移动的行为，direction 属性的设置值可以是 scroll、alternate 和 slide。关于每个设置值的作用，读者只要做一下实验就会明白，这要比用文字描述更为直观，更容易让人理解。

7) <dl></dl>、<dt></dt>、<dd></dd>

<dl></dl>标签对用来创建一个普通的列表，dl 是 definition list(定义列表)的简写；<dt></dt>标签对用来创建列表中的上层项目，dt 是 definition term(定义术语)的简写；<dd></dd>标签对用来创建列表中最下层的项目，dd 是 definition definition(定义对术语的解释定义部分)的简写。<dt></dt>和<dd></dd>都必须放在<dl></dl>标签对之间。例如：

```
<html>
<head>
<title>一个普通列表</title>
</head>
<body>
<dl
  <dt>中国城市</dt>
   <dd>北京 </dd>
   <dd>上海 </dd>
   <dd>广州 </dd>
  <dt>美国城市</dt>
   <dd>华盛顿 </dd>
   <dd>芝加哥 </dd>
   <dd>纽约 </dd>
</dl>
</body>
</html>
```

这个例子在浏览器中显示的效果如图 24.5 所示。　　　　图 24.5　显示效果图

8) <ol></ol>、<ul></ul>、<li></li>

<ol></ol>标签对用来创建一个标有数字的列表；<ul></ul>标签对用来创建一个标有圆点的列表；<li></li>标签对只能在<ol></ol>或<ul></ul>标签对之间使用，此标签对用来创建一个列表项。若<li></li>放在<ol></ol>之间，则每个列表项前加上一个逐项递增的数字；若放在<ul></ul>之间，则每个列表项前加上一个圆点。例如：

```
<html>
<head>
<title></title>
</head>
<body>
    <p>中国城市 </p>
    <ol>
        <li>北京 </li>
        <li>上海 </li>
        <li>广州 </li>
    </ol>
    <p>美国城市 </p>
    <ul>
        <li>华盛顿 </li>
        <li>芝加哥 </li>
        <li>纽约 </li>
    </ul>
</body>
</html>
```

这个例子在浏览器中的显示效果如图 24.6 所示。

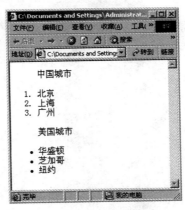

图 24.6　显示效果图

参 考 文 献

[1] 何恩基. 多媒体技术应用基础[M]. 北京：清华大学出版社，2006.

[2] 王志强. 多媒体技术及应用[M]. 北京：清华大学出版社，2011.

[3] 林福宗. 多媒体技术基础[M]. 北京：清华大学出版社，2009.

[4] 锐艺视觉. Photoshop 完全学习手册[M]. 北京：中国青年电子出版社，2008.

[5] 锐艺视觉. Photoshop CS3 三部精通学习攻略[M]. 北京：中国青年电子出版社，2008.

[6] 周晓，张宁. Photoshop CS3 案例标准教程[M]. 北京：中国青年电子出版社，2008.

[7] 方晨. 8 小时学会 Photoshop CS 中文版[M]. 上海：上海科学普及出版社，2005.

[8] 刑增平，胡争辉. Flash MX 培训教程[M]. 北京：北京科海电子出版社，2003.

[9] 智丰电脑工作室. Flash 8 动画设计制作[M]. 北京：北京林业出版社，2006.

[10] 智丰电脑工作室. Flash(中文版)绘画宝典[M]. 北京：科学出版社，2007.

[11] 邓文达，双洁，冯瑶. 精通 Flash 动画设计. Q 版角色绘画与场景设计[M]. 北京：人
民邮电出版社，2009.

[12] 杜秋磊，郭莉. 中文版 Flash CS5 完全自学一本通[M]. 北京：电子工业出版社，2010.

[13] 韩小祥，张薇. Dreamweaver 网页设计[M]. 北京：中国计划出版社，2007.

[14] 杨聪，韩小祥，周国辉. Dreamweaver 8 网页设计案例实训教程[M]. 北京：中国人民
大学出版社，2009.

[15] 赵丰年. 网页制作技术[M]. 北京：清华大学出版社，2002.

[16] 胡崧. Dreamweaver8 完美网页设计[M]. 北京：中国青年出版社，2006.